U0255226

高等院校“十四五”
信息技术基础规划教材

大数据导论

INTRODUCTION TO BIG DATA

董进文◎编著

图书在版编目（CIP）数据

大数据导论 / 董进文编著 . —北京：经济管理出版社，2022. 12
ISBN 978-7-5096-8877-9

Ⅰ. ①大…　Ⅱ. ①董…　Ⅲ. ①数据处理　Ⅳ. ①TP274

中国版本图书馆 CIP 数据核字（2022）第 248217 号

组稿编辑：王光艳
责任编辑：杨国强
责任印制：黄章平
责任校对：夏梦以

出版发行：经济管理出版社
（北京市海淀区北蜂窝 8 号中雅大厦 A 座 11 层　100038）
网　　址：www. E-mp. com. cn
电　　话：（010）51915602
印　　刷：北京市海淀区唐家岭福利印刷厂
经　　销：新华书店
开　　本：787mm×1092mm /16
印　　张：18. 25
字　　数：438 千字
版　　次：2023 年 3 月第 1 版　　2023 年 3 月第 1 次印刷
书　　号：ISBN 978-7-5096-8877-9
定　　价：68. 00 元

前　言

随着云计算时代的来临，数据科学与大数据领域吸引了越来越多的关注。目前，大数据已成为 IT 领域最为流行的词汇，但其实它并不是一个全新的概念。1980 年，著名未来学家阿尔文·托夫勒在《第三次浪潮》一书中明确提出“数据就是财富”的观点，并将大数据热情地赞颂为“第三次浪潮的华彩乐章”。直到现在，大数据在政府决策部门、各行各业被广泛地应用，并创造了实际价值。所谓数据科学与大数据，是指新时代需要面对的数据量非常大，传统的数据理论与技术手段在大数据面前不堪一击，迫切需要新的理论和技术来支撑其发展，因此人们探索出了一套新的数据科学解决方案。本书紧紧围绕这一主题，较为全面地介绍了数据科学与大数据相关理论、技术和应用的现状，主要的编写思路是：首先，介绍概念；其次，理解方法；最后，结合实践。

本书共 9 章：第 1 章首先从数据的概念入手，讲解了数据科学与大数据基本理论和方法。其次切入大数据时代，介绍了大数据概念及其特征、大数据的产生与作用、大数据时代的新思维，重点讲解了大数据产业及其特征，以便读者对大数据发展有全局性的了解；最后介绍了云计算、人工智能的概念与关键技术理论，并阐述了大数据、云计算和人工智能三者之间的区别与联系。总体上，第 1 章使读者先有感性上的认识，为学习后面的章节打好基础。第 2 章主要介绍了与大数据发展紧密相关的 Linux 操作系统，Python 语言、Hadoop、Spark 等技术，为进一步的学习打好基础。本章还对大数据全流程数据生命处理周期的转变过程做了系统性的讲解，为全面学习大数据厘清了思路。第 3 章从大数据的来源、数据的采集和数据预处理三个部分对大数据的采集与预处理原理及技术进行了详细的理论讲解，并通过实例介绍了相关的技术工具。由于大数据的采集与预处理是大数据流程中非常关键的一步，数据的全面性与质量对数据分析的结果有决定性的影响，因此学习大数据必须对数据采集和预处理环节有深入的了解。第 4 章详细介绍了大数据存储与管理相关技术的概念及原理，包括传统数据存储技术、大数据存储与管理、分布式文件系统及 Hadoop HDFS 分布式文件系统、NoSQL 数据库及列族数据库 HBase、数据仓库等内容的理论与相关实践。由于云计算和大数据是密不可分的两种技术，因此本章介绍了云存储的概念和相关产品。第5章介绍了大数据处理与分析的相关技术，大数据包括静态数据和动态数据（流数据），静态数据适合采用批处理方式，而动态数据需要进行实时流计算。本章从大数据计算模式入手，分别介绍了大数据处理的不同架构模式及其重要特点，力求使读者对现有大数据处理框架有较为直观的认识，便于理解大数据处理与分析的原理。本章通过对各种大数据处理技术平台优缺点的比较，全面加深读者对大数据处理架构的了解和掌握。第6章主要对数据挖掘特别是各类数据挖掘算法进行了基本介绍，深入浅出地介绍了这些算法的工作原理，具体内容包括数据挖掘的概念、数据挖掘的对象与价值类型、数据挖掘常用的算法（包括分类和预测、聚类分析、关联分析）、数据挖掘常用的工具（包括Spark MLlib、RapidMiner、华为MLS）。本章通过对原理和工具的阐述，可以使读者更好地理解数据挖掘的思想和处理流程。第7章从可视化概念、作用、流程，数据可视化工具，以及数据可视化典型案例等方面进行讲解，让读者可以深刻感受到数据可视化的魅力和重要作用。第8章从传统的数据安全切入，讨论了大数据安全的特征及其与传统数据安全的不同点，介绍了大数据安全技术体系，并列举了几个大数据安全的典型案例，展现了大数据安全问题的严峻性，进而提出了相应的对策建议。第9章从大数据功能应用（包括精准营销、个性化推荐系统、大数据预测）、大数据行业应用（包括金融行业、物流行业、政府领域）以及大数据深度挖掘后的应用三个维度对大数据的应用做了全面阐述，使读者可以深刻地感受到大数据对社会的影响及其重要价值。

本书对数据科学与大数据相关领域中涉及的各种关键概念、理论与技术做了较为详细的介绍，内容包括数据科学与大数据基本概念、大数据技术基础、大数据采集与预处理、大数据存储与管理、大数据处理架构、数据挖掘、数据可视化、大数据安全、大数据应用等各个环节，帮助初学者规划一条完整的学习路线，读者可根据自己的接受能力选择相应的内容进行学习。

本书只是一本入门指南手册，目的是给初学者指引方向，它虽然讲解了数据科学与大数据相关领域的各种概念、理论与技术，但部分环节并没有非常深入。对于数据科学与大数据的专业研究与开发人员来说，还需要结合其他教程深度学习，但对于数据科学与大数据领域的一般从业者，这些知识已经足够了。

本书在撰写过程中，参考了大量的文献、书籍和网络资料，经编者认真梳理后，有选择地把一些重要知识纳入本书。由于编者水平有限，书中难免存在疏漏和不足之处，敬请广大读者批评指正。

编者

2022年6月

目　录

第 1 章　数据科学与大数据概述　/001

1.1　数据科学与大数据基本概念　/001

1.1.1　数据相关的概念　/001

1.1.2　数据科学　/002

1.1.3　大数据及其特征　/006

1.2　大数据时代　/007

1.2.1　人类信息文明的发展　/007

1.2.2　大数据时代的来临　/008

1.3　大数据的产生与作用　/008

1.3.1　大数据的产生　/008

1.3.2　大数据的作用　/009

1.4　大数据时代的新思维　/010

1.4.1　注重全样而非抽样　/010

1.4.2　注重效率而非精确　/011

1.4.3　注重相关关系而非因果关系　/011

1.5　大数据产业　/012

1.5.1　大数据产业构成　/012

1.5.2　全球大数据产业发展现状与应用趋势　/013

1.5.3　我国大数据产业市场现状与前景　/016

1.6　大数据与云计算、人工智能　/019

1.6.1　云计算　/020

1.6.2　人工智能　/022

1.6.3　大数据与云计算、人工智能的关系　/024

本章小结　/025

第2章 大数据技术基础 /026

2.1 Linux 操作系统 /026
2.1.1 什么是操作系统 /027
2.1.2 Linux 操作系统的特点 /027
2.1.3 Linux 操作系统与大数据 /028
2.2 计算机编程语言 /029
2.2.1 Java 语言 /029
2.2.2 Python 语言 /031
2.2.3 Scala 语言 /034
2.3 数据库 /035
2.3.1 数据库的概念 /035
2.3.2 数据库管理系统 /037
2.3.3 数据库系统 /038
2.3.4 SQL 数据库的发展与成熟 /039
2.3.5 NoSQL 数据库及其特点 /040
2.3.6 NewSQL 数据库 /041
2.4 大数据处理系统 /042
2.4.1 大数据处理概述 /042
2.4.2 Hadoop 系统 /043
2.4.3 Spark 平台 /047
2.5 大数据的基本处理流程 /049
2.5.1 数据抽取与集成 /049
2.5.2 数据分析和挖掘 /050
2.5.3 数据展现 /051
本章小结 /051

第3章 数据采集与预处理 /053

3.1 数据采集概述 /053
3.1.1 大数据的数据类型 /053
3.1.2 大数据的来源分类 /055
3.2 数据采集方法 /056

3.2.1 系统日志的采集方法 /056
3.2.2 网页数据的采集方法 /060
3.2.3 其他数据的采集 /068
3.3 数据预处理概述 /068
3.3.1 影响数据质量的因素 /069
3.3.2 数据预处理的流程 /070
3.3.3 数据预处理方法 /072
3.3.4 ETL 工具 Kettle /084
本章小结 /084

第 4 章 大数据存储与管理 /085

4.1 传统的数据存储与管理 /085
4.1.1 数据的存储模式 /085
4.1.2 传统的数据存储与管理技术 /088
4.2 大数据存储与管理 /091
4.2.1 分布式文件系统 /091
4.2.2 Hadoop HDFS 分布式文件系统 /092
4.2.3 NoSQL 数据库 /103
4.2.4 HBase 分布式 NoSQL 数据库 /108
4.2.5 云存储 /124
本章小结 /129

第 5 章 大数据计算架构 /131

5.1 概述 /131
5.1.1 批处理计算 /131
5.1.2 流计算 /132
5.1.3 查询分析计算 /132
5.2 批计算 MapReduce /133
5.2.1 MapReduce 基本思想 /133
5.2.2 Hadoop MapReduce 架构 /137
5.2.3 Hadoop MapReduce 工作流程 /139

5.2.4 MapReduce 的工作机制 /140
5.2.5 MapReduce 实例分析：单词计数 /145
5.2.6 MapReduce 编程实践 /147
5.2.7 新一代资源管理调度框架 YARN /153
5.3 快速计算 Spark /157
5.3.1 Spark 概述 /157
5.3.2 Spark 生态系统 /159
5.3.3 Spark RDD 概念 /161
5.3.4 Spark 总体架构和运行流程 /167
5.3.5 Spark 编程实践 /169
5.4 交互式计算 Hive /173
5.4.1 Hive 概述 /174
5.4.2 Hive 的体系架构 /174
5.4.3 Hive 的数据类型 /175
5.4.4 Hive 的存储模型 /176
5.4.5 Hive 的操作 /177
本章小结 /182

第 6 章 数据挖掘 /183

6.1 数据挖掘的概念 /183
6.2 数据挖掘的对象与价值类型 /186
6.2.1 数据挖掘的对象 /186
6.2.2 数据挖掘的价值类型 /188
6.3 数据挖掘常用的算法 /189
6.3.1 数据挖掘算法的概念 /189
6.3.2 数据科学算法的类型 /190
6.3.3 分类和预测 /191
6.3.4 聚类分析 /200
6.3.5 关联分析 /205
6.4 数据挖掘常用的工具 /213
6.4.1 Spark MLlib /213
6.4.2 RapidMiner /214

6.4.3　华为 MLS　/215
本章小结　/216

第7章 数据可视化　/218

7.1　可视化概述　/218
7.1.1　什么是数据可视化　/218
7.1.2　数据可视化的发展历程　/219
7.1.3　可视化的重要作用　/220
7.1.4　数据可视化流程的核心要素　/221
7.1.5　可视化即服务　/222
7.2　数据可视化工具　/222
7.2.1　入门级工具　/223
7.2.2　信息图表工具　/223
7.2.3　地图工具　/225
7.2.4　高级分析工具　/226
7.3　数据可视化典型案例　/229
7.3.1　互联网地图　/229
7.3.2　实时风场可视化　/229
7.3.3　百度迁徙　/230
7.3.4　游客热力图　/230
7.3.5　交通实时路况展现　/230
本章小结　/230

第8章 大数据安全　/231

8.1　传统数据安全　/231
8.1.1　传统数据安全的含义　/231
8.1.2　传统数据安全的特点　/232
8.1.3　传统数据安全的威胁因素　/232
8.2　大数据安全　/233
8.2.1　大数据安全的特征　/233
8.2.2　大数据安全技术体系　/234

8.2.3 大数据的数据安全 /237
8.2.4 大数据安全运维体系 /240
8.3 大数据安全典型案例 /241
8.3.1 “棱镜门”事件 /241
8.3.2 Facebook 数据滥用事件 /242
8.3.3 某网站求职简历遭泄露事件 /242
8.3.4 手机 App 过度采集个人信息 /242
本章小结 /243

第9章 大数据应用 /245

9.1 大数据的应用价值 /245
9.1.1 大数据的政用价值 /245
9.1.2 大数据的商用价值 /247
9.1.3 大数据的民用价值 /249
9.2 大数据功能应用 /249
9.2.1 基于大数据的精准营销 /250
9.2.2 基于大数据的个性化推荐系统 /253
9.2.3 大数据预测 /260
9.3 大数据行业应用 /263
9.3.1 大数据在金融行业的应用 /263
9.3.2 大数据在物流行业的应用 /271
9.4 大数据深度应用 /276
9.4.1 疫情下大数据的应用 /277
9.4.2 大数据深度挖掘的应用 /278
本章小结 /280

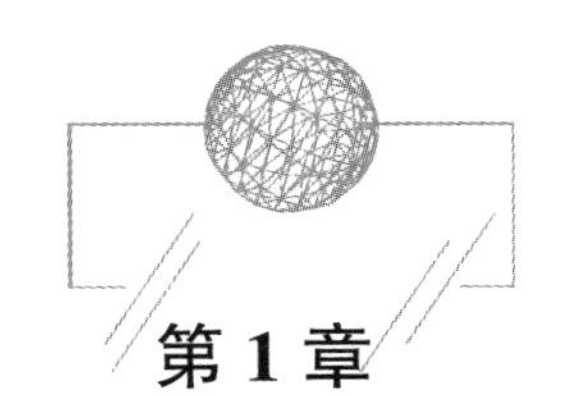

第1章 数据科学与大数据概述

信息化的本质是将现实世界中的事物以数据的形式存储到计算机系统中，即信息化是一个生产数据的过程。数据被快速大量地生产并存储在计算机系统中，这种现象被称为数据爆炸。正是在这种数据爆炸的背景下产生了数据科学（Data Science）与大数据（Big Data）。

本章主要介绍数据科学与大数据环境的相关概念与技术，包括数据科学与大数据基本概念、大数据时代、大数据的产生与作用、大数据时代的新思维、大数据产业、云计算（Cloud Computing）、人工智能及其与大数据间的紧密关系。

1.1 数据科学与大数据基本概念

数据已成为新的“生产资料”和新的“资产”，数据科学的飞速发展与大数据时代的到来迫切需要人们进一步地理解和深度认识数据，以针对现有数据及不断生成的新数据进行分析、处理和应用，从而充分获取数据的潜在价值。

1.1.1 数据相关的概念

数据（Data）是记录客观事物的、可以鉴别的符号，这些符号不仅指数字，而且包括字符、文字、图形等。数据经过处理仍然是数据。

信息（Information）是对客观世界各种事物特征的反映，是关于客观事实的可通信的知识。处理数据是为了便于更好地解释，只有经过解释，数据才有意义，才能成为信息。可以说，信息是经过加工后并对客观世界产生影响的数据。

知识（Knowledge）是反映各种事物的信息进入人类大脑，对神经细胞产生作用后留下的痕迹。知识是由信息形成的。

人们在日常生活中可以接触到大量的数据，如银行的账簿数据、学校的教学管理数据、企业的生产管理和产品销售数据等。一般来说，数据是代表真实世界的客观事物，由原始事实组成，是用来载荷信息的符号，同时是事物属性及相互关系的抽象，如1、2、3

或者 A、B、C 等。它们本身并没有什么含义，只是当人们有目的地处理和使用它们时才有意义。

信息是有目的、有意义、有用途的数据被加工后的结果，是对数据的解释。它是按特定方式组织在一起的事实的结合，具有了超出这些事实本身之外的价值。当这些事实按照一定意义的方式被组织安排在一起时，就成为信息。例如，企业管理者可以将某些似乎不相关产品的数据加入销售数据中，从而得到按生产线划分的月销售信息。

如果说数据在某种方式上增加了价值而变为信息，那么信息通过人们的实践和思维就转变为知识了，这就是信息到知识的转变过程。反之，通过知识的使用，人们可以重新认识、改造事物，也会促进新的信息和数据产生。

显然，在数据、信息和知识三者中，尽管数据是信息产生的基础，信息是知识产生的基础，但信息与知识对人们的价值远大于数据，而知识的价值又远远超出信息的价值。正像石油一样，数据作为基础资源，需要一个挖掘并转变的过程。

1.1.2 数据科学

1.1.2.1 数据科学的定义

信息化是将现实世界中的事物和现象以数据的形式存储到网络空间中，是一个生产数据的过程。这些数据是自然和生命的一种表示形式，记录了人类的行为，包括工作、生活和社会发展。当前，数据被快速、大量地生产并存储在网络空间中，这种现象称为数据爆炸。数据爆炸在网络空间中形成数据自然界。数据是网络空间中的唯一存在形式，因此需要研究和探索网络空间中数据的规律和现象。另外，探索网络空间中数据的规律和现象，也是探索宇宙的规律、探索生命的规律、寻找人类行为的规律、寻找社会发展的规律的一种重要手段。例如，可以通过研究数据来研究生命（生物信息学）、研究人类行为（行为信息学）。

数据科学或数据学（Dataology）（以下统称数据科学）是关于数据的科学或者研究数据的科学，其定义为：研究、探索网络空间中数据界奥秘的理论、方法和技术。它的研究对象是数据自然界中的数据。与自然科学和社会科学不同，数据科学的研究对象是网络空间中的数据，是新的科学。数据科学主要有两个内涵：一是研究数据本身，即研究数据的各种类型、状态、属性及变化形式和变化规律；二是为自然科学和社会科学研究提供一种新的方法，即科学研究的数据方法，其目的在于揭示自然界和人类行为的现象和规律。

数据科学已经有一些方法和技术，如数据获取、数据存储与管理、数据安全、数据分析、可视化等。但数据科学还需要基础理论和新技术，如数据的存在性、数据测度、时间、数据代数、数据相似性与簇论、数据分类与数据百科全书、数据伪装与识别、数据实验、数据感知等。数据科学的理论和方法将改进现有的科学研究方法，形成新型的科学研究方法，并且针对各个研究领域开发出专门的理论、技术和方法，从而形成专门领域的数据科学，如行为数据学、生命数据学、脑数据学、气象数据学、金融数据学、地理数据学等。

1.1.2.2　数据科学的发展历史

数据科学在 20 世纪 60 年代已被提出，只是当时并未被学术界注意和认可，1974 年，彼得·诺尔出版的《计算机方法的简明调查》中将数据科学定义为："处理数据的科学，一旦数据与其代表事物的关系被建立起来，将为其他领域与科学提供借鉴。"1996 年，在日本召开的"数据科学、分类和相关方法"会议，已经将数据科学作为会议的主题词。2001 年，美国统计学教授威廉·S. 克利夫兰发表了论文《数据科学：拓展统计学的技术领域的行动计划》。因此，有人认为是克利夫兰首次将数据科学作为一个单独的学科提出，并且把数据科学定义为统计学领域扩展到以数据作为计算对象，从而奠定了数据科学的理论基础。

1.1.2.3　数据科学的研究内容

（1）基础理论研究

科学的基础是观察和逻辑推理，数据科学同样要研究数据自然界中观察的方法，研究数据推理的理论和方法，包括数据的存在性、数据测度、时间、数据代数、数据相似性与簇论、数据分类与数据百科全书等。

（2）实验和逻辑推理方法研究

数据科学需要建立其实验方法，需要建立许多科学假说和理论体系，并且通过这些实验方法、科学假说和理论体系对数据自然界进行探索研究，从而认识数据的各种类型、状态、属性及变化形式和变化规律，揭示自然界和人类行为的现象和规律。

（3）领域数据学研究

数据科学的理论和方法被应用于许多领域，从而形成专门领域的数据科学，如脑数据学、行为数据学、生物数据学、气象数据学、金融数据学、地理数据学等。

（4）数据资源的开发利用方法和技术研究

数据资源是重要的现代战略资源，其重要程度将越来越凸显，在 21 世纪有可能超过石油、煤炭、矿产，成为人类重要的资源。这是因为人类的社会、政治和经济都将依赖于数据资源。例如，石油、煤炭、矿产等资源的勘探、开采、运输、加工、产品销售等无一不是依赖数据资源的，离开了数据资源，这些工作将无法开展。

1.1.2.4　数据科学的知识体系

从知识体系看，数据科学主要以统计学、机器学习、数据可视化以及（某一）领域实务知识和经验为理论基础，其主要研究内容包括基础理论、数据预处理、数据计算和数据管理等。数据科学的知识体系如图 1-1 所示。

（1）基础理论

数据科学的基础理论主要包括数据科学中的理念、理论、方法、技术及工具，以及数据科学的研究目的、理论基础、研究内容、基本流程、主要原则、典型应用、人才培养、项目管理等。在此需要特别提醒的是："基础理论"与"理论基础"是两个不同的概念。数据科学的基础理论在数据科学的研究边界之内，而其理论基础在数据科学的研究边界之外，是数据科学的理论依据和来源，如图 1-1 所示。

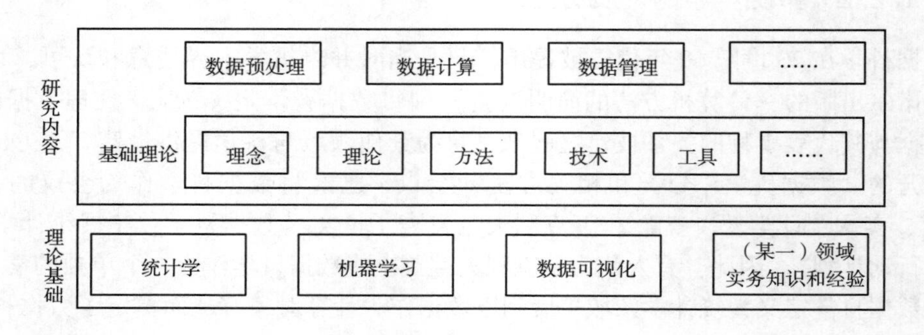

图 1-1　数据科学的知识体系

(2) 数据预处理

为了提升数据质量、降低数据计算的复杂度、减少数据计算量以及提升数据处理的准确性，数据科学需要对原始数据进行预处理，即进行数据审计、数据清洗、数据变换、数据集成、数据脱敏、数据规约和数据标注等。

(3) 数据计算

在数据科学中，计算模式发生了根本性的变化，从集中式计算、分布式计算、网格计算等传统计算过渡至云计算，有代表性的是谷歌（Google）云计算三大技术、Hadoop MapReduce 和 YARN 技术。数据计算模式的变化意味着数据科学中数据计算的主要目标、瓶颈和矛盾发生了根本性变化。

(4) 数据管理

在完成数据预处理（或数据计算）之后，我们需要对数据进行管理，以便进行（再次进行）数据处理以及数据的再利用和长久保管。在数据科学中，数据管理方法与技术发生了根本性的改变，不仅包括传统关系型数据库，还包括一些新兴数据管理技术，如 NoSQL、NewSQL 技术和云数据库等。

(5) 技术与工具

数据科学中采用的技术与工具具有一定的专业性。目前，Python 语言、R 语言等是数据科学家普遍使用的工具。

1.1.2.5　数据科学的体系框架

数据科学研究的工作过程：①从数据自然界中获取一个数据集；②对该数据集进行勘探以发现其整体特性；③进行数据研究分析（如使用数据挖掘技术）或者数据实验；④发现数据规律；⑤将数据进行感知化等。数据科学的基本框架如图 1-2 所示。

1.1.2.6　数据科学与其他学科的关系

数据是存在于网络空间中的符号。信息是自然界、人类社会及人类思维活动中存在和

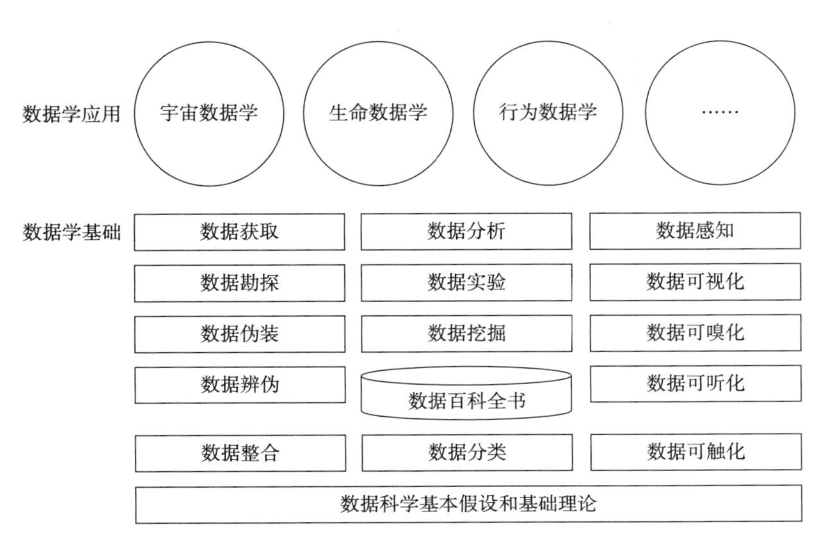

图 1–2　数据科学的基本框架

发生的现象。知识是人们在实践中所获得的认识和经验。数据可以作为信息和知识的符号表示或载体，但数据本身并不是信息或知识。数据科学研究的对象是数据，而不是信息，也不是知识。数据科学通过研究数据来获取对自然、生命和行为的认识，进而获得信息和知识。数据科学的研究对象、研究目的和研究方法等与已有的计算机科学、信息科学和知识科学有着本质的不同，如图 1–3 所示。

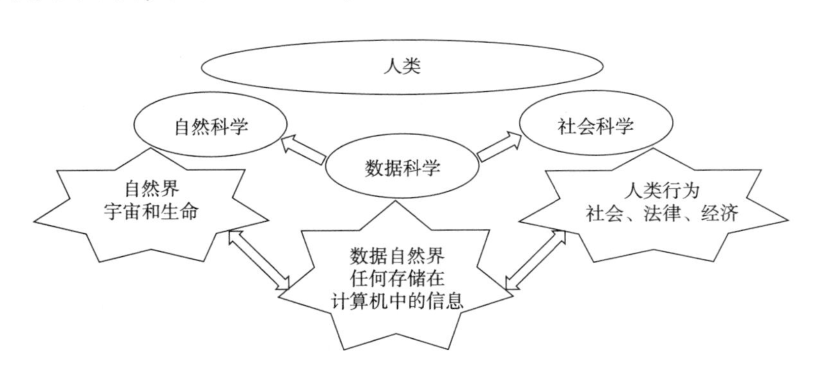

图 1–3　数据科学与其他学科的关系

自然科学研究自然现象和规律，认识的对象是整个自然界，即自然界物质的各种类型、状态、属性及运动形式。行为科学研究自然和社会环境中人的行为以及低级动物的行为，已经确认的学科包括心理学、社会学、社会人类学和其他类似的学科。数据科学支持了自然科学和行为科学的研究工作。随着数据科学的发展，越来越多的科学研究工作将直接针对数据进行，这将使人类认识数据，从而认识自然和行为。

人类探索现实自然界，用计算机处理人类的发现、人类的社会、自然与人。在这个过程中，数据大量产生并正在经历大爆炸。人类在不知不觉中创造了一个更复杂的数据自然界，人们生活在现实自然界和数据自然界两个世界里。人、社会和宇宙的历史将变为数据的历史。人类可以通过探索数据自然界来探索自然界，人类还需要探索数据自然界特有的现象和规律，这是数据科学的任务。可以期望的是，目前的所有科学研究领域都可能形成相应的数据科学。

未来，数据科学将成为一门专门的学科，被越来越多的人所认知。各大高校将设立专门的数据科学类专业，也会催生一批与之相关的新的就业岗位。

1.1.3 大数据及其特征

1.1.3.1 什么是大数据

大数据又称为巨量资料。根据维基百科的定义，大数据是指无法在可承受的时间范围内用常规软件工具进行捕捉、管理和处理的数据集合。研究机构 Gartner 给出的定义：大数据是需要新处理模式才能具有更强的决策力、洞察发现力和流程优化能力的海量、高增长率和多样化的信息资产。

1.1.3.2 大数据的特征

大数据不一定单指满足 PB（$1PB=2^{10}TB$，$1TB=2^{40}B$）、EB（$1EB=2^{20}TB$）级的大级别数据量。在实际情况中，可以根据具体的大数据特征来判断，其中最为经典的是大数据的 5V 特征，即 Volume（大量）、Variety（多样）、Value（价值密度低）、Velocity（高速）、Veracity（真实性）。

（1）数据量巨大

大数据的起始计量单位①至少是 PB（约 1000TB）、EB（约 100 万 TB）或 ZB（约 10 亿 TB）级别。例如，一个中型城市的视频监控信息一天就能达到几十 TB 的数据量，百度首页导航每天需要提供的数据为 1～5PB，如果将这些数据打印出来，需要数千亿张 A4 纸。

（2）数据类型繁多

传统 IT 产业产生和处理的数据类型较为单一，大部分是结构化数据。随着传感器、智能设备、社交网络、物联网、移动计算、在线广告等新的渠道和技术不断涌现，产生的数据类型越来越多。这些数据包括结构化、半结构化和非结构化数据，具体表现为文字、音频、视频、图片、地理位置信息等。多类型的数据对处理数据的能力提出了更高的要求。

（3）价值密度低

随着互联网以及物联网的广泛应用，信息感知无处不在，信息海量，但价值密度较低。大数据由于体量不断加大，单位数据的价值密度不断降低，然而数据的整体价值却在提高。以监控视频为例，在一小时的视频数据中，有用的数据可能只有一两秒，但却非常重要。现在许多专家已经将大数据的价值等同于黄金和石油，这表示大数据中蕴含了无限

---

① 数据计量的最小基本单位是 Bit。所有计量单位按顺序从小到大依次为 Bit、Byte、KB、MB、GB、TB、PB、EB、ZB、YB、BB、NB、DB。它们按照进率 1024（2 的十次方）计算。

的商业价值。如何结合业务逻辑并通过强大的机器算法来挖掘数据价值，是大数据时代最需要解决的问题。

（4）处理速度快、时效高

大数据的第四个特征是数据增长速度快，处理和分析的速度快，时效性要求高。比如，搜索引擎要求几分钟前的新闻能够被用户查询到，个性化推荐算法要求实时完成推荐。这是大数据区别于传统数据挖掘的显著特征。

（5）数据反映真实

大数据的第五个特征是数据反映的真实性，主要表现为数据的质量，这是大数据价值发挥的关键。数据的规模并不能决定其能否为决策提供帮助，数据的真实性和质量才是影响人们获得标准答案的因素。追求高的数据质量也就变成了一项重要的挑战，比如，互联网上留下的人类行为踪迹可以真实地反映或折射人们的行为乃至思想和心态，这一点在2020 年的新冠肺炎疫情防控期间得到了充分印证。然而，任何处理方法均无法消除某些数据本身固有的伪装性和不可预测性。

1.2　大数据时代

事物的发展不是一蹴而就的，大数据时代的来临一样经历了多方面的技术积累和更替。人类信息文明的充分发展是大数据时代到来的主要推手。可以说，信息技术的发展和不断的快速革新造就了信息量的指数级增长，而信息量的不断堆积直接推动了大数据概念的出现。今天，随着相关技术不断成熟，人们终于迎来了大数据时代。

1.2.1　人类信息文明的发展

根据 IBM 公司原首席执行官郭氏纳的观点，IT 领域基本每隔 15 年都会迎来一次重大的技术变革。

如表 1-1 所示，1980 年前后，个人计算机逐步普及，尤其是随着制造技术的完善导致计算机销售价格大幅度降低，计算机逐步进入企业和千家万户，大大提高了整个社会的生产力，同时丰富了家庭的生活方式，人类迎来了第一次信息化浪潮，Intel、IBM、苹果、微软、联想等是这个时期的代表性企业。

1995 年前后，人类开始全面进入互联网时代。互联网实现了世界五大洲数字信息资源的联通共享，人类正式进入“地球村”时代，开始了第二次信息化浪潮，缔造了雅虎、谷歌、阿里巴巴、百度等互联网巨头。

2010 年前后，云计算、大数据、物联网、人工智能逐步进入人们的视野，从此拉开了人类第三次信息化浪潮的序幕，涌现出一批新的市场标杆企业。

表 1-1 三次信息化浪潮

信息化浪潮	发生时间	标志	解决的问题	代表企业
第一次浪潮	1980 年前后	个人计算机	信息处理	Intel、IBM、苹果、微软、联想等
第二次浪潮	1995 年前后	互联网	信息传输	雅虎（Yahoo）、谷歌、阿里巴巴、百度等
第三次浪潮	2010 年前后	大数据	信息挖掘	亚马逊（Amazon）、VMWare、阿里云等

1.2.2 大数据时代的来临

近年来，由于数据存储、CPU 计算能力等技术迅猛发展，尤其是以互联网、物联网、信息获取、社交网络等为代表的技术日新月异，手机、平板电脑、PC 等各式各样的信息终端随处可见。虚拟网络快速发展，现实世界快速虚拟化，数据的数量正以前所未有的速度增长。伴随着云计算、大数据、物联网、人工智能等信息技术的快速发展和传统产业数字化的转型，数据量呈现几何级增长。

大数据也是促进国家治理变革的基础性力量。正如《大数据时代》的作者维克托·迈尔·舍恩伯格在书中强调的："大数据指的是人们在大规模数据的基础上可以做到的事情，而这些事情在小规模数据的基础上是无法完成的。"在国家治理领域，大数据不仅为解决以往的"顽疾"和"痛点"提供了强大支撑，如建设阳光政府、责任政府、智慧政府等，还使以往无法实现的环节变得简单、可操作，如精准医疗、个性化教育、社会监管、舆情监测预警等。大数据也使一些新的主题成为国家治理的重点，如维护数据主权、开放数据资产、保持在数字空间的国家竞争力等。

1.3 大数据的产生与作用

大数据是信息通信技术发展积累至今，按照自身技术发展逻辑，从提高生产效率向更高级智能阶段的自然生长产物。无处不在的信息感知和采集终端为我们收集了海量的数据，而以云计算为代表的计算技术的不断进步，为我们提供了强大的计算能力。

1.3.1 大数据的产生

从使用数据库作为数据管理的主要方式开始，人类社会的数据产生方式大致经历了三个阶段。数据产生方式的巨大变化最终导致了大数据的产生。

1.3.1.1 运营式系统阶段

数据库的出现使得数据管理的复杂度大大降低。在实际使用中，数据库大多被运营系统采用，即作为运营系统的数据管理子系统，如超市的销售记录系统、银行的交易记录系统、医院病人的医疗记录系统等。人类社会数据量的第一次大的飞跃是从运营系统广泛使用数据库开始的。这个阶段的主要特点是：数据的产生往往伴随着一定的运营活动，而且数据记录在数据库中。例如，商店每售出一件产品就会在数据库中产生一条相应的销售记录。这个阶段的数据产生方式是被动的。

1.3.1.2　用户原创内容阶段

互联网的诞生促使人类社会的数据量出现第二次大的飞跃，但真正的数据爆发产生于Web 2.0时代。Web 2.0的最重要标志是用户原创内容。近年来，这类数据一直呈现爆炸式增长，主要有两方面的原因：一是以博客、微博和微信为代表的新型社交网络的出现和快速发展，使得用户产生数据的意愿更加强烈；二是以智能手机、平板电脑为代表的新型移动设备的出现，使得人们在网上发表自己意见的途径更为便捷。这个阶段的数据产生方式是主动的。

1.3.1.3　感知式系统阶段

人类社会数据量的第三次大的飞跃最终导致大数据的产生，今天的我们正处于这个阶段。这次飞跃的根本原因在于感知式系统的广泛使用。随着技术的发展，人们已经有能力制造极其微小的带有处理功能的传感器，并且将这些设备广泛地布置于社会的各个角落，通过这些设备对整个社会的运转进行监控。这些设备会源源不断地产生新数据。这个阶段的数据产生方式是自动的。

简单来说，数据的产生经历了被动、主动和自动三个阶段，这些被动、主动和自动产生的数据共同构成了大数据的数据来源。然而，自动产生的数据才是大数据产生的最根本原因。

1.3.2　大数据的作用

大数据虽然孕育于信息通信技术，但它对社会、经济、生活产生的影响绝不限于技术层面。本质上，它为我们看待世界提供了一种全新的方法，即决策行为将日益基于数据分析，而不是像过去更多地凭借经验和直觉。具体讲，大数据有四个方面的作用。

1.3.2.1　对大数据的处理分析正成为新一代信息技术融合应用的节点

移动互联网、物联网、社交网络、数字家庭、电子商务等是新一代信息技术的应用形态，不断地产生大数据，云计算为这些海量、多样化的大数据提供了存储和运算平台。通过对不同来源数据的管理、处理、分析与优化，并将结果反馈到上述应用中，将创造出巨大的经济和社会价值。大数据具有催生社会变革的能量。

1.3.2.2　大数据是信息产业持续高速增长的新引擎

面向大数据市场的新技术、新产品、新服务、新业态不断涌现。在硬件与集成设备领域，大数据将对芯片、存储产业产生重要影响，还将催生出一体化数据存储处理服务器、内存计算等市场。在软件与服务领域，大数据将促进数据快速处理分析技术、数据挖掘技术和软件产品的发展。

1.3.2.3　大数据的利用将成为提高核心竞争力的关键因素

各行各业的决策正在从“业务驱动”向“数据驱动”转变，并用大数据的方法进行决策。在商业领域，对大数据的分析可以使零售商实时掌握市场动态并迅速做出应对，为商家制定更加精准有效的营销策略提供决策支持，帮助企业为消费者提供更加及时和个性化的服务。在医疗领域，大数据可以提高诊断的准确性和药物的有效性。在公共事业领域，大数据也开始发挥促进经济发展、维护社会稳定等重要作用。

1.3.2.4　大数据时代，科学研究的方法手段将发生重大改变

大数据给社会各行各业带来了深远的影响，推动了社会的巨大进步。首先，大数据推动了科学技术的创新，包括分布式存储与计算、数据挖掘与分析、商业智能等。其次，大数据推动了科学研究方法的改变，包括科学研究第四范式（数据密集型科学）、大数据协同创新、抽样调研变为网络海量行为分析等。

大数据提供了第四范式，即通过数据挖掘、数据优化、数据应用来寻找科学的路径。例如，抽样调查是社会科学的基本研究方法，而在大数据时代，研究人员可通过实时监测、跟踪研究对象在互联网上产生的海量行为数据，进行挖掘分析，揭示规律，提出研究结论和对策。

在新冠肺炎疫情防控过程中，大数据的研究方法起到了很大的作用，比如健康码的推广应用等。

1.4　大数据时代的新思维

现代社会是一个高速发展的社会，科技发达，信息流通，人们之间的交流越来越密切，生活也越来越方便，大数据是这个高科技时代的产物。大数据时代的到来改变了人们的生活方式与思维模式。

在大数据时代，人类思维模式发生了三大改变：注重全样而非抽样、注重效率而非精确、注重相关关系而非因果关系。

1.4.1　注重全样而非抽样

以前，由于缺乏获取全体样本的手段，人们提出了随机调研数据的方法。在理论上，抽取样本越随机，越能代表整体样本。但问题是获取一个随机样本的代价较高，而且很费时。人口调查就是一个典型例子。一个国家很难做到每年都完成一次人口调查，因为随机

调研太耗时耗力。然而，云计算和大数据技术的出现，使得获取和处理足够大的样本数据乃至全体数据成为可能。

1.4.2　注重效率而非精确

由于使用抽样的方法，因此需要数据样本的具体运算非常精确，否则就会“失之毫厘，谬以千里”。例如，在一个总样本为 1 亿的人口中随机抽取 1000 人进行调查，如果在 1000 人的运算中出现错误，那么放大到 1 亿时，偏差将会很大。然而，在全样本的情况下，有多少偏差就是多少偏差，不会被放大。

在大数据时代，快速获得一个大概的轮廓和发展脉络比严格的精确性重要得多。有时候，当掌握了大量新型数据时，精确性就不那么重要了，因为我们仍然可以掌握事情的发展趋势。大数据基础上的简单算法比小数据基础上的复杂算法更加有效。数据分析的目的并非只是数据分析，而是用于决策。数据分析要求在几秒内迅速给出针对海量数据的实时分析结果，否则会丧失数据的价值。因此，时效性也非常重要。

1.4.3　注重相关关系而非因果关系

大数据研究不同于传统的逻辑推理研究，它不需要对数量巨大的数据做统计性的搜索、比较、聚类、分类等分析归纳，只关注数据的相关性或称关联性。相关性是指两个或两个以上变量的取值之间存在的某种规律性。相关性没有绝对性，只有可能性。然而，如果与一个变量的相关性强，则另一个变量相关性预测可能的概率是很高的。

相关性分析可以帮助我们捕捉现在和预测未来。如果 A 和 B 经常一起发生，则我们只需要注意到，若 B 发生了，则可以预测 A 也发生了。比如，大家都喜欢一起购买 A 物品和 B 物品，那么当某顾客购买了物品 A 之后就一定会购买 B 吗？未必，但的确需要承认其购买 B 的概率很大。根据相关性分析，我们知道喜欢 A 的人很可能喜欢 B，但并不需要知道其中的原因。

相关性分析的意义重大，也为研究因果关系奠定了基础。通过找出可能相关的事物，我们可以在此基础上进行进一步的因果关系分析。如果确实存在因果关系，则进一步找出原因。这种便捷的机制通过严格实验降低了因果关系分析的成本。我们也可以从相互联系中找到一些重要的变量，将这些变量用到验证因果关系的实验中。大数据的相关性分析法更准确、更快，而且不易受偏见的影响。建立在相关性分析基础上的预测是大数据的核心。

大数据在新的关联中找出必然的关系，从整体的观念、大局的观念看问题，以把握问题的症结，这是大局观。大数据还强调数据协同、数据匹配，要求协同观。数据挖掘、数据聚合，最后聚焦到某几个结论上，这是聚集观。大局观、协同观、聚集观的三种思维方式，是大数据思维的主要特点。通过各行各业对收集的数据进行不断的利用和创新，大数据会逐步被人类所理解并创造更多的价值。

1.5 大数据产业

大数据产业是指一切与支撑大数据组织管理和价值发现相关的企业经济活动的集合，包括大数据的企业集群和产业园区，以及由IT基础设施建设、大数据技术产品研发、行业大数据、大数据产业主体、大数据安全保障、大数据产业服务体系等组成的大数据产业集聚园区。

从世界各国大数据产业的重点领域可以发现，美国、欧盟等国家和地区的大数据产业通常集中于某个范围。例如，美国侧重在科学发现、国家安全、生物医药、医疗卫生、基础设施、教育培训、能源环境、航空航天、地质科学、材料基因、先进制造等基础科技领域推进大数据研究与创新；欧盟以数据密集型为主要标准，重点关注交通、健康、政府管理、零售、金融等部门。然而在我国，大数据产业涉及的方面更为广泛，主要涵盖了公共管理、基础研究、制造业、服务业等领域。

1.5.1 大数据产业构成

从产业概念层面看，大数据产业符合业界定义产业的通用原则，即产业是具有某种同类属性的企业经济活动的集合。大数据产业以大数据为核心资源，将产生的数据通过采集、存储、处理、分析、应用和展示，最终实现数据的价值。

整个大数据产业分为大数据核心业态、大数据关联业态和大数据衍生业态。核心业态是大数据的根本，关联业态是大数据发展的支撑，衍生业态是大数据发展的终极目标。

1.5.1.1 产业内涵

从产业内涵理解，一个产业中企业的经济活动必须具备同类属性。

大数据产业的共同属性是支撑大数据的组织管理和价值发现。

1.5.1.2 产业外延

从产业外延理解，一个产业中企业的经济活动必须能够具体化。

大数据产业相关企业的经济活动包括用以实现大数据存储、检索、处理、分析、展示的相关IT硬件与软件的生产、销售和租赁活动以及相关信息服务。具体可分为三个方面：

第一，用以搭建大数据平台，实现大数据组织与管理、分析与发现的相关IT硬件与软件的生产、销售和租赁活动。

第二，大数据平台的运维与管理服务，以及系统集成、数据安全、云存储等解决方案与相关咨询服务。

第三，与大数据应用相关的数据租售业务、分析预测服务、决策支持服务、数据分享平台、数据分析平台等。

1.5.1.3　产业构成

从产业构成理解，一个产业必须具备相应的上下游产业链。

大数据产业链按照数据应用价值实现流程可分为大数据核心业态、大数据关联业态和大数据衍生业态三大层级。数据园区、数据小镇、绿色数据中心、超算中心、数据采集、数据加工、数据分析、数据交易、人工智能等示范项目建设，是大数据的核心业态发展形式。智能终端、集成电路、电子材料和元器件、软件开发等项目建设，是大数据的关联业态发展形式。大数据在农牧业、工业、服务业、能源、金融等领域的应用示范，是大数据的衍生业态发展，可促进传统产业转型升级。

1.5.1.4　产业面对的市场

从产业面对的市场理解，一个产业必须有对应的市场需求和最终用户。

对于大数据产业来说，政府与公共事业部门、行业企业、个人消费者是其最终用户。在政府与公共事业领域，大数据可以应用到城市规划、公共安全、公共交通、舆情管理等社会管理和民生服务领域，带来效率提升、响应速度加快、服务水平提高、管理成本下降等诸多效益。对于行业企业来说，大数据可以应用到产品研发设计、生产运作管理、供应链管理、客户关系管理、企业品牌营销等各个环节，能够帮助企业准确把握市场需求变动，提高产品设计与生产效率，提高供应链的敏捷性和准确性，实现个性化精准营销。对于个人消费者来说，通过大数据的应用服务将使信息变得更加泛在，从家庭生活、出行、消费、娱乐、旅游、学习等方方面面拓展民众生活空间、提高民众的生活品质，引领数字时代智慧人生的到来。

1.5.1.5　产业参与的主体

从产业参与的主体理解，一个产业必须有实实在在的企业参与其中。

由于大数据产业能够为社会管理、企业创新、个人生活等多领域带来巨大的经济效益和社会效益，因此已经吸引了大量的企业积极投资与布局大数据相关软硬件产品及应用服务，极大地促进了技术、应用和模式的创新。

1.5.2　全球大数据产业发展现状与应用趋势

世界上许多国家都已经认识到了大数据所蕴含的重要战略意义，纷纷开始在国家层面进行战略部署，以迎接大数据技术革命带来的机遇和挑战。以美国为代表的发达国家在推进大数据上已经形成了从发展战略、法律框架到行动计划的完整布局。

1.5.2.1　全球各国大数据产业的发展现状

美国在《大数据研究和发展倡议》中提出，通过收集庞大而复杂的数字资源，从中获得知识和洞见，以提升能力，并且加速在科学、工程上发现的步伐，强化美国国土安全，转变教育和学习模式。根据这一计划，美国希望利用大数据技术实现在多个领域的突破，包括科研教学、环境保护、工程技术、国土安全、生物医药等。其中，具体的研发计划涉及了美国国家科学基金会、国家卫生研究院、国防部、能源部、国防部高级研究局、地质勘探局六个联邦部门和机构。

欧盟及其成员国已经明确制定了大数据发展战略，指出数据在价值链不同阶段产生的价值将成为未来知识经济的核心，如能利用好大数据，则可以为运输、健康或制造业等传统行业带来新的机遇。

新加坡政府在大数据发展过程中充当了关键角色，抓住了大数据发展的五大关键要素，即基础设施、产业链、人才、技术和立法，弥补了企业的短板。新加坡政府很早就提出，支持新加坡企业采用大数据技术及利用大数据提升政府服务水平。

此外，澳大利亚、加拿大、新西兰、印度等国也在大数据领域进行了研究与部署，还纷纷推出了本国的公共数据开放网站，以使更多的人可以使用大数据资源并从中获得利益。

1.5.2.2 全球大数据产业结构及应用领域

全球大数据产业结构从垄断竞争向完全竞争格局演化，具体表现为企业数量迅速增多，产品和服务的差异增大，技术门槛逐步降低，市场竞争越发激烈。

1.5.2.3 全球大数据产业发展趋势

(1) 大数据将成为重要战略资源

在未来一段时间内，大数据将成为企业、社会和国家层面重要的战略资源。大数据将不断成为各类机构尤其是企业的重要资产，成为提升机构和公司竞争力的有力武器。企业将更加钟情于用户数据，充分利用客户与其在线产品或服务交互产生的数据并从中获取价值。此外，在市场影响方面，大数据也将扮演重要角色，从而影响广告、产品推销和消费者行为。

(2) 数据隐私标准将出台

大数据将面临隐私保护的重大挑战。现有的隐私保护法规和技术手段难以适应大数据环境，个人隐私越来越难以保护，可能会出现有偿隐私服务。数据“面罩”将会流行。所有数据在创建之初便需要获得安全保障，而不是在数据保存的最后一个环节，仅仅加强后者的安全措施已被证明于事无补。预计各国都将会有一系列关于数据隐私的标准和条例出台。

(3) 大数据将与云计算深度融合

大数据处理离不开云计算技术。云计算为大数据提供了弹性可扩展的基础设施支撑环境以及数据服务的高效模式，大数据则为云计算提供了新的商业价值。总体而言，云计算、物联网、移动互联网等新兴计算形态，既是产生大数据的地方，也是需要应用大数据分析方法的领域。

(4) 大数据分析方法发生变革

大数据分析将出现一系列重大变革。就像计算机和互联网一样，大数据可能导致新一波的技术革命。基于大数据的数据挖掘、机器学习和人工智能可能会改变以往很多算法和基础理论，这方面可能会产生理论上的突破。

（5）网络安全问题亟待解决

大数据的安全令人担忧，大数据的保护越来越重要。大数据的不断增加，对数据存储的物理安全性要求越来越高，对数据的多副本与容灾机制提出了更高要求。网络和数字化生活使得犯罪分子更容易获得关于人的信息，也有了更多不易被追踪和防范的犯罪手段，可能会出现更高明的骗局。因此，安全问题亟待解决。

（6）以数据为中心的解决方案与应用的兴起

世界已经不再将数据应用作为独有的优势，数据才是能够在 B2B 和 B2C 领域内确立独特优势的关键点。在数据管理中，以数据为中心的模式将取代传统的以应用为中心的模式。

1.5.2.4　全球主要大数据企业介绍

（1）IBM

IBM 总公司在纽约州阿蒙克市，1911 年由托马斯·沃森于美国创立，是全球最大的信息技术和业务解决方案公司。根据 Wikibon 发布的报告，2013 年 IBM 从大数据相关产品及服务中获得了 13.68 亿美元收益，其具体产品包括服务器与存储硬件、数据库软件、分析应用程序以及相关服务等。在 IBM 围绕大数据开发出的产品中，DB2、Informix 与 InfoSphere 数据库平台、Cognos 与 SPSS 分析应用最为知名。IBM 同时为 Hadoop 开源数据分析平台提供支持。

IBM 定位于商业智能分析软件，致力于为大型企业提供数据库平台和分析服务。因此，IBM 对于大型企业内部数据具有深厚的积累和洞见。企业内部数据的价值之一，在于通过分析企业内部数据，以提高企业的生产运营和管理效率。尤其是规模较大的大型集团，亟须从过去的数据中寻找规律并进行预测。IBM 的商业分析软件满足了这些企业的需求，这也是 IBM 数据价值所在。与初创公司相比，IBM 的另一优势在于对各行业的数据理解更为深刻，可提供多个行业的解决方案。

（2）亚马逊

亚马逊是美国最大的一家网络电子商务公司，位于华盛顿州的西雅图，是网络上较早开始经营电子商务的公司之一。亚马逊成立初期专注于书籍销售业务，现在它的销售范围已相当广泛，成为全球商品品种最多的网上零售商和全球第二大互联网企业。

亚马逊以企业云平台闻名于世，同时推出了一系列大数据产品，其中包括基于 Hadoop 的 ElasticMapReduce、DynamoDB 大数据数据库以及能够与 Amazon Web Services 顺利协作的 Redshift 规模化并行数据仓储方案。

在亚马逊近二十年的历史中，自建物流不但是其发展过程中的关键环节，而且与大数据挖掘结合在一起，帮助亚马逊在营销方面实现更大的价值。由亚马逊强大技术支持的智能物流系统是其价值链扩张的重要部分，它使亚马逊在整条产业链上建立了竞争优势。首先，亚马逊经由以云计算为依托的电商开放平台，通过客户数据收集、目标客户甄选、营销组合设计和营销信息推送四个步骤实现精准营销。整个过程的核心在于对目标客户的准确定位，从而在分析客户偏好的基础上有针对性地发布营销信息。其次，有了数据分析系统的支撑，亚马逊的智能物流得以发展。对于亚马逊这样一家秉承“客户至上”的企业来说，其智能物流方面的创新是其他电商企业难以企及的，物流的精准服务实现了消费者更高层次的体验满足感。

（3）谷歌

谷歌是一家美国的跨国科技企业，致力于互联网搜索、云计算、广告技术等领域，开发并提供大量基于互联网的产品与服务。谷歌被公认为全球最大的搜索引擎，在全球范围内拥有无数的用户。谷歌公司推出的大数据产品包括 BigQuery，即一款基于云的大数据分析平台。

谷歌通过搜索引擎积累了大量的用户搜索数据，又通过三项开创性的大数据技术（GFS、MapReduce、Big Table）打造了开源的大数据平台，最终实现了闭合的大数据生态圈。该公司几乎积累了互联网各个环节的数据，具有其他厂商不可替代的优势。这些数据通过广告转化成谷歌的销售收入，也使企业实现了精准营销。

（4）阿里云

阿里云创立于 2009 年，是全球领先的云计算、大数据及人工智能科技公司，致力于通过在线公共服务的方式，提供安全、可靠的计算和数据处理能力，让计算和人工智能成为普惠科技。阿里云服务着制造、金融、政务、交通、医疗、电信、能源等众多领域的领军企业，包括中国联通、中国石化、中国石油、飞利浦、华大基因等大型企业客户，以及微博、知乎等明星互联网公司。在天猫“双 11”全球狂欢节、12306 春运购票等极富挑战的大数据应用场景中，阿里云保持着良好的运行纪录。

阿里云在全球各地部署高效节能的绿色数据中心，利用清洁计算为万物互联的新世界提供源源不断的动力，目前开放服务的区域包括中国（华北、华东、华南、香港）、新加坡、美国（美东、美西）、欧洲、中东、澳大利亚、日本。

1.5.3 我国大数据产业市场现状与前景

中国大数据产业虽然起步晚，但发展速度快。2008 年，我国开始在河北省建立秦皇岛大数据产业基地。2015 年 4 月，贵州省在贵阳市成立了中国首个大数据战略重点实验室、首个大数据公共平台和首个大数据交易所——贵阳大数据交易所。贵阳大数据交易所发布的《2016 年中国大数据交易产业白皮书》数据显示，截至 2016 年底，中国超大规模提供商运营的大型数据中心数量有 24 个，仅次于美国，在全球排名第二。2016 年，中国大数据市场规模达到了 2485 亿元。2020 年，中国大数据产业规模达到了 13626 亿元。

1.5.3.1 政策扶持产业规划

为了充分利用大数据带来的机遇，同时有效应对大数据带来的挑战，中国产业界、科技界和政府部门也在积极布局、制定战略规划。整体上，随着各行各业对大数据的需求日益增加，国家对大数据产业的重视程度越来越高，与大数据相关的国家政策发布越来越频繁。“数据兴国”和“数据治国”已上升为国家战略高度，大数据将成为中国今后相当长时期的重要发展方向。

2015 年 9 月 5 日，国务院印发了《促进大数据发展行动纲要》，首次在国家层面上提出发展大数据产业。该纲要提出，在未来 10~15 年内要逐步实现以下目标：

第一，打造精准治理、多方协作的社会治理新模式，在 2017 年底前形成跨部门数据资源共享共用格局。

第二，建立运行平稳、安全高效的经济运行新机制。

第三，构建以人为本、惠及全民的民生服务新体系。

第四，开启大众创业、万众创新的创新驱动新格局，在 2018 年底前建成国家政府数据统一开放平台，率先在交通、信用、金融、卫生、就业、社保、医疗、地理、教育、文化、科技、资源、农业、环境、安监、统计、质量、海洋、气象、企业登记监管等重要领域实现公共数据资源合理适度向社会开放。

第五，培育高端智能、新兴繁荣的产业发展新生态，推动大数据与物联网、云计算、移动互联网等新一代信息技术融合发展，探索大数据与传统产业协同发展的新业态、新模式，促进传统产业转型升级和新兴产业发展，培育新的经济增长点。

此外，纲要提出了三大任务：加快政府数据开放共享，推动资源整合，提高治理能力；促进产业创新发展，培育新兴业态，助力经济转型；强化安全保障，提高管理水平，促进健康发展。

纲要还提出了 9 个专项，即政府数据资源共享开放工程、国家大数据资源统筹发展工程、政府治理大数据工程、公共服务大数据工程、现代农业大数据工程、工业和新兴产业大数据工程、万众创新大数据工程、大数据关键技术及产品研发与产业化工程、数据产业支撑能力提升工程。其中，包括建设形成国家政府数据统一开放平台、医疗与交通旅游服务大数据、工业大数据应用、服务业大数据应用、农业农村信息综合服务，构建科学大数据国家重大基础设施。

根据《促进大数据发展行动纲要》，形成一批具有国际竞争力的大数据处理、分析、可视化软件和硬件支撑平台等产品，培育国际领先的大数据核心龙头企业以及大数据应用、服务和产品制造企业。

在省级大数据产业规划层面，各地政府纷纷结合自身实际探索大数据发展道路，北京、贵州、上海、广东、江苏、浙江、山东等省市公布了大数据发展规划，加强顶层设计，构建数据流通通道，对包括基础设施建设、信息技术产业体系、企业发展等大数据产业内容做出了统一规划。

1.5.3.2　国内大数据技术发展

中国计算机学会（CCF）大数据专家委员会发布了中国大数据技术与产业发展报告，并且对中国大数据技术发展趋势进行了展望，其内容主要包括可视化推动大数据平民化、多学科融合与数据科学兴起、大数据安全与隐私重点发展、新热点融入大数据多样化处理模式、大数据智能应用和开源、测评、大赛催生良性人才与技术生态等。大数据是应用驱动、技术发力，因而技术与应用一样至关重要。决定技术的是人才及技术生产方式，因此优秀的人才培养和筛选是未来国内大数据持续发展的重点。

1.5.3.3　大数据应用推广

中国大数据产业较发达国家来说，尚处于起步阶段。目前，国内大数据主要应用在政府层面。

在地方大数据产业部署层面，大数据的应用主要解决两个问题，即政府自身治理和公共服务。

在政府应用层面，目前大数据市场正迎来好的政策环境，政府大数据产业链逐步完善，国内各地方政府各种类型的大数据库逐步建设，涉及政府业务方方面面的应用不断推进。

在行业应用层面：从需求方看，企业对于大数据的应用需求持续增强，各行业大数据应用逐渐落地并成为产业链的核心，主要行业的大型企业已着力培育自身的数据资产；从供给方看，新兴技术推动大数据技术环境趋向成熟，行业大数据应用逐渐丰富，大数据生态系统多元化程度进一步加强。

目前，大数据在电子商务、电信领域的应用成熟度较高，在金融领域的应用最为广泛，其次为工业，而其他行业应用尚处于初级阶段。应用大数据较多的行业包括农业、医疗、社保、能源、电信、教育、旅游、交通、电力、物流等。

1.5.3.4　国内大数据产业链布局

国内大数据产业链整体布局完整，但局部环节竞争激烈，差异化明显，产业链中游竞争集中度较高，且基本被国外企业垄断。我国在大数据产业链高端环节缺少成熟的产品和服务，面向海量数据的存储和计算服务较多，而前端环节的数据采集和预处理、后端环节的数据挖掘分析和可视化，以及大数据整体解决方案等产品和服务匮乏。目前，位于产业链下游的数据展示与应用竞争集中度较低，尚未形成垄断，是国内新兴企业最有机会的领域。

虽然国内大数据发展仍存在行业发展良莠不齐、数据开放程度较低、安全风险日益突出和技术应用创新滞后等挑战，但大数据发展已上升为国家战略层面，成为中国今后相当长时期重要发展方向，整体上呈现良好的发展态势。

1.5.3.5　我国大数据产业链发展趋势

随着大数据相关产品及应用的不断普及，应用层规模逐步增长。在技术层、数据源层以及衍生层的共同支撑下，2020 年中国大数据应用市场规模份额达到了 40%，约 3187 亿元。其中，交易市场规模虽然占比最少，但正是由于它的存在，数据交易从法律上实现了数据的合法化，实现了数据价值的兑现。

数据源是大数据产业链的第一个环节，是大数据产业发展的基础。目前，数据源区块主要集中在政府管理部门、互联网巨头、移动通信企业中。随着新技术的不断发展，数据产生的方式越来越多样。例如，人们每天使用的互联网和无线通信、即时通信、微信、微博、电话、短信，甚至是每一次互联网单击都会留下记录。数据源将带来爆炸性的数据增长。随着各行业对大数据应用的重视，越来越多的企业加入数据的生产和采集行业，数据源将进一步扩大。

在大数据的柔性注入下，越来越多的大数据硬件产品都打出“智能牌”。智能硬件在逐渐改变人们日常生活的同时，还在用户无触发、无感知的情况下，24 小时不间断地采集数据。智能硬件的发展将推动大数据第二波浪潮的到来。然而，就大数据硬件的存储、服务器、网络安全等领域而言，目前国内缺少面向大数据的成熟系统，参与者多是正在试图转型的传统 IT 厂商，如中兴、浪潮、联想、曙光等公司。

大数据技术是大数据价值实现的重要条件。无论当前和未来，大数据采集与预处理、存储管理、大数据分析挖掘、大数据安全和大数据可视化等技术，仍然是大数据产业链重点发展的核心。

随着大数据在商业上的广泛应用，其交易应运而生。大数据交易可以打破信息孤岛及行业信息壁垒，汇聚海量高价值数据，满足数据市场的多样化需求，完善产业生态环境，实现数据价值的最大化，对推进大数据产业创新发展方面具有深远意义。然而，国内大数据交易还处于初级阶段，规范尚未统一，发展模式也处于摸索过程中。目前，大数据交易有交易所模式、电商模式、API 模式。大数据的价值通过数据确权、清洗、交易等形式得以释放和体现。未来，大数据产业链将在大数据交易领域有重点突破，包括大数据资产评估、大数据指数、大数据定价、大数据交易、大数据基金、大数据信托、大数据期货、大数据融资、大数据确权、大数据托管、大数据全生命周期管理、大数据交易标准等。

大数据应用是大数据价值最大化的一个环节。大数据产业的下游由大量公司组成，扮演的角色基本上是大数据生态圈里的数据提供者、特色服务运营者和产品分销商，通过开放平台和搜索引擎获取用户，处于产业的边缘地带。任何数据不经过分析这一环节，都无法落实到实际应用，而且在同样的数据面前，谁分析出的结果最有效，将决定谁才是真正的大数据智能产业领跑者。整体而言，全球的大数据应用处于发展初期，中国大数据应用才刚刚起步。目前，大数据应用在各行各业的发展呈现阶梯式格局：互联网行业是大数据应用的领跑者，政府、金融、电信、交通、医疗等领域积极尝试大数据应用，其中政府、金融大数据应用会在近几年呈爆发式增长。

大数据产业衍生各种新业态。大数据分析和应用在经济社会各领域的扩散渗透，不仅促进了相关产业生产率水平的提升，而且衍生出很多与之相关联的新兴产业，使得人类生产生活、工作消费方式发生根本性转变。未来一段时间内，大数据产业衍生业态主要包括互联网理财、互联网基金、大数据金融、大数据咨询、大数据标准、大数据知识库、大数据双创平台等。

1.6　大数据与云计算、人工智能

通过收集海量的数据存储于云计算平台，再通过大数据分析，甚至更高形式的人工智能为人类的生产活动、生活所需提供更好的服务，必将是未来工业革命进化的方向。

1.6.1 云计算

1.6.1.1 云计算的概念

云计算是一种使用信息资源并按使用量付费的商业模式。这种模式提供可用的、便捷的、按需的网络访问。用户进入可配置的计算资源（包括网络、服务器、存储、应用软件、服务）共享池后，只需做很少的管理工作，或与服务供应商进行很少的交互，就能够快速提供所需资源。

云计算的基本原理：通过使计算分布在大量的分布式计算机上，而非本地计算机或远程服务器中，使得企业能够将资源切换到需要的应用上，根据需求访问计算机和存储系统。这好比是从古老的单台发电机模式转向了电厂集中供电的模式，意味着计算能力可以作为一种商品进行流通，就像煤气、水电一样，取用方便，费用低廉。云计算最大的特点在于，它是通过互联网进行传输的。

云计算的含义包含两个方面：

第一，IT 硬件资源的云化，即 IT 资源的组织方式，称为 IT 资源池。这个池也是一种 IT 系统，但这个池中的 IT 资源不是孤立的，而是构成一个有机体，可以动态配置、灵活扩展、自动化管理。这个池就是“云”。

第二，IT 资源的使用模式，即服务化。过去的 IT 资源是在用户端本地部署和使用的，而现在是被部署在云端，并且以服务的方式为用户提供。用户通过网络访问这些服务。这种使用模式的好处是服务可以随时、随地、随需获得，并根据资源使用情况付费。这种使用模式就是“云服务”。

1.6.1.2 云计算的特征

云计算包括狭义的云计算和广义的云计算，如图 1-4 所示。狭义的云计算指 IT 基础设施的交付和使用模式，通过网络以按需、易扩展的方式获得所需资源，如云计算 IaaS（Infrastructure as a Service）服务。目前，业界的阿里云、亚马逊云都属于狭义云计算服务的范畴。广义云计算指服务的交付和使用模式，通过网络以按需、易扩展的方式获得所需服务，通常通过互联网提供动态易扩展且虚拟化的资源。这种服务可以是提供 IT 基础设施、软件或互联网相关的各种服务，也可以是其他类型的服务，如 IaaS、PaaS（Platform as a Service）、SaaS（Software as a Service）。云是网络、互联网的一种比喻说法，也用来抽象表示互联网和底层基础设施，意味着计算能力也可以作为一种商品通过互联网进行流通。

云计算服务具备以下特征：

- 基于虚拟化技术快速获取资源并部署服务。
- 根据服务负荷，可以动态可伸缩地调整服务对资源的使用情况。
- 按需求提供资源，按使用量付费。
- 通过互联网提供面向海量信息的处理。

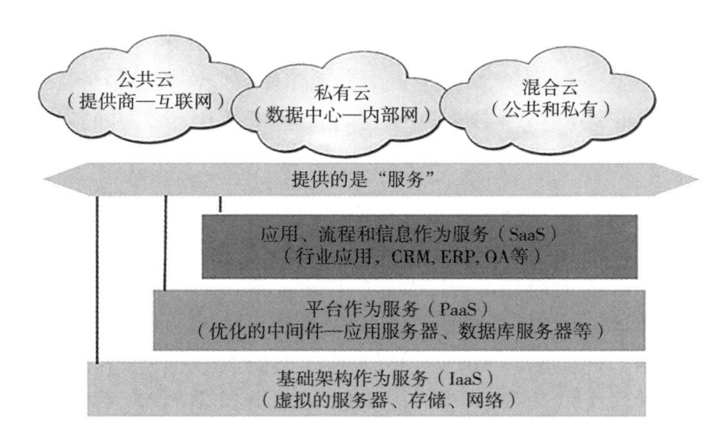

图 1-4　云计算的服务模式和类型

❖ 用户可以方便地通过互联网门户参与使用。
❖ 可以减少用户终端的处理负担，降低用户终端成本。
❖ 降低用户对于 IT 专业知识的依赖。
❖ 虚拟资源池可为用户提供弹性服务。

1.6.1.3　云计算数据中心

（1）云计算数据中心的含义

云计算数据中心（Data Center），又称为仓库级计算（Warehouse-Scale Computers，WSCs），是具有大规模的软件基础设施、数据存储资源和硬件平台。如图 1-5 所示，云计算数据中心典型的体系结构是：数据中心的原子单位由低端服务器组成，以机架为单位将它们挂载在一起，机架之间通过本地的以太网交换机进行通信。这些机架交换机可支持的数据传输速率为 1～10GB/S，上行连接到一个或多个集群级或数据中心级的以太网交换机上。这种两层的交换域可以覆盖超过一万个服务器。

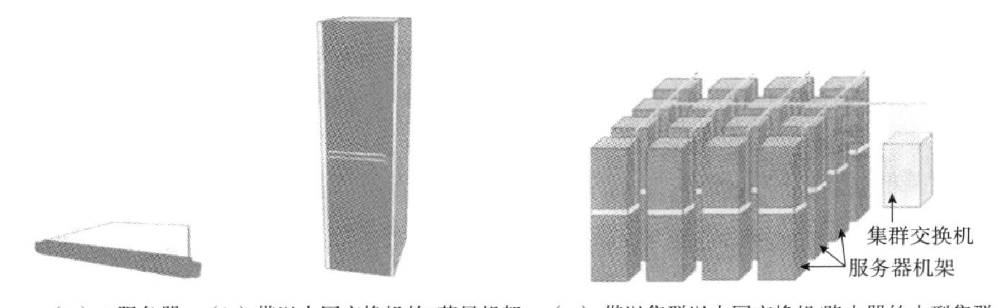

（a）U服务器　（b）带以太网交换机的7英尺机架　（c）带以集群以太网交换机/路由器的小型集群

图 1-5　云计算数据中心

在云计算时代，1U 或者数 U 的机架式服务器、刀片式服务器成为硬件先行者，虚拟化、海量数据存储作为技术保障，分布式、模块化数据中心正逐渐接管市场。

（2）中国北方大数据中心

内蒙古自治区积极推动以呼和浩特市为中心、东中西科学布局的绿色数据中心基地建设，重点建设中国电信、中国联通、中国移动、华为、浪潮等大型数据中心，通过引进国家部委、行业或标志性企业数据资源，全面开放自治区数据中心服务空间，面向全国、国家部委和行业企业提供应用承载、数据存储、容灾备份等服务，并且持续巩固国家级云计算数据存储基地单位。

1.6.1.4 从云计算到大数据

大数据时代将会有更多的数据存储于数据中心，数据将成为新的核心资产，而云计算的分布式处理、分布式数据库和云存储、虚拟化技术则为大数据提供了海量的存储空间、数据处理和分析的途径。通过对存储在云计算平台上的大数据进行挖掘和分析，能够为商业活动和经济运行提供强大的决策支持，成为智慧城市建设的智慧源泉，赋予我们更加强大的洞悉未来的能力，如图 1-6 所示。

图 1-6　云计算和大数据

1.6.2 人工智能

1.6.2.1 人工智能的概念

人工智能（Artificial Intelligence，AI），是研究、开发用于模拟、延伸和扩展人的智能的理论、方法、技术及应用系统的一门新的科学技术。人工智能的第三次浪潮是 2016 年由名叫 AlphaGo 的机器人引发的。

人工智能是研究用计算机模拟人的某些思维过程和智能行为（如学习、推理、思考、规划等）的学科，主要研究计算机实现智能的原理，制造类似于人脑智能的计算机，使计算机能实现更高层次的应用。人工智能涉及计算机科学、心理学、哲学、语言学等自然科学和社会科学的几乎所有学科，其范围已远远超出了计算机科学的范畴。人工智能与思维科学的关系是实践和理论的关系。人工智能处于思维科学的技术应用层次，是它的一个应用分支。从思维观点看，不仅限于逻辑思维，还要考虑形象思维、灵感思维，这样才能促进人工智能的突破性发展。数学常被认为是多种学科的基础科学，其不仅在标准逻辑、模糊数学等范围发挥作用，还进入了语言、思维领域。人工智能也必须借用数学工具。数学进入人工智能后，两者互相促进从而实现更快地发展。

1.6.2.2　人工智能的应用领域

人工智能主要应用于机器翻译、智能控制、专家系统、机器人学、语言和图像理解、遗传编程机器人工厂、自动程序设计、航天工程等领域，进行庞大的信息处理、储存与管理，执行化合生命体无法执行的复杂、规模庞大的任务等。

1.6.2.3　人工智能的研究成果

目前，人工智能的主要研究成果有几个方向，如人机对弈（机器人多次战平甚至战胜国际象棋大师 Garry Kasparov）、模式识别（2D/3D 识别引擎、驻波识别引擎及多维识别引擎）、自动工程（自动驾驶、印钞、绘图等）、知识工程（专家系统、智能搜索引擎、计算机视觉和图像处理、数据挖掘等）。

1.6.2.4　人工智能的影响

（1）人工智能对自然科学的影响

在需要使用数学计算工具解决问题的学科，人工智能带来的帮助不言而喻。更重要的是，人工智能反过来有助于人类最终认识自身智能的形成。

（2）人工智能对经济的影响

人工智能专家系统深入各行各业，带来了巨大的宏观效益。人工智能促进了计算机和网络的发展，但同时带来就业方面的问题。由于人工智能在科技和工程中能够代替人类进行各种技术工作和脑力劳动，因此会造成社会结构的剧烈变化。

（3）人工智能对社会的影响

人工智能为人类文化生活提供了新的模式。例如，现有的游戏逐步发展为具有更高智能的交互式文化娱乐方式。人工智能的应用已经深入各大游戏制造商的开发中。

1.6.2.5　大数据助力人工智能

大数据的积累为人工智能的发展提供了充足的动力，如图 1-7 所示。爆炸式增长的数据推动着新技术的萌发和壮大，为使用深度学习方法训练机器提供了丰厚的数据土壤。

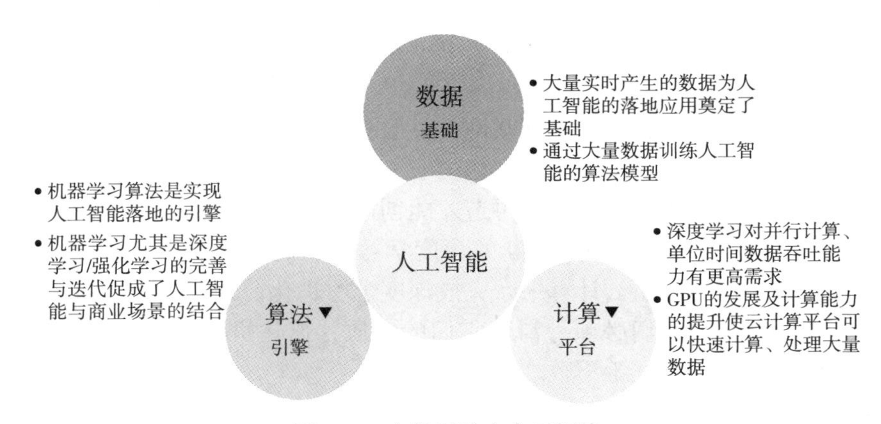

图 1-7　大数据助力人工智能

随着人工智能的快速应用与普及，大数据的不断累积，以及深度学习及强化学习等算法的不断优化，大数据技术与人工智能技术更紧密地结合。两者的结合将强化对数据的理解、分析、发现和决策能力，从而使人们从数据中获取更准确、更深层次的知识，挖掘数据背后的价值，催生出新业态、新模式。

1.6.3 大数据与云计算、人工智能的关系

1.6.3.1 大数据与云计算

从技术上看，大数据与云计算的关系就像一枚硬币的正反面一样密不可分。大数据无法用单台的计算机进行处理，必须采用分布式计算架构。大数据的特色在于对海量数据的挖掘，但它必须依托云计算的分布式处理、分布式数据库、云存储和虚拟化技术。

1.6.3.2 大数据与人工智能

如果我们把人工智能看成一个嗷嗷待哺、拥有无限潜力的婴儿，某一领域专业的、海量的深度数据就是喂养这个婴儿的奶粉。奶粉的数量决定了婴儿能否长大，而奶粉的质量决定了婴儿后续的智力发育水平。与以前的众多数据分析技术相比，神经网络是人工智能的一种重要算法，与以前传统的算法相比，神经网络算法并无多余的假设前提（比如，线性建模需要假设数据之间的线性关系），而是完全利用输入的数据自行模拟和构建相应的模型结构。神经网络算法的特点决定了它更为灵活，且可以根据不同的训练数据而拥有自优化的能力。这必将需要大数据的支持，爆炸式增长的数据推动着人工智能的萌发与壮大，也为人工智能的发展提供了丰厚的能量土壤。

1.6.3.3 云计算与人工智能

云计算的优势之一是显著增加的运算量。在计算机运算能力取得突破以前，神经网络算法几乎没有实际应用的价值。十几年前，用神经网络运算一组并不海量的数据，等待三天都不一定会有结果。但今天的情况却大大不同了。云计算的高速并行运算、海量的数据、更优化的算法共同促成了人工智能发展的突破。这一突破，如果我们 30 年后回头看，将是不弱于互联网对人类产生深远影响的另一项技术，它所释放的力量将再次彻底改变我们的生活。

云计算相当于人的大脑，是基于互联网相关服务的使用和交付模式，通常通过互联网提供动态易扩展且虚拟化的资源。大数据相当于人的大脑从小学到大学记忆和存储的海量知识，这些知识只有通过消化、吸收、再造才能创造出更大的价值。人工智能相当于一个人吸收了大量的知识（数据），通过不断的深度学习，从而进化成为高智商专家。人工智能离不开大数据，更需要基于云计算平台完成深度学习进化。现在人类已进入大数据、云计算、人工智能的时代，我们必须弄清楚它们的本质，抓住机遇，跟上趋势，创新发展，才能在高科技的发展大潮中立于不败之地。

本章小结

本章对数据科学与大数据的相关概念做了一个概况介绍。首先，从数据入手，讲解了数据科学与大数据的基本概念和理论；其次，切入大数据时代，介绍了大数据概念及其特征、大数据的产生与作用、大数据时代的新理念，并且重点讲解了大数据产业及其特征，以便对大数据的应用与发展有全局性的了解；最后，介绍了云计算、人工智能的概念与关键技术理论，并且阐述了大数据、云计算和人工智能三者之间的区别与联系。

思考题

1. 试分析数据、信息、知识的特点与关联关系。
2. 数据科学研究的热门话题中哪些是你比较感兴趣的？简要说明理由。
3. 什么是大数据？简单描述大数据的主要特征。
4. 简要描述大数据的作用。
5. 什么是大数据产业？三个业态各指什么？
6. 什么是云计算？它有何特征？
7. 什么是人工智能？它的应用领域有哪些？
8. 简述大数据、云计算、人工智能之间的关系。

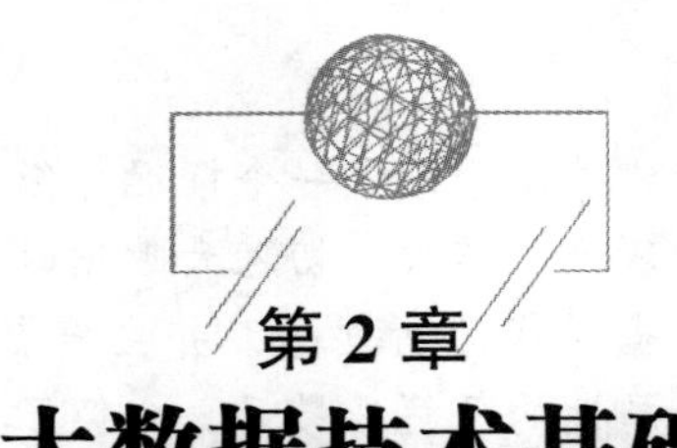

第2章 大数据技术基础

随着社会信息化程度的迅速提高，人类已经进入了大数据时代。在这些呈指数级增长的海量数据中，非结构化数据占80%以上，其增长速度比结构化数据的增长速度快10~50倍。如此巨大的数据量已经大大超越了传统数据库（Datebase，DB）的处理能力，因此需要特殊的技术有效地处理这些巨量数据。由此产生了一批与之相关的核心行业技术，我们可以将其统称为“大数据技术”。这些经典的、核心的行业技术就是本章要介绍的主要内容，具体包括Linux操作系统、计算机编程语言、数据库、大数据处理系统、大数据的基本处理流程等内容。

2.1 Linux操作系统

计算机是一台机器，它按照用户的要求接收信息、存储数据、处理数据，然后将处理结果输出，如文字、图片、音频、视频等。

计算机由硬件和软件组成，如图2-1所示。硬件是计算机赖以工作的实体，包括显示器、键盘、鼠标、硬盘、CPU、主板等；软件会按照用户的要求协调整台计算机的工作，比如Linux、Windows、Mac OS、Android等操作系统，以及Office、QQ、迅雷、微信等应用程序。

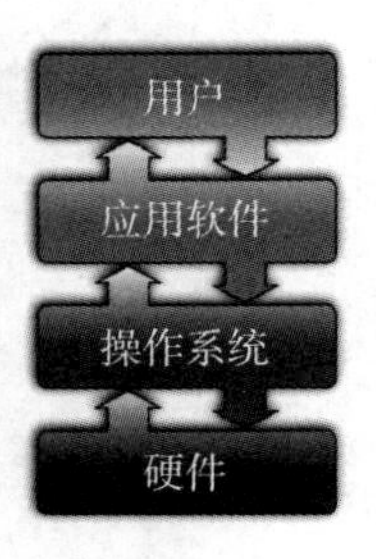

图2-1 计算机系统结构

与大家熟知的Windows操作系统一样，Linux也是一个操作系统。

2.1.1　什么是操作系统

操作系统（Operating System，OS）是软件的一部分。它是硬件基础上的第一层软件，是硬件和其他软件沟通的桥梁（或者说接口、中间人、中介等）。操作系统会控制其他程序运行，管理系统资源，提供最基本的计算功能，如管理及配置内存、决定系统资源供需的优先次序等。同时，操作系统还提供一些基本的服务程序。

2.1.1.1　文件系统

文件系统提供计算机存储信息的方法。信息存储在文件中。文件主要存储在计算机的内部硬盘里，在目录的分层结构中组织文件。文件系统为操作系统提供了组织管理数据的方式。

2.1.1.2　设备驱动程序

设备驱动程序提供连接计算机的每个硬件设备的接口。设备驱动程序使应用软件能够控制硬件设备，而不需要了解每个硬件工作的细节。

2.1.1.3　用户接口

操作系统需要为用户提供一种运行程序和访问文件系统的方法，这就是用户接口，如常用的 Windows 图形界面。用户接口可以理解为用户与操作系统交互的途径。智能手机的 Android 或 iOS 系统，也是一种用户接口。

2.1.1.4　系统服务程序

当计算机启动时，会自动启动许多系统服务程序，如执行安装文件系统、启动网络服务、运行预定任务等。操作系统在为其他软件提供各种服务的同时，还会监控其他软件的有序运行。

目前流行的服务器和 PC 端操作系统有 Linux、Windows、Unix 等，手机操作系统有 Android、iOS、Windows Phone（WP），嵌入式操作系统有 Windows CE、PalmOS、eCos、uClinux 等。

2.1.2　Linux 操作系统的特点

Linux 是一套免费使用和自由传播的类 Unix 操作系统内核，是一个基于 POSIX 和 Unix 的多用户、多任务、支持多线程和多 CPU 的操作系统内核。它支持 32 位和 64 位硬件。Linux 继承了 Unix 以网络为核心的设计思想，是一个性能稳定的多用户网络操作系统内核。Linux 具有开放源码、没有版权、技术社区用户多等特点，特别是开放源码使得用户可以自由裁剪，具有灵活性高、功能强大、成本低的优势。伴随着互联网的发展，Linux 因此得到了来自全世界诸多软件爱好者、组织、公司的支持。它除了在服务器方面保持着强劲的发展势头以外，在个人电脑、嵌入式系统上也有着长足的进步。使用者不仅可以直观地获取该操作系统的实现机制，而且可以根据自身的需要而修改完善 Linux，使其最大化地适应用户的需要。

从技术上讲，李纳斯・托瓦兹开发的 Linux 只是一个内核。内核指提供设备驱动、文件系统、进程管理、网络通信等功能的系统软件，内核并不是一套完整的操作系统，它只是操作系统的核心。一些组织或厂商将 Linux 内核与各种软件和文档包装起来，并提供系统安装界面和系统配置、设定与管理工具，就构成了 Linux 的发行版本。在 Linux 内核的发展过程中，各种 Linux 发行版本有巨大的作用，它们推动了 Linux 的应用，从而让更多的人关注 Linux。因此，把 Red Hat、Ubuntu、SUSE 等直接说成 Linux 其实是不确切的，它们是 Linux 的发行版本，更确切地说，应该叫作“以 Linux 为核心的操作系统软件包”。Linux 的各个发行版本使用的是同一个 Linux 内核，因此在内核层不存在兼容性问题，每个版本有不一样的效果，只是在发行版本的最外层（由发行商整合开发的应用）才有所体现。

2.1.2.1 Linux 发行版本

Linux 的发行版本大体分为两类：

- ❖ **商业公司维护的发行版本，以著名的 Red Hat 为代表；**
- ❖ **社区组织维护的发行版本，以 Debian 为代表。**

2.1.2.2 Linux 应用场景

目前 Linux 的主要应用场景如下：

企业环境的应用，主要包括网络服务器（目前最热门的应用）、关键任务的应用（如分布式海量数据库、大型企业网管环境）、学术机构的高效能运算任务等。

个人环境的使用，主要包括桌面计算机系统（如和 Windows 系统一样的桌面操作系统）、手持终端系统（如 PDA 系统、手机端系统 Android 等）、嵌入式系统（包括路由器、防火墙、IP 分享器、交换机等）。

云端的运用，主要包括云程序（如云端虚拟机资源）、云端设备等。

2.1.3 Linux 操作系统与大数据

在搭建大数据处理平台前，首先需要选择一个合适的操作系统。当今，Hadoop 等技术已逐渐成为大数据领域的必备技术基础，受到越来越多企业的青睐。尽管 Hadoop 等技术本身可以运行在 Linux、Windows 以及其他一些类 Unix 系统（如 FreeBSD、OpenBSD、Solaris 等）上，但 Hadoop 官方真正支持的作业平台只有 Linux。这就导致其他平台在运行 Hadoop 时，往往需要安装很多其他的软件包以提供一些 Linux 操作系统具有的功能，配合 Hadoop 的执行。例如，在 Windows 上运行 Hadoop 时，需要安装 Cygwin 等软件来支持。另外，由于 Linux 已经占据了业界 80%以上的服务器操作系统，而且具有自由、开源以及相关应用软件众多的特点，因此 Linux 系统逐渐成为大数据领域首选的系统支持平台。

2.2　计算机编程语言

语言可以使人们以更加规范、方便和快捷的方式交流。自然语言的作用是使人们更加高效地交流不同的思想和文化，计算机编程语言则是为了实现人与计算机之间的交流而设计。随着计算机技术的不断发展和完善，编程语言得到了长足的发展，并被广泛地应用于实际，已经成为人类与计算机进行深入“交流”的必需工具。

目前市场上常用的编程语言特点如下：

- Java 作为老牌开发语言，使用者依然最多。
- C 和 C++在嵌入式开发方面的地位不可动摇。
- JavaScript 再度迅速崛起。
- 其他编程语言如 R、Scala、C#、PHP 等也占据了一定的市场。
- Python 语言在大数据、AI 技术的促进下飞速发展。

由于 Java、Python、Scala 语言在大数据领域的应用较多，下面我们分别对它们做具体介绍。

2.2.1　Java 语言

Java 是近 10 年来计算机软件发展过程中的传奇，其在众多开发者心中可谓“爱不释手”，与其他一些计算机语言随着时间的流逝影响也逐渐减弱不同，Java 随着时间的推移反而变得更加强大。从首次发布开始，Java 就跃升到了 Internet 编程的前沿。后续的每一个版本都进一步巩固了这一地位。如今，Java 依然是开发基于 Web 的应用程序的最佳选择。此外，Java 还是智能产品变革的推手，Android 编程采用的就是 Java 语言。

2.2.1.1　什么是 Java 语言

简单地说，Java 是由 Sun Microsystems 公司于 1995 年推出的一种面向对象程序设计语言。2010 年，Oracle 公司收购 Sun Microsystems，之后由 Oracle 公司负责 Java 的维护和版本升级。其实，Java 还是一个平台。Java 平台由 Java 虚拟机（Java Virtual Machine，JVM）和 Java 应用编程接口（Application Programming Interface，API）构成。Java 应用编程接口为此提供了一个独立于操作系统的标准接口，可分为基本部分和扩展部分。在硬件或操作系统平台上安装一个 Java 平台后，Java 应用程序就可运行。

Java 平台已经嵌入了几乎所有的操作系统，这样 Java 程序只编译一次，就可以在各种系统中运行。Java 应用编程接口已经从 1.1x 版本发展到 1.2 版本。常用的 Java 平台基于 Java 16，最新版本为 Java 19。

Java 发展至今，力图使之无所不能。在世界编程语言排行榜中，近年来 Java 一直稳居第一名。按应用范围看，Java 可分为 3 个体系，即 Java SE、Java EE 和 Java ME。下面简单介绍这 3 个体系。

（1）Java SE

Java SE（Java Platform Standard Edition，Java 平台标准版）以前称为 J2SE，它允许开发和部署在桌面、服务器、嵌入式环境和实时环境中使用的 Java 应用程序。Java SE 包含了支持 Java Web 服务开发的类，并为 Java EE 提供基础，如 Java 语言基础、JDBC 操作、I/O 操作、网络通信以及多线程等技术。

（2）Java EE

Java EE（Java Platform Enterprise Edition，Java 平台企业版）以前称为 J2EE。企业版本帮助开发和部署可移植、健壮、可伸缩且安全的服务器端 Java 应用程序。Java EE 是在 Java SE 基础上构建的，它提供 Web 服务、组件模型、管理和通信 API，可以用来实现企业级的面向服务体系结构（Service Oriented Architecture，SOA）和 Web 2.0 应用程序。

（3）Java ME

Java ME（Java Platform Micro Edition，Java 平台微型版）以前称为 J2ME，也叫 K-JAVA。Java ME 为在移动设备和嵌入式设备（比如手机、PDA、电视机顶盒和打印机）上运行的应用程序提供一个健壮且灵活的环境。

Java ME 包括灵活的用户界面、健壮的安全模型、丰富的内置网络协议以及可以动态下载的联网和离线应用程序。基于 Java ME 规范的应用程序只需编写一次就可以用于许多设备，而且可以利用每个设备的自身功能。

2.2.1.2 Java 语言的特点

Java 语言是一种分布式的纯粹面向对象语言，具有面向对象、平台无关性、简单性、解释执行、多线程、安全性等很多特点。

（1）面向对象特性

Java 是一种面向对象的语言，它对对象中的类、对象、继承、封装、多态、接口、包等均有很好的支持。为了简单起见，Java 只支持类之间的单继承，但可以使用接口实现多继承。使用 Java 语言开发程序，需要采用面向对象的思想设计程序和编写代码。

（2）平台无关性

平台无关性的具体表现在，Java 是“一次编写，到处运行”（Write Once，Run any Where）的语言，因此采用 Java 语言编写的程序具有很好的可移植性，而保证这一点的正是 Java 的虚拟机机制。在引入虚拟机之后，Java 语言在不同的平台上运行不需要重新编译。Java 语言使用 Java 虚拟机机制屏蔽了具体平台的相关信息，使得 Java 语言编译的程序只需生成虚拟机上的目标代码，就可以在多种平台上不加修改地运行。

（3）简单性

Java 语言的语法与 C 语言和 C++ 语言很相近，使得很多程序员学起来很容易。对 Java 来说，它舍弃了很多 C++ 中难以理解的特性，如操作符的重载和多继承等，而且 Java 语言不使用指针，加入了垃圾回收机制，解决了程序员需要管理内存的问题，使编程变得更加简单。

（4） 解释执行

Java 程序在 Java 平台运行时会被编译成字节码文件，然后在有 Java 环境的操作系统上运行。在运行文件时，Java 的解释器对这些字节码进行解释执行，而执行过程中需要加入的类在连接阶段被载入运行环境中。

（5） 多线程

Java 语言是多线程的，这是 Java 语言的一大特性，它必须由 Thread 类和它的子类创建。Java 支持多个线程同时执行，并提供多线程之间的同步机制。任何一个线程都有自己的 run（） 方法，要执行的方法需写在 run（） 方法体内。

（6） 分布式

Java 语言支持 Internet 应用的开发，在 Java 的基本应用编程接口中有一个网络应用编程接口，它提供了网络应用编程的类库，包括 URL、URLConnection、Socket 等。Java 的 RIM 机制是开发分布式应用的重要手段。

（7） 健壮性

Java 的强类型机制、异常处理、垃圾回收机制等是 Java 健壮性的重要保证。对指针的丢弃是 Java 的一大进步。另外，Java 的异常机制也是健壮性的一大体现。

（8） 高性能

Java 的高性能主要是相对于其他高级脚本语言来说的，随着 JIT（Just In Time） 的发展，Java 的运行速度越来越高。

（9） 安全性

Java 通常被用在网络环境中，为此，Java 提供了一个安全机制以防止恶意代码的攻击。除了 Java 语言具有许多的安全特性以外，Java 还对通过网络下载的类增加了安全防范机制，分配不同的名字空间以防其替代本地的同名类，并包含安全管理机制。

Java 语言的特性使其在众多的编程语言中占有较大的市场份额，Java 语言对对象的支持和强大的 API 使编程工作变得更加容易和快捷，大大降低了程序的开发成本。Java 的“一次编写，到处执行” 的特点正是它吸引众多商家和编程人员的主要优势。它的应用场景很广泛，如从互联网电商到大数据、云计算、AI 领域等。

2.2.2 Python 语言

Python 语言诞生于 1991 年（比 Java 还早），并且一直是比较流行的十大计算机语言之一。Python 可以应用在命令行窗口、图形用户界面（包括 Web）、客户端和服务器端 Web、大型网站后端、云服务（第三方管理服务器）、移动设备、嵌入式设备等环境下。从一次性的脚本到几十万行的系统，使用 Python 都可以进行游刃有余的开发。

Python 是一种面向对象的、解释型的、通用的、开源的脚本编程语言，它之所以非常流行，主要有三点原因：

❖ Python 简单易用，学习成本低，非常贴近程序员。在开发 Python 程序时，可以专注于解决问题本身，而不用顾虑语法的细枝末节，这样效率会更高。

❖ Python 标准库和第三方库众多，功能强大，既可以开发小工具，也可以开发企业级大型应用。

❖ Python 站在了人工智能和大数据的前沿，已经被众多程序员熟悉和使用。

Python 的简单在于，比如要实现某个功能，使用 C 语言可能需要 100 行代码，而 Python 可能只需要几行代码，因为 C 语言要从头开始，而 Python 内置了很多常见功能，我们只需要导入包，然后调用一个函数即可。“简单”是 Python 的巨大魅力之一。举例如下：

Java 的“Hello World!”程序一般这么写：

```
public class Hello World  {
    public static void main(String[] args)  {
      System.out.println("Hello,World!");
    }
}
```

用 C++可以这么写：

```
#include <iostream>
intmain(){
  std::cout <<"Hello,World!"<< std::endl;
  return 0;
}
```

而 Python 只要这样写就可以了：

```
print("Hello,World!")
```

从以上的例子中可以看出，Python 代码非常清晰，变量不用声明，直接就可以使用。

2.2.2.1 Python 的优点

(1) 语法简单

和传统的 C/C++、Java、C# 等语言相比，Python 对代码格式的要求不是很严格，使得用户在编写代码时比较舒服，不用在细枝末节上花费太多精力。举两个典型的例子：

❖ Python 不要求在每个语句的最后写分号，当然，写上也没错；

❖ 定义变量时不需要指明类型，甚至可以给同一个变量赋值不同类型的数据。

这两点也是 PHP、JavaScript、MATLAB 等常见脚本语言都具备的特性。

Python 是一种代表极简主义的编程语言，阅读一段排版优美的 Python 代码，就像阅读一个英文段落，非常贴近人类语言，因此人们常说，Python 是一种具有伪代码特质的编程语言。

伪代码（Pseudo Code）是一种算法描述语言，它介于自然语言和编程语言之间，使用伪代码的目的是使被描述的算法可以容易地以任何一种编程语言（Pascal、C、Java 等）实现。因此，伪代码必须结构清晰、代码简单、可读性好，并且类似自然语言。在数据结构中算法常常用伪代码描述。

(2) Python 是开源的

开源，也即开放源代码，意思是所有用户都可以看到源代码。Python 的开源体现在两方面：第一，程序员使用 Python 编写的代码是开源的。比如我们开发了一个 BBS 系统，放在互联网上让用户下载，那么用户下载到的是该系统的所有源代码，并且可以随意修改。这也是解释型语言本身的特性，想要运行程序必须有源代码。第二，Python 解释器和模块是开源的。官方将 Python 解释器和模块的代码开源是希望所有 Python 用户都参与进来，一起改进 Python 的性能，弥补 Python 的漏洞，代码被研究的越多就越健壮。这个世界上总有那么一小部分人，他们或者不慕名利，或者为了达到某种目的，从而不断地加强和改善 Python。不是所有人都只图眼前利益，总有一些精英会“放长线钓大鱼”，总有一些极客会做一些炫酷的事情。

（3）Python 是免费的

开源并不等于免费，开源软件和免费软件是两个概念，只不过大多数的开源软件是免费软件。Python 就是这样一种语言，它既开源又免费。

用户使用 Python 进行开发或者发布自己的程序，不需要支付任何费用，也不用担心版权问题，即使作为商业用途，Python 也是免费的。

（4）Python 是高级的动态语言

我们熟悉的 Java、C 和 C++都是高级静态语言，应用在十分重视程序运行效率和做硬件嵌入式开发的场景时具有很好的效果，但人们很难学习，并且有许多细微的地方需要缜密处理，稍微不小心就会发生程序全盘崩溃的情况。这里所说的高级动态，是指 Python 封装较深，屏蔽了很多底层细节，比如 Python 会自动管理内存（需要时自动分配，不需要时自动释放）。高级动态语言的优点是使用方便，不用顾虑细枝末节，而缺点是容易让人浅尝辄止，知其然而不知其所以然。

（5）Python 是解释型语言，能跨平台

解释型语言一般都是跨平台的（可移植性好），Python 也不例外。Python 属于典型的解释型语言，因此运行 Python 程序需要解释器的支持，只要用户在不同的平台安装了不同的解释器，用户的代码就可以随时运行，不用担心任何兼容性问题，真正实现“一次编写，到处运行”。Python 几乎支持所有常见的平台，比如 Linux、Windows、Mac OS、Android、FreeBSD、Solaris、PocketPC 等，用户所写的 Python 代码无须修改就能在这些平台上正确运行。也就是说，Python 的可移植性是很强的。

（6）Python 是面向对象的编程语言

面向对象是现代编程语言一般都具备的特性，否则在开发中大型程序时会捉襟见肘。Python 支持面向对象，但它不强制使用面向对象。Java 是典型的面向对象的编程语言，但是它强制必须以类和对象的形式组织代码。

（7）Python 功能强大（模块众多）

Python 的模块众多，基本可以实现所有常见的功能，从简单的字符串处理到复杂的 3D 图形绘制，借助 Python 模块都可以轻松完成。Python 社区发展良好，除了 Python 官方提供的核心模块以外，很多第三方机构也会参与模块开发，这其中就有谷歌、Facebook、Microsoft 等软件巨头。即使是一些小众的功能，Python 往往也有对应的开源模块，甚至可能不止一个模块。

（8）Python 可扩展性强

Python 的可扩展性体现在它的模块，Python 具有脚本语言中最丰富和强大的类库，这

些类库覆盖了文件 I/O、GUI、网络编程、数据库访问、文本操作等绝大部分应用场景。这些类库的底层代码不一定都是 Python，还有很多 C/C++ 的身影。当需要一段关键代码运行速度更快时，就可以使用 C/C++ 语言实现，然后在 Python 中调用它们。Python 能把其他语言“粘”在一起，因此被称为“胶水语言”。Python 依靠其良好的扩展性，在一定程度上克服了运行效率低的缺点。

2.2.2.2 Python 的缺点

（1）运行速度慢

运行速度慢是解释型语言的通病，Python 也不例外。Python 速度慢不仅仅是因为一边运行一边“翻译”源代码，还因为 Python 是高级语言，屏蔽了很多底层细节。这个代价也是很大的，Python 要多做很多工作，有些工作是很消耗资源的，比如管理内存。Python 的运行速度几乎是最慢的，不但远远慢于 C/C++，还慢于 Java，但速度慢的缺点往往不会带来什么大问题。首先，计算机的硬件运行速度越来越快，多花钱就可以堆出高性能的硬件，而硬件性能的提升可以弥补软件性能的不足。其次，有些应用场景可以容忍速度慢，比如网站，用户打开一个网页的大部分时间是在等待网络请求，而不是等待服务器执行网页程序。服务器花 1ms 执行程序和花 20ms 执行程序，对用户来说是毫无感觉的，因为网络连接时间往往需要 500ms 甚至 2000ms。

（2）代码加密困难

不像编译型语言的源代码会被编译成可执行程序，Python 是直接运行源代码，因此对源代码加密比较困难。开源是软件产业的大趋势，传统程序员需要转变观念。

事实上，Python 的程序包可以说是目前所有编程语言中最为强大和更新速度最快的。从语言本身角度来说，Python 编写简单，应用广泛，是初学编程人员较佳的选择之一。

2.2.3 Scala 语言

Scala 是 Scalable Language（“可伸展的语言”）的简写，是一门多范式的编程语言。Scala 也是一种纯粹的面向对象编程语言，无缝地结合了命令式编程和函数式编程风格。Scala 的设计吸收并借鉴了许多种编程语言的思想，只有少量特点是 Scala 自己独有的。Scala 语言从写一个小脚本到建立一个大系统的编程任务均可胜任。Scala 可运行于 Java 平台（JVM，Java 虚拟机）上，并兼容现有的 Java 程序，Scala 代码可以调用 Java 方法，访问 Java 字段，继承 Java 类和实现 Java 接口。在面向对象方面，Scala 是一门非常纯粹的面向对象编程语言，也就是说，在 Scala 中，每个值都是对象，每个操作都是方法调用。总体而言，Scala 具有以下突出的优点：

- Scala 具备强大的并发性，支持函数式编程，可以更好地支持分布式系统。
- Scala 语法简洁，能提供优雅的 API。
- Scala 兼容 Java，运行速度快，且能融合到大数据平台 Hadoop 生态圈中。

实际上，AMP（Algorithms，Machines，People）实验室的大部分核心产品都是使用

Scala 开发的。Scala 近年来也吸引了不少开发者的眼球。例如，2009 年 4 月，知名社交网站 Twitter 宣布他们已经把大部分后端程序从 Ruby 迁移到 Scala，其余部分也打算迁移。此外，Wattzon 已经公开宣称，其整个平台都已经是基于 Scala 基础设施编写的。

Scala 是大数据快速处理 Spark 的主要编程语言，但 Spark 还支持 Java、Python、R 作为编程语言，因此，若仅仅是编写 Spark 程序，并非一定要用 Scala。Scala 的优势是提供了 REPL（Read-Eval-Print Loop，交互式解释器），因此在 Spark Shell 中可进行交互式编程即表达式计算完成就会输出结果，而不必等到整个程序运行完毕，可即时查看中间结果，并对程序进行修改，这样可以在很大程度上提升开发效率。现在的计算机都是多核 CPU，想充分利用其多核处理，需要写可并行计算的代码。函数式编程在并行操作性有着天生的优势，即没有可变变量，没有内存共享的问题。

以下是用 Scala 语言编写的典型的“Hello World!”程序代码：

```
object HelloScalachina extends Application { println("Hello, World!")}
```

2.3　数据库

数据管理经历了人工管理、文件系统、数据库系统三个阶段。人工管理阶段和文件系统阶段的数据共享性差，冗余度较高，数据库系统的出现解决了这两方面的问题。但随着互联网技术的发展，数据库系统管理的数据及其应用环境发生了很大的变化，主要表现为应用领域越来越广泛，数据种类越来越复杂和多样，而且数据量剧增。在大数据时代的场景下，传统的关系型数据库已无法满足用户需求，NoSQL 数据库应运而生。在大数据时代，充分有效地管理和利用各类数据资源，是进行科学研究和决策管理的前提条件。

2.3.1　数据库的概念

数据库是长期存储在计算机内的、有组织的、统一管理的、可以表现为多种形式的、可共享的数据集合。“共享”指数据库中的数据，可为多个不同的用户、使用多种不同的语言、为了不同的目的而同时存取，甚至同一数据也可以同时存取；“集合”指某特定应用环境中各种应用的数据及其之间的联系全部集中后按照一定的结构形式进行存储。

数据库中的数据按一定的数据模型组织、描述和存储，具有较小的冗余度、较高的数据独立性和易扩展性，并可为各种用户所共享。在数据库技术中，用数据模型（Data Model）的概念描述数据库的结构和语义，对现实世界的数据进行抽象。数据库根据不同的逻辑模型可分成三种：层次型、网状型和关系型。

2.3.1.1　层次型数据模型

早期的数据库多采用层次型数据模型，称为层次型数据库，如图 2-2 所示，它用树形（层次）结构表示实体类型及实体间的联系。

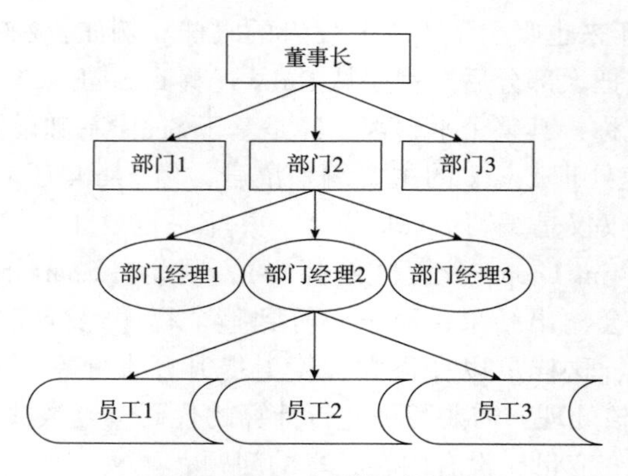

图 2-2 层次型模型结构

在这种树形结构中，数据按自然的层次关系组织起来，以反映数据之间的隶属关系，树中的节点是记录类型，每个非根节点都只有一个父节点，而父节点可同时拥有多个子节点，父节点和子节点的联系是 1∶N 的联系。

正因为层次型数据模型的构造简单，在多数的实际问题中，数据间关系如果简单地通过树形结构表示，会造成数据冗余度过高，因此层次型数据模型逐渐被淘汰。

2.3.1.2 网状型数据模型

采用网状型数据模型的数据库称为网状型数据库，通过网络结构表示数据间联系，如图 2-3 所示。

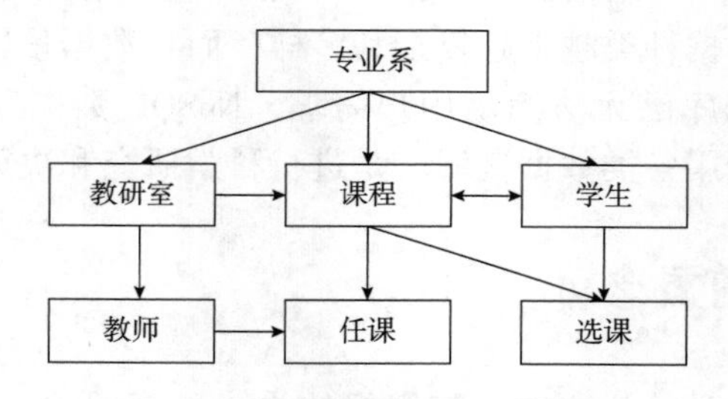

图 2-3 网状型数据模型结构

节点代表数据记录，连线描述不同节点数据间的联系。这种数据模型的基本特征是，节点数据之间没有明确的从属关系，一个节点可与其他多个节点建立联系，即节点之间的联系是任意的，而且任何两个节点之间都能发生联系，可表示多对多的关系。

在网状型数据模型中，数据节点之间的关系比较复杂，而且随着应用范围的扩展，数据库的结构变得越来越复杂，不利于用户掌握。

2.3.1.3 关系型数据模型

关系型数据模型开发较晚。1970 年，IBM 公司的研究员埃德加·弗兰克·科德（Edgar Frank Codd）在 *Communication of the ACM* 上发表了一篇名为 *A Relational Model of Data for Large Shared Data Banks* 的论文，提出了关系型数据模型的概念，奠定了关系型数

据模型的理论基础。关系型数据库模型是通过满足一定条件的二维表格表示实体集合以及数据间联系的一种模型，如图 2-4 所示，学生、课程和教师是实体集合，选课和任课是实体间的联系，实体和实体间的联系均通过二维表格描述。

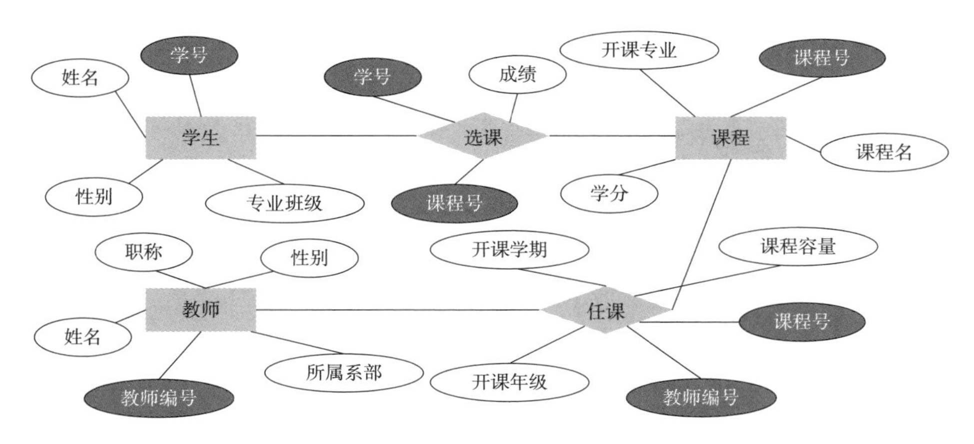

图 2-4　关系型数据模型结构

关系型数据库建立在关系型数据模型的基础上，是借助于集合代数等数学概念和方法处理数据的数据库，使用灵活方便，适用面广，因此发展十分迅速。现实世界中的各种实体以及实体之间的各种联系均可用关系模型表示，目前市场上占很大份额的 Oracle、MySQL、DB2、Informix 等都是面向关系模型的关系型数据库。

2.3.2　数据库管理系统

数据库管理系统（Database Management System，DBMS）是一种操纵和管理数据库的大型软件，用于建立、使用和维护数据库。DBMS 是一个庞大且复杂的产品，几乎都是由软件供应商授权提供的，如 Oracle 公司的 Oracle 和 MySQL、IBM 公司的 DB2、Microsoft 公司的 Access 和 SQL Server，这些 DBMS 占据了大部分的市场份额。

DBMS 对数据库进行统一管理和控制，以保证数据库的安全性和完整性。用户通过 DBMS 访问数据库中的数据，数据库管理员通过 DBMS 进行数据库的维护工作。DBMS 允许多个应用程序或多个用户使用不同的方法，在同一时刻或不同时刻去建立、修改和询问数据库。DBMS 的主要功能包括六个方面。

2.3.2.1　数据定义

DBMS 提供数据定义语言（Data Definition Language，DDL），供用户定义、创建和修改数据库的结构。DDL 所描述的数据库结构仅仅给出了数据库的框架，数据库的框架信息被存放在系统目录中。

2.3.2.2　数据操纵

DBMS 提供数据操纵语言（Data Manipulation Language，DML），实现用户对数据的操

纵功能，包括对数据库数据的插入、删除、更新等操作。

2.3.2.3 数据库的运行管理

DBMS 提供数据库的运行控制和管理功能，包括多用户环境下事务的管理和自动恢复、并发控制和死锁检测、安全性检查和存取控制、完整性检查和执行、运行日志的组织管理等。这些功能保证了数据库系统的正常运行。

2.3.2.4 数据组织、存储与管理

DBMS 要分类组织、存储和管理各种数据，就需要确定以何种文件结构和存取方式来组织这些数据，实现数据之间的联系。数据组织和存储的基本目标是提高存储空间的利用率，选择合适的存取方法提高存取效率。

2.3.2.5 数据库的维护

数据库的维护包括数据库的数据载入、转换、转储、恢复，数据库的重组织和重构，以及性能监控分析等，这些功能由各个应用程序完成。

2.3.2.6 通信

DBMS 有接口负责处理数据的传送。这些接口与操作系统的联机处理以及分时系统和远程作业输入相关。网络环境下的数据库系统还应该包括 DBMS 与网络中其他软件系统的通信功能以及数据库之间的互操作功能。

DBMS 是数据库系统的核心，是管理数据库的软件。DBMS 是把用户视角下的、抽象的逻辑数据处理，转换成为计算机中具体的物理数据处理的软件。有了 DBMS，用户可以在抽象意义下处理数据，而不必考虑这些数据在计算机中的布局和物理位置。

2.3.3 数据库系统

数据库系统（Database System，DBS）是采用数据库技术的计算机系统，它是由计算机硬件、软件和数据资源组成的系统，能实现有组织地、动态地存储大量关联数据，并方便多用户访问。数据库系统由用户、数据库应用程序、数据库管理系统和数据库组成，如图 2-5 所示。

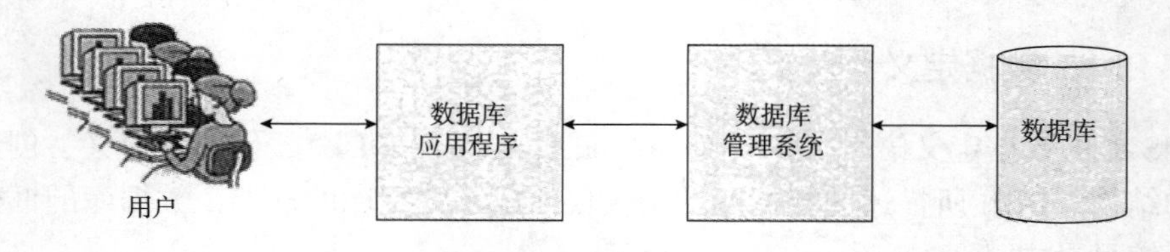

图 2-5 数据库系统

数据库系统包括数据库应用程序。应用程序最终是面向用户的，用户可以通过应用程序输入和处理数据库中的数据。例如，在学校选课系统中，管理员用户可以创建课程信

息，学生用户可以修改课程信息，应用程序将这些操作提交给 DBMS，由 DBMS 将这种用户级别的操作转化成数据库能识别的 DDL。应用程序还能够处理用户的查询，比如学生查询星期一有哪些课程，应用程序首先生成一个课程查询请求，并发送给 DBMS，DBMS 从数据库中查询结果并格式化后返回给学生。

数据库系统是管理信息系统、办公自动化系统、决策支持系统等各类信息系统的核心组成部分，是进行科学研究和决策管理的重要技术手段。

2.3.4　SQL 数据库的发展与成熟

1970 年，IBM 公司的研究员科德博士提出关系模型的概念奠定了整个关系模型的理论基础。随后，IBM 公司在 San Jose 实验室投入了大量的人力、物力研究相关的可实施的关系型数据库。这就是著名的 System R 数据库项目，其初始目的是论证关系型数据库的可行性。SQL 最早在 1986 年由 ANSI（American National Standards Institution）认定为关系型数据库语言的美国标准，同年即公布了标准的 SQL 文本。时至今日，ANSI 已经公布了有关 SQL 的三个版本。

目前，基本可以说 SQL 数据库已经形成了品类齐全、种类繁多的产品格局，既有符合商业引用标准的大型数据库系统，也有别具风格、完全开源的个人版本。随着数据库技术的不断发展，SQL 数据库还会不断地成熟和完善，为大数据技术的发展提供强有力的支撑。

2.3.4.1　关系型数据库的优点

关系型数据库已经发展了数十年，其理论知识、相关技术和产品日趋完善，是目前世界上应用最广泛的数据库系统。它的主要优点如下：

（1）容易理解

二维表结构非常贴近逻辑世界的概念，关系型数据模型相对于层次型数据模型和网状型数据模型等其他模型来说更容易理解。

（2）使用方便

通用的 SQL 使用户操作关系型数据库非常方便。

（3）易于维护，丰富的完整性大大减少了数据冗余和数据不一致的问题

关系型数据库提供对事务的支持，能保证系统中事务的正确执行，同时提供事务的恢复、回滚、并发控制和死锁问题的解决。

2.3.4.2　关系型数据库的缺点

随着各类互联网业务的发展，关系型数据库难以满足对海量数据的处理需求，存在以下不足：

（1）高并发读写能力差

网站类用户的并发性访问非常高，而一台数据库的最大连接数有限，且硬盘 I/O 有限，不能满足很多人同时连接。

(2) 对海量数据的读写效率低

若表中数据量太大，则每次的读写速率将非常缓慢。

(3) 扩展性差

在一般的关系型数据库系统中，通过升级数据库服务器的硬件配置可提高数据处理的能力，即纵向扩展。但纵向扩展终会达到硬件性能的瓶颈，无法应对互联网数据爆炸式增长的需求。还有一种扩展方式是横向扩展，即采用多台计算机组成集群，共同完成对数据的存储、管理和处理。这种横向扩展的集群对数据进行分散存储和统一管理，可满足对海量数据存储和处理的需求。但由于关系型数据库具有数据模型、完整性约束和事务的强一致性等特点，导致其难以实现高效率的、易横向扩展的分布式架构。

2.3.5 NoSQL 数据库及其特点

数据是当今世界有重大价值的资产之一。在大数据时代，人们生产、收集数据的能力大大提升，传统的关系型数据库在可扩展性、数据模型和可用性方面已远远不能满足当前的数据处理需求，因此，各种 NoSQL 数据库系统应运而生。

NoSQL（Not Only SQL）泛指非关系型数据库，不像关系型数据库那样都有相同的特点，遵循相同的标准。NoSQL 数据库类型多样，可满足不同场景的应用需求，因此取得了巨大的成功。

NoSQL 数据库基本理念是以牺牲事务机制和强一致性机制来获取更好的分布式部署能力和横向扩展能力，创造出新的数据模型，使其在不同的应用场景下，对特定业务数据具有更强的处理性能。NoSQL 数据库最初是为了满足互联网的业务需求而诞生的，互联网数据具有大量化、多样化、快速化等特点。

在信息化时代背景下，互联网数据增长迅猛，数据集合规模已实现从 GB、PB 到 ZB 的飞跃。数据不仅是传统的结构化数据，还包含了大量的非结构化和半结构化数据，关系型数据库无法存储此类数据。因此，很多互联网公司着手研发新型的、非关系型的数据库，这类非关系型数据库统称为 NoSQL 数据库，其主要有三方面的优势。

2.3.5.1 优秀的可扩展性

SQL 数据库严格遵守 ACID 设计原则，即原子性（Atomic）、一致性（Consistency）、隔离性（Isolation）、持久性（Durability），因此一般很难实现硬件存储设备的横向扩展（多集群机器联动服务）。NoSQL 数据库从一开始就是分布式、横向扩展的，因此非常适合互联网应用分布式的特性。在互联网应用中，当数据库服务器无法满足数据存储和数据访问的需求时，只需要增加多台服务器，将用户请求分散到多台服务器上，即可减少单台服务器的性能瓶颈的出现。

2.3.5.2 方便多样的数据类型承载能力

相对于 SQL 数据库只能处理“表数据”，即严格结构化的数据类型，NoSQL 数据库在设计之初就放弃了传统数据库的关系数据模型，旨在满足大数据的处理需求。NoSQL 数据库采用诸如键—值、列族、文件集等多样的新型数据模型，并且对图形数据的兼容性也日渐提升。

2.3.5.3　NoSQL 数据服务与云计算可以紧密融合

云计算和云服务是当前时代的信息服务高地。云计算的很多特点，如水平扩展、多用户并行处理、远程登录操控等，都可以与 NoSQL 数据库实现无缝对接，使 NoSQL 数据库在大数据时代更加如鱼得水。

2.3.6　NewSQL 数据库

NoSQL 数据库能够很好地应对海量数据的挑战，为用户提供可观的可扩展性和灵活性。然而，它也有不足，尤其难以满足海量数据查询和数据挖掘方面的需求。于是，NewSQL 数据库的概念开始逐步升温。NewSQL 综合了 NoSQL 和 SQL 数据库的技术优势。它既能像 NoSQL 数据库一样具有对海量数据的足够优秀的扩展和并发处理能力，同时具备 SQL 数据库对 ACID 和结构化数据进行快速、高效查询的特点。

目前市场上具有代表性的 NewSQL 数据库主要包括 Spanner、Clustrix、GenieDB、ScalArc、Schooner、VoltDB、RethinkDB、Akiban、CodeFutures、ScaleBase、Translattice、NimbusDB、Drizzle、Tokutek、JustOneDB 等。然而，在严格意义上符合 NewSQL 数据库全部标准的理想 NewSQL 数据库或者标准的 NewSQL 数据库目前还没有出现。

数据库产品的分类如图 2-6 所示。

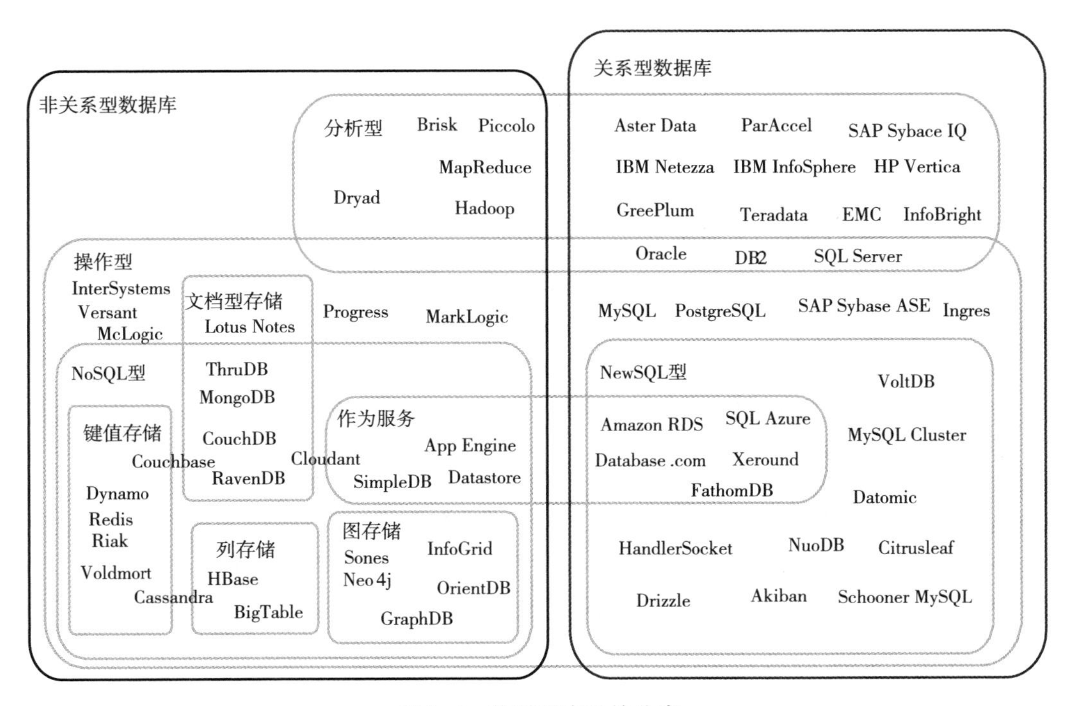

图 2-6　数据库产品的分类

数据库技术是研究数据库的结构、存储、设计、管理和使用的一门科学。数据库技术也是信息技术的核心技术。显然，大数据时代仍然依赖数据库技术提供可靠、安全、高效的数据存储和查询服务，这样才能支持整个大数据行业的可持续发展。

2.4 大数据处理系统

任何技术时代的到来都是以相关系统的产生而正式确定的，正如工业化时代的蒸汽机动力系统，电力时代的输电网络系统及信息化时代的计算机系统，而大数据时代必然需要大数据系统的强有力支撑，这些系统的不断成熟和完善促进大数据时代技术的不断前进。下面主要对当前最为热门的两大大数据处理系统即 Hadoop 和 Spark 做具体介绍。

2.4.1 大数据处理概述

2.4.1.1 分布式计算

对于如何处理大数据，计算机科学界有两大方向。第一个方向是集中式计算，即通过不断增加处理器的数量来提高单个计算机的计算能力，从而提高处理数据的速度。第二个方向是分布式计算，即把一组计算机通过网络相互连接组成分散系统，然后将需要处理的大量数据分散成多个部分，交由分散系统内的计算机组同时计算，最后将这些计算结果合并，得到最终的结果。尽管分散系统内的单个计算机的计算能力不强，但由于每个计算机只计算一部分数据，而且是多台计算机同时计算，因此就分散系统而言，处理数据的速度会远高于单个计算机的速度。

过去，分布式计算理论比较复杂，技术实现比较困难，因此在处理大数据方面，集中式计算一直是主流解决方案。IBM 的大型机是集中式计算的典型硬件，很多银行和政府机构都用它处理大数据。不过，对于当时的互联网公司来说，IBM 的大型机价格昂贵。因此，互联网公司把研究方向放在使用廉价计算机上的分布式计算上。

2003~2004 年，谷歌发表了关于 MapReduce、GFS（Google File System）和 Big Table 3 篇技术论文，提出了一套全新的分布式计算理论。MapReduce 是分布式计算框架，GFS 是分布式文件系统，Big Table 是基于 GFS 的数据存储系统，这三大组件组成了谷歌的分布式计算模型。谷歌的分布式计算模型相比于传统的分布式计算模型有三大优势：首先，它简化了传统的分布式计算理论，降低了技术实现的难度，可以进行实际的应用。其次，可以应用在廉价的计算设备上，若增加计算设备的数量就可以提升整体的计算能力，应用成本十分低廉。最后，它被应用在谷歌的计算中心，取得了很好的效果，有实际应用的证明。

2.4.1.2 服务器集群

服务器集群是一种提升服务器整体计算能力的解决方案，它是由互相连接在一起的服务器群组成的一个并行式或分布式系统。由于服务器集群中的服务器运行同一个计算任务，因此，从外部看，这群服务器表现为一台虚拟的服务器，对外提供统一的服务。尽管单台服务器的运算能力有限，但将成百上千的服务器组成服务器集群后，整个系统就具备了强大的运算能力，可以支持大数据分析的运算负荷。谷歌、亚马逊、阿里巴巴计算中心里的服务器集群都达到了 5000 台以上服务器的规模。

众所周知，谷歌存储着世界上庞大的信息量（数千亿个网页、数百亿张图片）。然而，谷歌并未拥有任何超级计算机来处理各种数据和搜索，也未使用 EMC 磁盘阵列等高端存储设备来保存大量的数据。2006 年，谷歌大约有 45 万台服务器，2010 年增加到了 100 万台，截至 2018 年，据说已经达到上千万台，并且还在不断增长中。不过，这些数量巨大的服务器集群都不是昂贵的高端专业服务器，而是非常普通的 PC 级服务器，并且采用的是 PC 级主板而非昂贵的服务器专用主板。当时谷歌采用分布式计算理论也是为了利用廉价的资源，使其能发挥出更大的效用。

谷歌在搜索引擎上所获得的巨大成功，很大程度上是由于采用了先进的大数据管理和处理技术。谷歌提出了一整套基于分布式并行集群方式的基础架构技术，该技术利用软件的能力处理集群中经常发生的节点失效问题。谷歌使用的大数据平台主要包括三个相互独立又紧密结合在一起的系统：谷歌文件系统（Google File System，GFS），MapReduce 计算模型，以及大规模分布式数据库 Big Table。后来，各家互联网公司纷纷开始利用谷歌提出的分布式计算模型搭建自己的分布式计算系统，由此谷歌的三个系统成为大数据时代的技术核心。谷歌的成功使人们开始不断效仿，从而产生了开源系统 Hadoop。

2.4.2 Hadoop 系统

2.4.2.1 Hadoop 系统简介

Hadoop 是一个处理、存储和分析海量的分布式、非结构化数据的开源框架，最初由雅虎的工程师 Doug Cutting 和 Mike Cafarella 在 2005 年合作开发。后来，Hadoop 被贡献给了 Apache 基金会，成为 Apache 基金会的开源项目。

Hadoop 是一种分析和处理大数据的软件平台，是一个用 Java 语言实现的 Apache 的开源软件框架，能在大量计算机组成的集群实现对海量数据的分布式计算。Hadoop 采用 MapReduce 分布式计算框架，根据 GFS 原理开发了 HDFS，并根据 Big Table 原理开发了 HBase 数据存储系统。

Hadoop 和谷歌内部使用的分布式计算系统原理相同，其开源特性使其成为分布式计算系统事实上的国际标准。雅虎、Facebook、亚马逊以及百度、阿里巴巴等众多互联网公司都以 Hadoop 为基础搭建了自己的分布式计算系统。

2.4.2.2 Hadoop 的特性

Hadoop 是一个能够对大量数据进行分布式处理的基础软件框架，它允许用简单的编程模型在计算机集群上对大型数据集进行分布式处理。它的设计规模从单一服务器到数千台机器，每个服务器都能提供本地计算和存储功能，框架本身提供的是计算机集群高可用性的服务，不依靠硬件提供高可用性。用户可以在不了解分布式底层细节的情况下，轻松地在 Hadoop 上开发和运行处理海量数据的应用程序。低成本、高可靠、高扩展、高有效、高容错等特性让 Hadoop 成为当前流行的大数据处理系统。

高可靠性。采用冗余数据存储方式，即使一个副本发生故障，其他副本也可以保证对外工作的正常进行。

高效性。作为并行分布式计算平台，Hadoop 采用分布式存储和分布式处理两大核心技术，能够高效地处理 PB 级别的数据。

高可扩展性。Hadoop 的设计目标是可以高效稳定地运行在廉价的计算机集群上，可以扩展到数以千计的计算机节点上。

高容错性。采用冗余数据存储方式，自动保存数据的多个副本，并且能够自动将失败的任务重新分配。

成本低。Hadoop 采用廉价的计算机集群，成本比较低，普通用户可以在自己的 PC 机上搭建环境。

可以运行在 Linux 平台上。Hadoop 是基于 Java 语言开发的，可以较好地运行在 Linux 的平台上。

支持多种编程语言，如 C、C++等。

2.4.2.3 Hadoop 生态圈

Hadoop 是一个由 Apache 基金会开发的大数据分布式系统基础架构。用户可以在不了解分布式底层细节的情况下，轻松地在 Hadoop 上开发和运行处理大规模数据的分布式程序，充分利用集群的威力进行高速运算和存储。Hadoop 是一个数据管理系统，作为数据分析的核心，汇集了结构化和非结构化的数据，这些数据分布在传统的企业数据栈的每一层。Hadoop 也是一个大规模并行处理框架，拥有超级计算能力，定位于推动企业级应用的执行。Hadoop 又是一个开源社区，主要为解决大数据的问题而提供工具和软件。虽然 Hadoop 提供了很多功能，但仍然应该把它归类为由多个组件组成的 Hadoop 生态圈，这些组件包括数据存储、数据集成、数据处理和其他进行数据分析的专门工具。

图 2-7 展示了 Hadoop 的生态系统，主要由 HDFS、MapReduce、HBase、Zookeeper、Pig、Hive 等核心组件构成，还包括 Sqoop、Flume 等框架，用来与其他企业系统融合。同时，Hadoop 生态系统也在不断增长，如新增了 Mdhout、Ambari 等内容，以提供更新功能。

（1）Hadoop 生态圈包括的主要组件

❖ HDFS，即一个提供高可用性的获取应用数据的分布式文件系统。

❖ MapReduce，即一个并行处理大数据集的编程模型。

❖ HBase，即一个可扩展的分布式数据库，支持大表的结构化数据存储，是一个建立在 HDFS 之上的、面向列的 NoSQL 数据库，用于快速读/写大量数据。

❖ Hive，即一个建立在 Hadoop 上的数据仓库基础构架。它提供了一系列的工具，

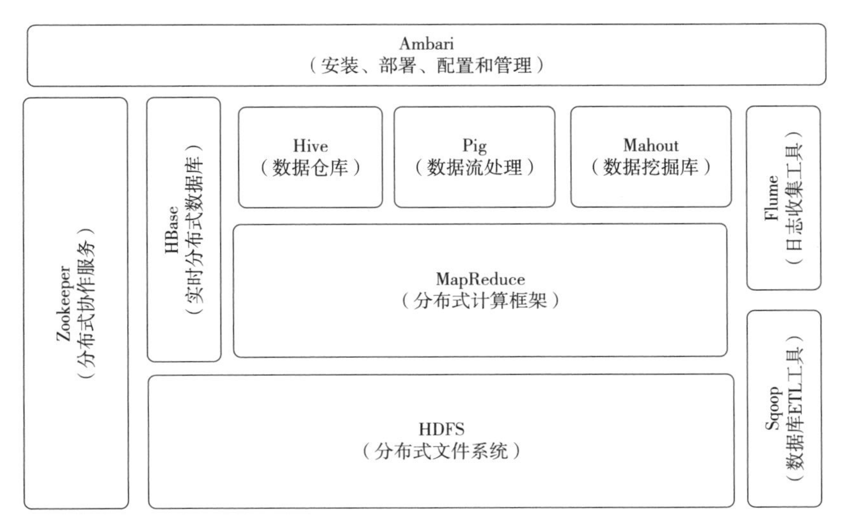

图2-7 Hadoop的生态系统

可以用来进行数据提取、转化、加载，这是一种可以存储、查询和分析存储在Hadoop中的大规模数据的机制。Hive定义了简单的类SQL查询语言，称为HQL，它允许不熟悉MapReduce的开发人员也能编写数据查询语句，然后这些语句被翻译为Hadoop上面的MapReduce任务。

❖ Mahout，即可扩展的机器学习和数据挖掘库。它提供的MapReduce包含很多实现方法，包括聚类算法、回归测试、统计建模等。

❖ Pig，即一个支持并行计算的、高级的数据流语言和执行框架。它是MapReduce编程的复杂性的抽象。Pig平台包括运行环境和用于分析Hadoop数据集的脚本语言（PigLatin）。其编译器将PigLatin翻译成MapReduce程序序列。

❖ Zookeeper，即—个应用于分布式应用的、高性能的协调服务软件。它是一个为分布式应用提供一致性服务的软件，提供的功能包括配置维护、域名服务、分布式同步、组服务等。

❖ Ambari，即一个基于Web的工具，用来供应、管理和监测Hadoop集群，包括支持HDFS、MapReduceAHive、HCatalog、HBase、ZooKeeperA、Oozie、Pig和Sqoop。Ambari也提供了一个可视的仪表盘来查看集群的健康状态，并且能够使用户可视化地查看MapReduce、Pig和Hive应用来诊断其性能特征。

（2）Hadoop的生态圈包括两个框架，用来与其他企业架构融合

❖ Sqoop，即一个连接工具，用于在关系数据库、数据仓库和Hadoop之间转移数据。Sqoop利用数据库技术描述架构，进行数据的导入/导出，利用MapReduce实现并行化运行和容错。

❖ Flume。它提供了分布式、可靠、高效的服务，用于收集、汇总大数据，并将单台计算机的大量数据转移到HDFS。它基于一个简单而灵活的架构，提供了数据流的流。它利用简单的、可扩展的数据模型，将企业中多台计算机上的数据转移到Hadoop。

2.4.2.4 Hadoop 版本演进

当前 Hadoop 有两大版本，即 Hadoop 1.0 和 Hadoop 2.0。

Hadoop 1.0 被称为第一代 Hadoop，由 HDFS 和 MapReduce 组成。HDFS 由一个 NameNode 和多个 DataNode 组成，MapReduce 由一个 JobTracker 和多个 TaskTracker 组成。Hadoop 1.0 对应的 Hadoop 版本为 0.20.x、0.21.x、0.22.x 和 Hadoop 1.x。其中，0.20.x 是比较稳定的版本，它最后演化为 1.x，变成稳定版本；0.21.x 和 0.22.x 则增加了 NameNode HA 等新特性。

Hadoop 2.0 被称为第二代 Hadoop，是为克服 Hadoop 1.0 中 HDFS 和 MapReduce 存在的各种问题而提出的，对应的 Hadoop 版本为 0.23.x 和 2.x。针对 Hadoop 1.0 中 NameNode HA 不支持自动切换且切换时间过长的风险，Hadoop 2.0 提出了基于共享存储的 HA 方式，该方式支持失败自动切换、切回。针对 Hadoop 1.0 中的单 NameNode 制约 HDFS 扩展性的问题，Hadoop 2.0 提出了 HDFS Federation 机制，它允许多个 NameNode 各自分管不同的命名空间，进而实现数据访问隔离和集群横向扩展。

针对 Hadoop 1.0 中 MapReduce 在扩展性和多框架支持方面的不足，Hadoop 2.0 提出了全新的资源管理框架 YARN，它将 JobTracker 中的资源管理和作业控制功能分开，分别由组件 ResourceManager 和 ApplicationMaster 实现。其中，ResourceManager 负责所有应用程序的资源分配，而 ApplicationMaster 仅负责管理一个应用程序。相比于 Hadoop 1.0，Hadoop 2.0 框架具有更好的扩展性、可用性、可靠性、向后兼容性和更高的资源利用率，Hadoop 2.0 还支持除 MapReduce 计算框架以外的更多计算框架，Hadoop 2.0 是目前业界主流使用的 Hadoop 版本。

2.4.2.5 Hadoop 发行版本

虽然 Hadoop 是开源的 Apache 项目，但在 Hadoop 行业仍然出现了大量的新兴公司，它们以帮助人们更方便地使用 Hadoop 为目标。这些企业大多将 Hadoop 发行版进行打包、改进，以确保所有的软件一起工作。

Hadoop 的发行版除社区的 Apache Hadoop 以外，Cloudera、Hortonworks、MapR、EMC、IBM、INTEL、华为等都提供了自己的商业版本。商业版本主要是提供专业的技术支持，这对一些大型企业尤其重要。每个发行版本都有自己的一些特点，下面就三个主要的发行版本做简单介绍。

2008 年成立的 Cloudera 是最早将 Hadoop 商用的公司，它为合作伙伴提供 Hadoop 的商用解决方案，主要包括支持、咨询服务和培训。Cloudera 的产品主要为 CDH、Cloudera Manager 和 Cloudera Support。CDH 是 Cloudem 的 Hadoop 发行版本，完全开源，在兼容性、安全性、稳定性上比 Hadoop 有所增强。Cloudera Manager 是集群的软件分发及管理监控平台，可以在几个小时内部署好一个 Hadoop 集群，并对集群的节点及服务进行实时监控。Cloudera Support 是对 Hadoop 的技术支持。

2011 年成立的 Hortonworks 是雅虎与硅谷风投公司 Benchmark Capital 合资组建的公司。公司成立之初吸纳了 25~30 名专门研究 Hadoop 的雅虎工程师，上述工程师均在 2005

年开始协助雅虎开发 Hadoop，这些工程师贡献了 Hadoop 80% 的代码。Hortonworks 的主打产品是 Hortonworks Data Platform（HDP），也同样是 100% 开源的产品。HDP 除了常见的项目以外，还包含了一款开源的安装和管理系统（Amban）。

Cloudera 和 Hortonworks 均是通过不断提交代码来完善 Hadoop 的，2009 年成立的 MapR 公司在 Hadoop 领域显得有些特立独行，它提供了一款独特的发行版本。MapR 认为 Hadoop 的代码只是参考，可以基于 Hadoop 提供的 API 实现自己的需求。这种方法使得 MapR 做出了很大的创新，特别是在 HDFS 和 HBase 方面，MapR 使两个基本的 Hadoop 的存储机制更加可靠、更加高性能。MapR 还推出了高速网络文件系统（NFS）访问 HDFS，从而大大简化了一些企业级应用的集成。

MapR 用新架构重写 HDFS，同时在 API 级别，和目前的 Hadoop 发行版本保持兼容。MapR 构建了一个 HDFS 的私有替代品，比开源版本快 3 倍，自带快照功能，而且支持无 NameNode 单点故障。MapR 版本不再需要单独的 NameNode 机器，元数据分散在集群中，类似数据默认存储三份，不再需要用 NAS 协助 NameNode 做元数据备份，提高了机器使用率。MapR 还有一个重要的特点是，可以使用 NFS 直接访问 HDFS，这提供了与原有应用的兼容性。MapR 的镜像功能很适合做数据备份，而且支持跨数据中心的镜像。

2.4.3 Spark 平台

2.4.3.1 Hadoop 的缺陷

Hadoop 已经成了大数据技术的事实标准。Hadoop 平台在处理海量大数据方面的技术优势使其在整个大数据时代得到了飞速发展，也得到了顶端互联网科技巨头如谷歌、Facebook、百度、阿里巴巴等企业极大的青睐并在商业上的成功运用。然而，Hadoop 平台下的 MapReduce 分布式计算框架存在致命的缺陷，具体表现如下：

（1）Hadoop MapReduce 的表达能力有限

它所有的计算都需要转换成 Map 和 Reduce 两个操作，不能适用于所有场景，对于复杂的数据处理过程难以描述。

（2）磁盘 I/O 开销大

因为 MapReduce 只能进行一次性编程计算处理，即 MapReduce 只能从 HDFS 中一次取出数据计算，然后再存入 HDFS，所以 MapReduce 很难进行海量数据的迭代运算。如果有几十次的迭代过程，则编程人员必须进行相同数量的人工编程，同时计算机集群要进行同样次数的数据存入和提取，磁盘 I/O 开销过大，十分低效。

（3）计算延迟高

如果想要完成比较复杂的工作，必须将一系列的 MapReduce 作业串联起来，然后顺序执行这些作业。每一个作业都是高时延的，而且只有在前一个作业完成后下一个作业才能开始启动。因此，Hadoop MapReduce 不能胜任比较复杂的、多阶段的计算服务。

为了解决 Hadoop 平台 MapReduce 分布式计算框架的这些问题，人们开始寻找新的分布式计算框架，以保证新的技术框架可以进行很好的迭代处理，同时可以节省大数据平台不断读出和写入分布式数据库的集群工作量。此时，Spark 分布式计算平台应运而生。当然，Spark 平台的出现不仅是由于大数据分布式运算的实际技术需求，而且是信息计算不断发展完善的必然。计算机的运算技术趋势如图 2-8 所示。只有当高速设备的价格便宜到一定程度后才能被充分发掘和利用。显然，利用计算机内存进行运算的速度和效率是价格最高的，如图 2-9 所示。

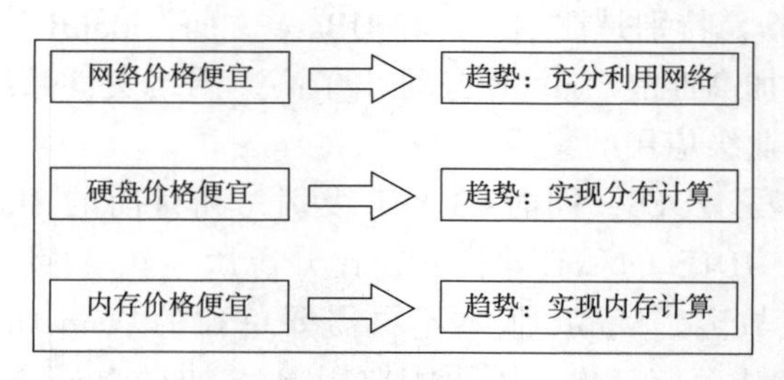

图 2-8 计算机的运算技术趋势

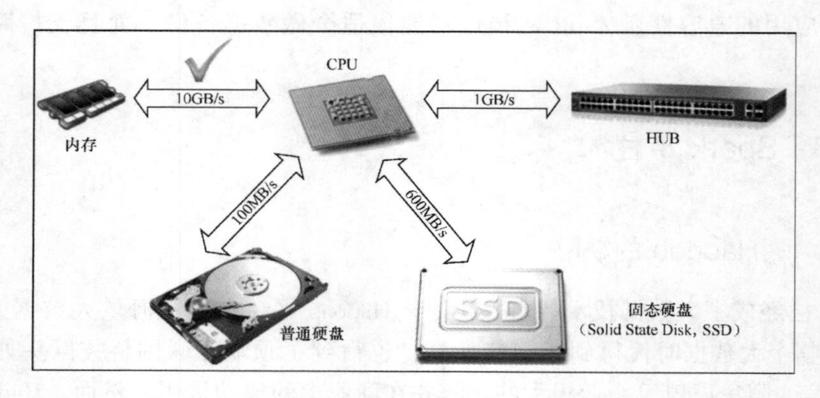

图 2-9 计算机内存运算的速度和效率对比

Spark 正是借鉴 Hadoop MapReduce 技术发展而来的，继承了其分布式并行计算的优点，并弥补了 MapReduce 明显的缺陷。Spark 是基于内存运算的大数据平台。

2.4.3.2 Spark 简介

Spark 是加利福尼亚大学伯克利分校 AMP 实验室开发的通用内存并行计算框架。Spark 主要使用 Scala 语言进行编程实现，它能够像操作本地集合对象一样轻松地操作分布式数据集。它具有运行速度快、易用性好、通用性强和随处运行等特点。Spark 在 2013 年 6 月进入 Apache 成为孵化项目，8 个月后成为 Apache 顶级项目。Spark 以其先进的设计理念迅速成为计算机社区的热门项目，围绕 Spark 推出了 SparkSQL、SparkStreaming、MLlib 和 GraphX 等组件，逐渐形成大数据处理一站式解决平台。

Spark 作为大数据处理平台的后起之秀，在 2014 年打破了 Hadoop 保持的基准排序（Sort Benchmark）纪录，即使用 206 个节点在 23 分钟的时间内完成了 100TB 数据的排序，而 Hadoop 则使用了 2000 个节点在 72 分钟才完成相同数据的排序。也就是说，Spark 只使用了 10%的计算资源，就获得了 Hadoop 3 倍的速度。新纪录的诞生，使 Spark 获得多方追捧。它具有的主要特点如下：

（1）运行速度快

Spark 提供了内存计算，把中间结果放到内存中，带来了更高的迭代运算效率。通过支持有向无环图（Directed Acyclic Graph，DAG）的分布式并行计算的编程框架，Spark 减少了迭代过程中数据需要写入磁盘的需求，大大提高了处理效率。

（2）容易使用

Spark 支持使用 Scala、Java、Python、R 语言进行编程。简洁的 API 设计有助于用户轻松构建并行程序，并且可以通过 Spark Shell 进行交互式编程。

（3）通用性强

Spark 为我们提供了一个全面、统一的技术框架，包括 SQL 查询、流式计算、机器学习和图计算组件，这些组件可以无缝整合在同一个应用中，足以应对复杂的计算，即有较强的通用性。

（4）机制优越

Spark 基于 DAG 的任务调度执行机制比 Hadoop MapReduce 的迭代执行机制更优越。在对 HDFS 同一批数据做成百上千维度查询时，Hadoop 每做一个独立的查询，都要从磁盘中读取这个数据，而 Spark 只需从磁盘中读取一次，就可以针对保留在内存中的中间结果进行反复查询。

与 Hadoop 相比，尽管 Spark 具有较大的优势，但它并不能够完全取代 Hadoop，因为 Spark 是基于内存进行数据处理的，所以不适合于数据量特别大、对实时性要求不高的场合。另外，Hadoop 可以使用廉价的通用服务器搭建集群，而 Spark 对硬件要求比较高，特别是对内存和 CPU 有更高的要求。需要特别指出的是，Spark 是纯粹的分布式内存计算平台，并不能提供分布式的存储服务，因此其必须有 Hadoop 中 HDFS 的支撑才能实现大数据的存储和运算一体化。

2.5　大数据的基本处理流程

大数据的数据来源广泛，应用需求和数据类型不尽相同，但最基本的处理流程是一致的。整个大数据的处理流程可以定义为：在合适工具的辅助下，对广泛异构的数据源进行抽取和集成，将结果按照一定的标准进行统一存储，然后利用合适的数据分析挖掘技术对存储的数据进行处理，从中提取有益的知识，并利用恰当的方式将结果展现给最终用户。

具体来讲，大数据处理的基本流程可以分为数据抽取与集成、数据分析和挖掘以及数据展现等步骤。

2.5.1　数据抽取与集成

大数据的一个重要特点是多样性，这意味着数据来源极其广泛，数据类型极为繁杂。

这种复杂的数据环境给大数据的处理带来极大挑战。要想处理大数据，首先必须对所需数据源的数据进行抽取和集成，从中提取出数据的实体和关系，经过关联和聚合后采用统一定义的结构来存储这些数据。在数据集成和提取时，需要对数据进行清洗，保证数据质量及可信性。同时，要特别注意大数据时代数据模式和数据的关系，大数据时代的数据往往是先有数据再有模式，并且模式是在不断的动态演化中的。

数据抽取和集成技术并不是一项全新的技术，在传统数据库领域，此问题已经有比较成熟的研究结果。随着新数据源的涌现，数据抽取与集成的方法也在不断发展中。

2.5.2 数据分析和挖掘

数据分析和挖掘是整个大数据处理流程的核心，大数据的价值产生于分析和挖掘过程。从异构数据源抽取和集成的数据构成了数据分析的原始数据。根据不同应用的需求可以从这些数据中选择全部或部分进行分析。传统的分析技术，如统计分析、数据挖掘和机器学习等，并不能适应大数据时代数据分析挖掘的需求，必须做出调整。大数据时代的数据分析挖掘技术面临着一些新的挑战。

2.5.2.1 数据量大并不一定意味着数据价值的增加，相反，往往意味着数据噪声的增多

在数据分析挖掘前必须进行数据清洗等预处理工作，但预处理如此大量的数据，对于计算资源和处理算法来讲是非常严峻的考验。

2.5.2.2 大数据时代的挖掘算法需要进行调整

首先，大数据的应用具有实时性的特点，算法的准确率不再是大数据应用的最主要指标。在很多场景中，算法需要在处理的实时性和准确率之间取得平衡。

其次，分布式并发计算系统是进行大数据处理的有力工具，这就要求很多算法必须做出调整以适应分布式并发的计算框架，算法需要变得具有可扩展性。许多传统的数据挖掘算法都是线性执行的，面对海量的数据其很难在合理的时间内获取所需的结果。因此，需要重新把这些算法转换为可以并发执行的算法，以便完成对大数据的处理。

最后，在选择算法处理大数据时必须谨慎，当数据量增长到一定规模后，可以从小量数据中挖掘出有效信息的算法并将其适用于大数据。

2.5.2.3 数据结果的衡量标准

对大数据进行分析和挖掘比较困难，但对大数据分析和挖掘结果好坏的衡量是大数据时代数据处理中面临的更大挑战。大数据时代的数据量大，类型混杂，产生速度快，进行分析挖掘时往往对整个数据的分布特点掌握得不太清楚，从而导致在设计衡量的方法和指标时会遇到许多困难。

2.5.3　数据展现

数据分析和挖掘是大数据处理的核心，但用户往往更关心的是结果展现。如果分析挖掘的结果很正确，但没有采用适当的方法进行展现，那么所得到的结果很可能让用户难以理解，极端情况下甚至会引发用户的误解。这时，前期的工作也都是徒劳的。数据展现的方法很多，比较传统的展现方式就是以文本形式输出结果或者直接在电脑终端上显示结果。这些方法在面对小数据量时是一种可行的选择。但大数据时代的数据分析结果往往也是海量的，同时结果之间的关联关系极其复杂，采用传统的简单展现方法几乎不可行。展现大数据处理结果时，可以考虑从两个方面提升数据展现能力。

2.5.3.1　引入可视化技术

可视化技术作为展现大量数据价值的有效手段之一率先被科学与工程计算领域采用。该方法通过将分析挖掘结果以可视化的方式向用户展示，使用户更易理解和接受。常见的可视化技术有标签云、历史流、空间信息流等。

2.5.3.2　让用户能够在一定程度上了解和参与具体的分析过程

这方面既可以采用人机交互技术，即利用交互式的数据分析过程来引导用户逐步地进行分析，使用户在得到结果的同时更好地理解分析结果的过程，也可以采用数据溯源技术追溯整个数据处理的过程，帮助用户理解结果。

本章小结

大数据的发展离不开计算机技术的支撑。本章从计算机的基础技术到与大数据相关的技术做了系统讲解，其中包括计算机操作系统、计算机编程语言、数据库技术、大数据处理系统等相关内容，特别是详细介绍了与大数据发展紧密相关的 Linux 系统技术，编程语言（Java、Python、Scala）、Hadoop、Spark 等技术，为后续章节的学习打下了基础。本章还对大数据的基本处理流程做了系统性的讲解，为全面学习大数据厘清了思路。

思考题

1. Linux 操作系统的优势和主要特点有哪些？
2. Python 语言的特点有哪些？
3. 数据库系统由哪些部分组成？
4. SQL 数据库的技术特点有哪些？

5. NoSQL 和 NewSQL 数据库技术特色和技术特点有哪些？与传统关系型数据库相比，它们有什么不同？

6. 简述 Hadoop 的生态体系。

7. 简述 Hadoop 和 Spark 大数据平台的技术优势。

8. 简述大数据处理的基本流程。

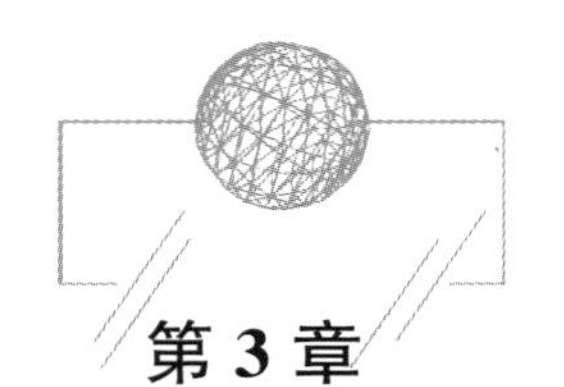

第3章

数据采集与预处理

现如今是DT（Data Technology）时代，很多人都接触和使用过大数据。这是一个新兴的技术领域，它渐渐地改变着人们的生产和生活。越来越多的人开始关注大数据的来源和质量。如果开始不能获取好的、高质量的源数据，也就不可能得到高价值的数据信息。本章将介绍两种关键的大数据处理技术，分别是大数据采集技术和大数据预处理技术。

3.1 数据采集概述

数据采集是数据产业的基石，对数据进行分析和挖掘后会得到有价值的信息。然而，如果没有数据，这种价值也就无从谈起。数据采集又称“数据获取”，是数据分析处理的入口，也是数据处理中至关重要的一个环节。它通过各种技术手段把外部的各种数据源产生的数据实时或非实时地采集并加以利用。在当今数据大爆炸的互联网时代，大数据的数据来源主要有运营数据库、社交网络和感知设备三大类。由于数据源类型多种多样、数据量大、产生速度快等，采用传统的数据采集方法已无法满足数据采集的需求。数据采集技术面临着许多技术挑战，所采用的数据采集方法也各不相同，但必须保证数据采集的可靠性和高效性，还要避免采集数据的重复。

3.1.1 大数据的数据类型

大数据的主要数据类型包括结构化、半结构化和非结构化数据（见图3-1），非结构化数据越来越成为数据的主要部分。IDC的调查报告显示：企业中80%的数据都是非结构化数据，这些数据每年增长约60%。大数据就是互联网发展到现今阶段的一种表象或特征而已，在以云计算为代表的技术创新大幕的衬托下，这些原本看起来很难收集和使用的数据开始较容易地被利用起来。在各行各业的不断创新下，大数据会逐步为人类创造更多的价值。

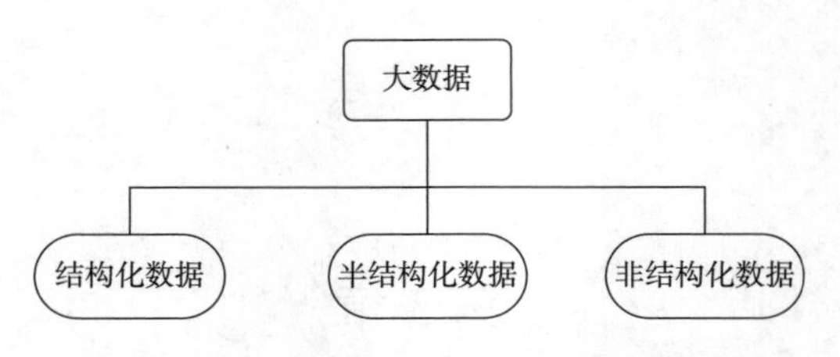

图 3-1　大数据的主要数据类型

3.1.1.1　结构化数据

简单来说，结构化数据就是传统关系型数据库数据，也称作行数据，是由二维表结构来逻辑表达和实现的数据，严格地遵循数据格式与长度规范，主要通过关系型数据库进行存储和管理。结构化数据标记是一种能让网站以更好的姿态展示在搜索结果中的方式，搜索引擎都支持标准的结构化数据标记。结构化数据可以通过固有键值获取相应信息，并且数据的格式严格固定，如 RDBMS 数据。最常见的结构化就是模式化，结构化数据也是模式化数据。

大多数传统数据库管理系统主要基于结构化数据，如银行业数据、保险业数据，政府、企事业单位等信息管理系统主要依托结构化数据。结构化数据是传统行业依托大数据技术提高综合竞争力和创新能力的主要数据类型。

3.1.1.2　半结构化数据

半结构化数据和普通纯文本相比具有一定的结构性，但和具有严格理论模型的关系型数据库的数据相比更灵活。它是一种适用于数据库集成的数据模型，也就是说，适于描述包含在两个或多个数据库（这些数据库含有不同模式的相似数据）中的数据。它是一种标记服务的基础模型，用于在 Web 上共享信息。人们对半结构化数据模型感兴趣主要是因为它具有灵活性。特别地，半结构化数据是“无模式”的，更准确地说，其数据是自描述的。它携带了关于其模式的信息，并且该模式可以随时在单一数据库内任意改变。这种灵活性可能使查询处理更加困难，但它给用户提供了显著的优势。

半结构化数据是有结构的，其结构模式具有下述特征：

1）数据结构自描述性。结构与数据相交融，在研究和应用中不需要区分“元数据”和“一般数据”（两者合二为一）。

2）数据结构描述的复杂性。数据结构难以纳入现有的各种描述框架，实际应用中不易进行清晰的理解与把握。

3）数据结构描述的动态性。数据变化通常会导致结构模式变化，数据整体上具有动态的结构模式。

常规的数据模型如 E-R 模型、关系模型和对象模型的特点恰恰与上述特征相反，因为这些常规数据模型是结构化数据模型。而相对于结构化数据，半结构化数据的构成更为复杂和不确定，从而具有更高的灵活性，能够适应更为广泛的应用需求。其实，用半结构化的视角看待数据是非常合理的。没有模式的限定，数据可以自由地流入系统，还可以自由地更新，更便于客观地描述事物。在使用时模式才会起作用，使用者若要获取数据就应当构建需要的模式以检索数据。由于不同的使用者构建不同的模式，数据将被最大化利用。这才是使用数据最自然的方式。

比如存储员工的简历，不像员工基本信息那样一致，每个员工的简历大不相同。有的员工简历很简单，比如只包括教育情况；有的员工简历却很复杂，比如包括工作情况、婚姻情况、出入境情况、户口迁移情况、政治面貌情况、技术技能等，还可能有一些我们没有预料的信息。通常我们要完整地保存这些信息不是很容易，因为系统中采集数据的结构在系统运行期间是变化的。这就是一个半结构化数据的例子。

3.1.1.3　非结构化数据

非结构化数据是与结构化数据相对的，不适合用数据库二维表来表现，包括所有格式的办公文档、XML、HTML、各类报表、图片、音频、视频信息等。支持非结构化数据的数据库采用多值字段、子字段和变长字段机制进行数据项的创建和管理，被广泛应用于全文检索和各种多媒体信息处理领域。非结构化数据不可以通过键值获取相应信息。非结构化数据一般指无法结构化的数据，如图片、文件、超媒体等典型信息，在互联网信息中占据了很大比例。随着“互联网+”战略的实施，越来越多的非结构化数据不断产生。

经过多年的发展，结构化数据分析和挖掘技术已经形成了相对比较成熟的技术体系。也正是由于非结构化数据中没有限定结构形式，表示形式灵活，因此其蕴含着丰富的价值。综合来看，在大数据分析和挖掘中，掌握非结构化数据处理技术是至关重要的，目前主要问题在于语言表达的灵活性和多样性。具体的非结构化数据处理技术包括：①Web 页面信息内容提取；②结构化处理（含文本的词汇切分、词性分析、歧义处理等）；③语义处理（含实体提取、词汇相关度分析、句子相关度分析、篇章相关度分析、句法分析等）；④文本建模（含向量空间模型、主题模型等）；⑤隐私保护（含社交网络的连接型数据处理、位置轨迹型数据处理等）。这些技术所涉及的范围较广，在情感分类、客户语音挖掘、法律文书分析等许多领域被广泛地应用。

3.1.2　大数据的来源分类

传统的数据来源单一，且存储、管理和分析数据量相对较小，大多采用关系型数据库和并行数据仓库即可处理。在依靠并行计算提升数据处理速度方面，传统的并行数据库技术追求的是高度一致性和容错性，从而难以保证其可用性和扩展性。

在大数据体系中，传统数据分为业务数据和行业数据，传统数据体系中没有考虑过的新数据源包括内容数据、线上行为数据和线下行为数据三大类。在传统数据体系和新数据体系中，数据来源共分为以下五种：

1）业务数据，包括消费者数据、客户关系数据、库存数据、账目数据等。

2）行业数据，包括车流量数据、能耗数据、PM2.5 数据等。

3）内容数据，包括应用日志、电子文档、机器数据、语音数据、社交媒体数据等。

4）线上行为数据，包括页面数据、交互数据、表单数据、会话数据、反馈数据等。

5）线下行为数据，包括车辆位置和轨迹、用户位置和轨迹、动物位置和轨迹等。

由此，大数据的主要来源分类如下：

1）企业系统，包括客户关系管理系统、企业资源计划系统、库存系统、销售系统等。

2）机器系统，包括智能仪表、工业设备传感器、智能设备、视频监控系统等。

3）互联网系统，包括电商系统、服务行业业务系统、政府监管系统等。

4）社交系统，包括微信、QQ、微博、博客、新闻网站等。

一般情况下，从传统企业系统中可获取相关的业务数据。机器系统产生的数据可分为两大类：一类是通过智能仪表和传感器获取行业数据，如公路卡口设备获取车流量数据，智能电表获取用电量等；另一类是通过各类监控设备获取人、动物和物体的位置和轨迹信息。互联网系统会产生相关的业务数据和线上行为数据，如用户的反馈和评价信息，用户购买的产品和品牌信息等。社交系统会产生大量的内容数据，如视频与照片等，以及线上行为数据。

综上所述，大数据采集与传统的数据采集既有联系又有区别。从数据源方面看，传统数据采集的数据源单一，就是从传统企业的客户关系管理系统、企业资源计划系统及相关业务系统中获取数据，而大数据采集系统还需要从社交系统、互联网系统及各类机器设备上获取数据。从数据量看，互联网系统和机器系统产生的数据量要远远大于企业系统的数据量。从数据结构看，传统的数据采集其数据都是结构化的数据，而大数据采集系统需要采集大量的视频、音频、照片等非结构化数据，以及网页、博客、日志等半结构化数据。从数据产生速度看，传统的数据采集其数据几乎是由人操作而生成的，远远慢于机器生成数据的效率。因此，传统的数据采集的方法和大数据采集的方法有根本的区别。

3.2 数据采集方法

数据采集技术是数据科学的重要组成部分，已广泛应用于国民经济和国防建设的各个领域，并且随着科学技术的发展，尤其是计算机技术的发展和普及，数据采集技术具有更广泛的发展前景。大数据采集是指从传感器和智能设备、企业在线系统、企业离线系统、社交网络和互联网平台等获取数据的过程。数据包括 RFID 数据、传感器数据、用户行为数据、社交网络交互数据及移动互联网数据等各种类型的结构化、半结构化及非结构化的海量数据。大数据的采集技术已成为大数据处理的关键技术之一。

3.2.1 系统日志的采集方法

许多公司的平台每天都会产生大量的日志，并且一般为流式数据，如搜索引擎的页面浏览量（Page View，PV）和查询等。处理这些日志需要特定的日志系统，这些系统的特征：

- ❖ 构建应用系统和分析系统的桥梁，并将它们之间的关联解耦。
- ❖ 支持近实时的在线分析系统和分布式并发的离线分析系统。
- ❖ 具有高可扩展性，也就是说，当数据量增加时，可以通过增加节点进行水平扩展。

很多互联网企业都有自己的海量数据采集工具，多用于系统日志采集，如 Facebook 公司的 Scribe、Hadoop 平台的 Chukwa、Cloudera 公司的 Flume 和 LinkedIn 公司的 Kafka 等。这些工具均采用分布式架构，能满足每秒数百兆的日志数据采集和传输需求。本书以 Flume 系统为例对系统日志采集方法进行介绍。

3. 2. 1. 1　Flume 基本概念

Flume 是 Cloudera 公司提供的一个高可用性、高可靠性、分布式的海量日志采集、聚合和传输系统。Flume 支持在日志系统中定制各类数据发送方，用于收集数据，同时 Flume 提供对数据进行简单处理，并写到各种数据接收方（如文本、HDFS、HBase 等）。

Flume 的核心是把数据从数据源（Source）收集过来，再将收集到的数据送到指定的目的地（Sink）。为了保证输送的过程一定成功，在送到目的地之前，会先将数据缓存到管道（Channel），待数据真正到达目的地后，Flume 再删除缓存的数据，如图 3-2 所示。

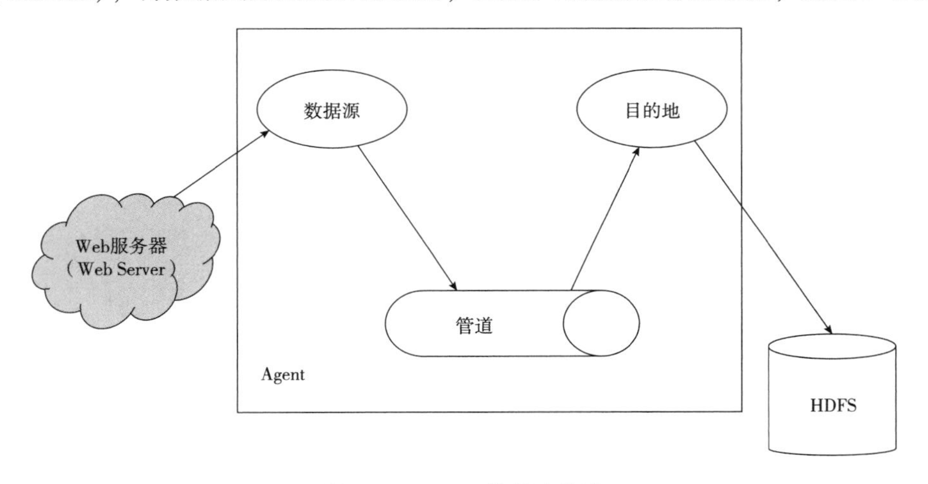

图 3-2　Flume 的基本概念

Flume 的数据流由事件（Event）贯穿始终，事件是将传输的数据进行封装而得到的，是 Flume 传输数据的基本单位。如果是文本文件，事件通常是一行记录。事件携带日志数据并且携带头信息，这些事件由 Agent 外部的数据源生成，当 Source 捕获事件后会进行特定的格式化，然后 Source 会把事件推入（单个或多个）Channel 中。Channel 可以看作一个缓冲区，它将保存事件直到 Sink 处理完该事件。Sink 负责持久化日志或者把事件推向另一个 Source。

3. 2. 1. 2　Flume 使用方法

Flume 的用法很简单，主要是编写一个用户配置文件。在配置文件中描述 Source、

Channel 与 Sink 的具体实现，而后运行一个 Agent 实例。运行 Agent 实例的过程中会读取配置文件的内容，这样 Flume 就会采集到数据。Flume 提供了大量内置的 Source、Channel 和 Sink 类型，而且不同类型的 Source、Channel 和 Sink 可以进行灵活组合。配置文件的编写原则如下。

1）从整体上描述 Agent 中 Sources、Sinks、Channels 所涉及的组件。

```
#Name the components on this agent
a1.sources = r1
a1.sinks = k1
a1.channels = c1
```

2）详细描述 Agent 中每一个 Source、Sink 与 Channel 的具体实现，即需要指定 Source 到底是什么类型的，是接收文件的、接收 HTTP 的，还是接收 Thrift 的。对于 Sink，需要指定结果是输出到 HDFS 中，还是输出到 HBase 中等。对于 Channel，需要指定格式，如是内存、数据库，还是文件等。

```
#Describe/configure the source
a1.sources.r1.type = netcat
a1.sources.r1.bind = localhost
a1.sources.r1.port = 44444
#Describe the sink
a1.sinks.k1.type = logger
#Use a channel which buffers events in memory.
a1.channels.c1.type = memory
a1.channels.c1.capacity = 1000
a1.channels.c1.transactioncapacity = 100
```

3）通过 Channel 将 Source 与 Sink 连接起来。

```
#Bind the source and sink to the channel
a1.sources.r1.channels = c1
a1.sinks.k1.channel = c1
```

4）启动 Agent 的 Shell 操作。

```
flume-ng agent-n a1-c ../conf-f ../conf/example.file \-Dflume.root.logger =
DEBUG,console
```

参数说明如下。

❖ “-n” 指定 Agent 的名称（与配置文件中代理的名字相同）。

❖ “-c” 指定 Flume 中配置文件的目录。

❖ “-f” 指定配置文件。

❖ “-Dflume. root. logger = DEBUG，console” 设置日志等级。

3.2.1.3 Flume 应用案例

NetCat Source 应用可监听一个指定的网络端口，即只要应用程序向这个端口写数据，这个 Source 组件就可以获取到信息。其中，Sink 使用 logger 类型，Channel 使用内存（Memory）格式。

（1）编写配置文件

```
# Name the components on this agent
a1. sources = r1
a1. sinks = k1
a1. channels = c1
# Describe/configure the source
a1. sources. r1. type = netcat
a1. sources. r1. bind = 192.168.80.80
a1. sources. r1. port = 44444
# Describe the sink
a1. sinks. k1. type = logger
# Use a channel which buffers events in memory
a1. channels. c1. type = memory
a1. channels. c1. capacity = 1000
a1. channels. c1. transactionCapacity = 100
# Bind the source and sink to the channel
a1. sources. r1. channels = c1
a1. sinks. k1. channel = c1
```

该配置文件定义了一个名字为 a1 的 Agent，一个 Source 在 port 44444 监听数据，一个 Channel 使用内存缓存事件，一个 Sink 把事件记录在控制台。

（2）启动 Flume Agental 服务端

```
 $ flume-ng agent-n al-c ../conf-f ../conf/neteat. conf \-Dflume. root. logger =
DEBUG,console
```

（3）使用 Telnet 发送数据

以下代码为从另一个终端，使用 Telnet 通过 port 44444 给 Flume 发送数据。

```
 $ telnet local host 44444
Trying 127.0.0.1...
Connected tolocalhost. localdomain(127.0.0.1).
Escape character is '^]'.
Hello world! <ENTER>
OK
```

（4）在控制台上查看 Flume 收集到的日志数据

```
20/6/19 15:32:19 INFO source. NetcatSource: Sources tarting
20/06/19 15:32:19 INFO source. NetcatSource: Created serverSocket:sun. nio. ch.
ServerSocketChannelImpl[/127.0.0.1:44444]
20/06/19 15:32:34 INFO sink. LoggerSink: Event:{ headers:{} body:48 65 6C 6C 6F
20 77 6F 72 6C 64 21 0D Hello world! .}
```

3.2.2 网页数据的采集方法

网络大数据有许多不同于自然科学数据的特点，包括多源异构、交互性、时效性、社会性、突发性和高噪声等。网络大数据不但非结构化数据多，而且数据的实时性强，大量数据都是随机动态产生的。

网络数据采集被称为“网页抓屏”“数据挖掘”，或“网络收割”，通过“网络爬虫”程序实现。“网络爬虫”一般是先“爬”到对应的网页上，再把需要的信息“抓”下来。

3.2.2.1 网络爬虫原理

各式各样的浏览器为我们提供了便捷的网站访问方式。用户只需要打开浏览器，键入想要访问的网站链接，然后轻按回车键就可以让网页上的图片、文字等内容展现在面前。实际上，网页上的内容经过了浏览器的渲染。现在的浏览器大都提供了查看网页源代码的功能，我们可以利用这个功能查看网页的实现方式。另外，获取网页的过程是一个 HTTP 交互的过程。通常是浏览器向网页所在的服务器发送一个请求（Request），服务器收到请求后返回给浏览器一个响应（Response）。请求里面会用一个 Get 方法告诉服务器我们需要什么内容，一般都是我们所需要访问的网址。服务器解析了 Get 方法后会返回给本地网页相应内容。

网络爬虫模仿浏览器发送一个 Get 方法给服务器以获取网页内容，自动地抓取 Web 信息的程序或者脚本。Web 网络爬虫可以自动采集所有其能够访问到的页面内容，为搜索引擎和大数据分析提供数据来源。从功能上讲，爬虫一般有数据采集、处理和存储三部分功能，如图 3-3 所示。

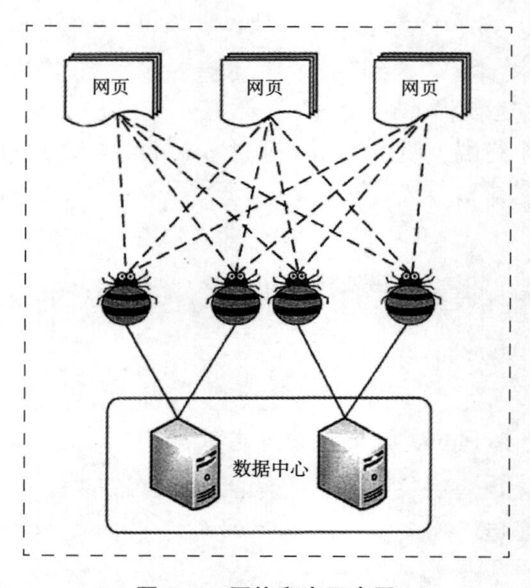

图 3-3 网络爬虫示意图

网页中除了包含供用户阅读的文字信息以外，还包含一些超链接信息。网络爬虫系统正是通过网页中的超链接信息不断获得网络上的其他网页。

网络爬虫系统一般会选择一些比较重要的、出度（网页中链出的超链接数）较大的网站的 URL 作为种子 URL 集合。网络爬虫系统以这些种子集合作为初始 URL，开始数据的抓取，因为网页中含有链接信息，通过已有网页的 URL 会得到一些新的 URL。我们可以把网页之间的指向结构视为一个森林，每个种子 URL 对应的网页是森林中一棵树的根节点，这样网络爬虫系统可以根据广度优先搜索算法或者深度优先搜索算法遍历所有的网页。由于深度优先搜索算法可能会使爬虫系统陷入一个网站内部，不利于搜索比较靠近网站首页的网页信息，因此一般采用广度优先搜索算法采集网页。

首先，网络爬虫系统将种子 URL 放入下载队列，并简单地从队首取出一个 URL 下载其对应的网页，得到网页的内容并将其存储后，经过解析网页中的链接信息可以得到一些新的 URL。其次，根据一定的网页分析算法过滤掉与主题无关的链接，保留有用的链接并将其放入等待抓取的 URL 队列。最后，取出一个 URL，对其对应的网页进行下载，然后解析，如此反复进行，直到遍历了整个网络或者满足某种条件后停止下来。

3.2.2.2　网络爬虫的重要模块

网络爬虫可以获取互联网中网页的内容。它从网页中抽取用户需要的属性内容，并对抽取出的数据进行处理，再转换成满足需求的格式存储下来，供后续使用。

网络爬虫包括三个重要模块：

1）采集模块。它负责从互联网上抓取网页，并抽取需要的数据，包括网页内容抽取和网页中链接的抽取。

2）数据处理模块。它对采集模块获取的数据进行处理，包括对网页内容的格式转换和链接的过滤。

3）数据模块。经过处理的数据可以分为三类：第一类是 SiteURL，即需要抓取数据的网站 URL 信息；第二类是 SpiderURL，即已经抓取过数据的网页 URL；第三类是 Content，即经过抽取的网页内容。

网络爬虫通过上述三个模块获取网页中用户需要的内容。它从一个或若干初始网页的 URL 开始，获得初始网页上的 URL，在抓取网页的过程中，不断从当前页面上抽取新的 URL 放入队列，直到满足系统的特定停止条件。

3.2.2.3　网络爬虫的基本工作流程

如图 3-4 所示，网络爬虫的基本工作流程如下：

1）首先选取一部分种子 URL。

2）将这些 URL 放入待抓取 URL 队列。

3）从待抓取 URL 队列中取出待抓取 URL，解析 DNS，得到主机的 IP 地址，并将 URL 对应的网页下载下来，存储到已下载网页库中。此外，将这些 URL 放进已抓取 URL 队列。

4）分析已抓取 URL 队列中的 URL，分析其中的其他 URL，并且将这些 URL 放入待抓取 URL 队列，从而进入下一个循环。

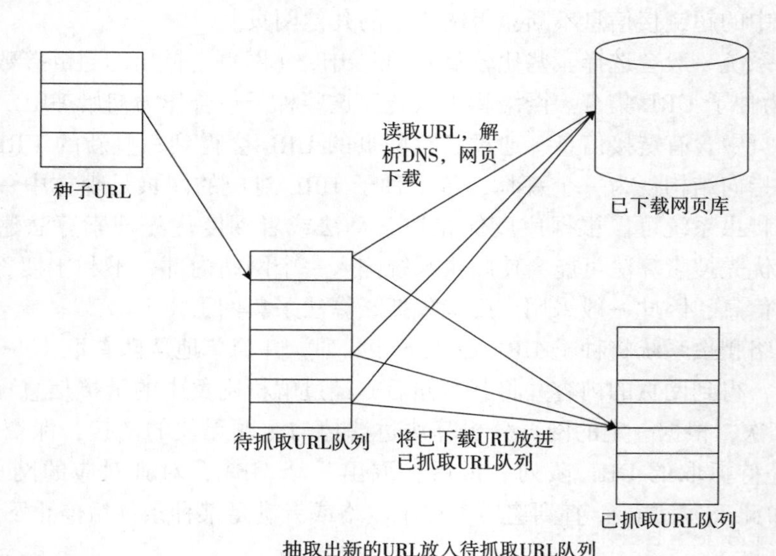

图 3-4　网络爬虫的基本工作流程

3.2.2.4　网络爬虫抓取策略

谷歌和百度等搜索引擎抓取的网页数量通常都以亿为单位计算。面对如此众多的网页，通过何种方式才能使网络爬虫尽可能地遍历所有网页，从而尽可能地扩大网页信息的抓取覆盖面，是网络爬虫系统面对的很关键的问题。在网络爬虫系统中，抓取策略决定了抓取网页的顺序。

(1) 网页间关系模型

从互联网的结构来看，网页之间通过数量不等的超链接相互连接，形成一个彼此关联、庞大复杂的有向图。如图 3-5 所示，如果将网页看作图中的某一个节点，而将网页中指向其他网页的链接看作该节点指向其他节点的边，那么我们很容易将整个互联网上的网页建模成一个有向图。从理论上讲，通过遍历算法遍历该图，可以访问互联网上几乎所有的网页。

(2) 爬虫的网页抓取策略

网络爬虫从网站首页获取网页内容和链接信息后，会根据一定的搜索策略从队列中选择下一步要抓取的网页 URL，并重复执行上述过程，直至满足某一条件时才停止。因此，待抓取 URL 队列是爬虫工作过程中很重要的一部分，其中的 URL 以何种顺序排列是很重要的问题，因为涉及先抓取哪个页面、后抓取哪个页面。决定这些 URL 排列顺序的方法，叫作抓取策略。一般一个网页会存在很多链接，而链接指向的网页中又会有很多链接，甚至有可能两个网页中包含了同一链接等。这些网页链接的关系可以看作一个有向图，如图 3-6 所示。

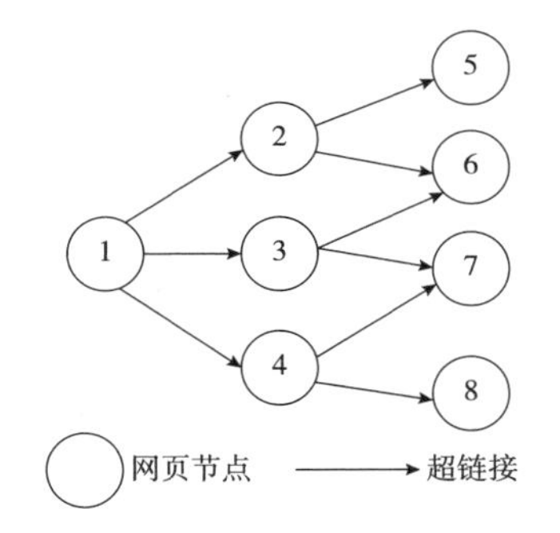

图 3-5　网页关系模型

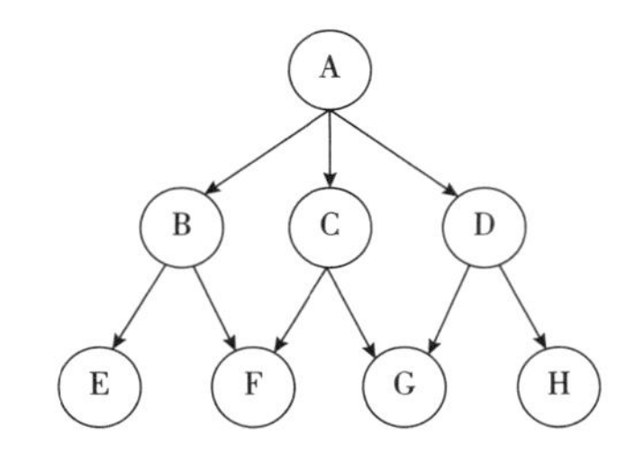

图 3-6　URL 抓取策略

注：深度优先遍历路径：A->B->E->F->C->G->D->H。宽度优先遍历路径：A->B->C->D->E->F->G->H。

❖　深度优先遍历策略。

深度优先遍历策略指网络爬虫从起始页开始，一个链接一个链接地跟踪下去，处理完这条线路之后转入下一个起始页，继续跟踪链接。如图 3-6 所示，从首页 A 开始，网页 A 有链接 B，先抓取网页 B，而网页 B 包含链接 E 和 F，再抓取链接 E；当网页 E 中不再有链接时，则抓取 B 中的链接 F；对网页 B 中的链接抓取完后再对网页 C 和 D 采用同样的深度优先遍历策略进行抓取。深度优先遍历策略尽可能对纵深方向进行搜索，直至所有链接被抓取完毕。

❖　宽度优先遍历策略。

宽度优先遍历策略的基本思想是将首页中发现的链接直接插入待抓取 URL 队列的末尾，即网络爬虫会先抓取起始网页中所有的链接网页，然后选择其中的一个链接网页，继续抓取此网页中的所有链接网页。如图 3-6 所示，首先抓取网页 A 中的链接 B、C 和 D 的网页内容，然后选取网页 B 中的链接 E、F 的网页内容进行抓取，最后依次获取网页 C 和 D 中的链接 G、H 的网页内容。

❖　反向链接数策略。

反向链接数是一个网页被其他网页链接指向的数量。反向链接数表示一个网页内容受到其他人推荐的程度。网页中来自流行页面的外部链接越多，即反向链接数量越多，说明该网页越有价值。因此，很多时候搜索引擎的抓取系统会使用这个指标评价网页的重要程度，从而决定不同网页的抓取先后顺序。

还有许多抓取策略是根据需求来设定的，我们在实际使用网络爬虫时选择适合的策略即可。

3.2.2.5　Scrapy 网络爬虫系统

Scrapy 是一个为了爬取网站数据、提取结构性数据而编写的应用框架，可以应用在包括数据挖掘、信息处理或存储历史数据等一系列的程序中。

（1）Scrapy 架构

Scrapy 的整体架构由 Scrapy 引擎（ScrapyEngine）、调度器（Scheduler）、下载器

（Downloader）、爬虫（Spiders）和数据项管道（Item Pipeline）五个组件组成。图 3-7 展示了各个组件的交互关系和系统中的数据流。

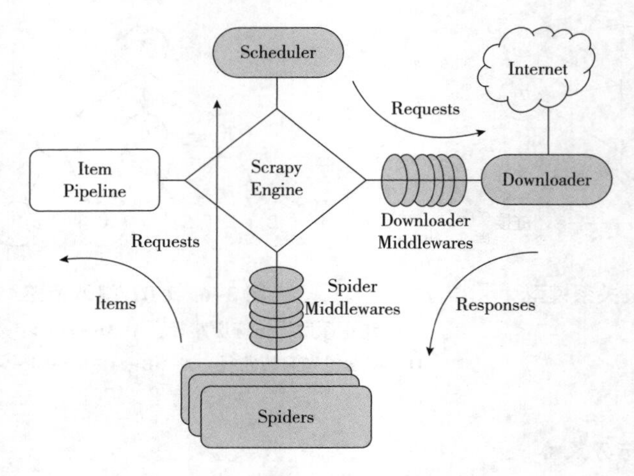

图 3-7　Scrapy 架构

1）Scrapy 的架构由五个组件和两个中间件构成：

❖ Scrapy 引擎。它是整个系统的核心，负责控制数据在整个组件中的流动，并在相应动作发生时触发事件。

❖ 调度器。它管理 Request 请求的出入栈，去除重复的请求。调度器从 Scrapy 引擎接收请求，并将请求加入请求队列，以便在后期需要的时候提交给 Scrapy 引擎。

❖ 下载器。它负责获取页面数据，并通过 Scrapy 引擎提供给网络爬虫。

❖ 爬虫。它是 Scrapy 用户编写的用于分析结果并提取数据项或跟进的 URL 的类。每个爬虫负责处理一个（或者一组）特定网站。

❖ 数据项管道。它负责处理被爬虫提取出来的数据项。典型的处理有清理、验证及持久化。

❖ 下载器中间件。它是引擎和下载器之间的特定接口，处理下载器传递给引擎的结果。它通过插入自定义代码而扩展下载器的功能。

❖ 爬虫中间件。它是引擎和爬虫之间的特定接口，用来处理爬虫的输入，并输出数据项。其通过插入自定义代码而扩展爬虫的功能。

2）Scrapy 中的数据流由 Scrapy 引擎控制，整体的流程如下：

❖ Scrapy 引擎打开一个网站，找到处理该网站的爬虫，并询问爬虫第一次要爬取的 URL。

❖ Scrapy 引擎从爬虫中获取第一次要爬取的 URL，并以 Request 方式发送给调度器。

❖ Scrapy 引擎向调度器请求下一个要爬取的 URL。

❖ 调度器返回下一个要爬取的 URL 给 Scrapy 引擎，Scrapy 引擎将 URL 通过下载器中间件转发给下载器。

❖ 下载器下载给定的网页，下载完毕后，生成一个该页面的结果，并将其通过下载器中间件发送给 Scrapy 引擎。

❖ Scrapy 引擎从下载器中接收到下载结果，并通过爬虫中间件发送给爬虫进行处理。

❖ 爬虫对结果进行处理，并返回爬取到的数据项及需要跟进的新的 URL 发送给 Scrapy 引擎。

❖ Scrapy 引擎将爬取到的数据项发送给数据项管道，将爬虫生成的新的请求发送给调度器。

❖ 从步骤2）开始重复，直到调度器中没有更多的请求，Scrapy 引擎关闭该网站。

（2） Scrapy 应用案例

如果需要从某个网站中获取信息，但该网站未提供 API 或能通过程序获取信息的机制，则 Scrapy 可以完成这个任务。这里通过一个具体应用实例来讲解使用 Scrapy 抓取数据的方法。本应用要获取在当当网站销售的有关“Python 核心编程”和“Python 基础教程”的所有书籍的 URL、名字、描述及价格等信息。

1） 创建项目。

在开始爬取之前，必须创建一个新的 Scrapy 项目。进入打算存储代码的目录中，运行下列命令：

```
scrapy startproject tutorial
```

该命令将会创建包含下列内容的 tutorial 目录：

```
tutorial/
    scrapy.cfg
    tutorial/
        _init_.py
        items.py
        pipelines.py
        settings.py
        spiders/
          _init_.py
          ...
```

这些文件分别如下：

```
scrapy.cfg:项目的主配置信息。
tutorial/:项目的 Python 模块,之后将在此加入代码
            tutorial/items.py:设置数据存储模板,用于结构化数据
            tutorial/pipelines.py:数据持久化处理
            tutorial/settings.py:配置文件,真正爬虫相关的配置信息
            tutorial/spiders/:爬虫目录,如创建文件,编写爬虫解析规则
```

2）定义 Item。

在 Scrapy 中，Item 是保存爬取到的数据的容器，其使用方法和 Python 字典类似，并且提供了额外保护机制以避免拼写错误导致的未定义字段错误。一般来说，Item 可以用 scrapy. item. Item 类来创建，并且用 scrapy. item. Field 对象来定义属性。

如果想要从网页抓取的每一本书的内容为书名（Title）、链接（Link）、简介（Description）和价格（Price），则根据要抓取的内容，可构建 Item 的模型。

修改 tutorial 目录下的 items. py 文件，在原来的类后面添加新的类。因为要抓取当当网站的内容，所以我们可以将其命名为 DangItem，并定义相应的字段。编辑 tutorial 目录中的 items. py 文件。

```
import scrapy
class DangItem(scrapy. Item):
    title =scrapy. Field()
    link =scrapy. Field()
    dese =scrapy. Field()
    price =scrapy. Filed()
```

3）编写 Spider。

Spider 是用户编写的用于从单个（或一组）网站爬取数据的类。它包含了一个用于下载的初始 URL，负责跟进网页中的链接的方法，负责分析页面中的内容的方法，以及负责提取生成的 Item 的方法。创建的 Spider 必须继承 scrapy. Spider 类，并且需要定义三个属性：

第一，name，即 Spider 的名字，必须是唯一的，不可以为不同的 Spider 设定相同的名字。

第二，start_urls，它包含了 Spider 在启动时进行爬取的 URL 列表。第一个被获取到的页面是其中之一，后续的 URL 则从初始的 URL 获取到的数据中提取。

第三，parse（），它是一个用来解析下载返回数据的方法。被调用时，每个初始 URL 完成下载后生成的 Response 对象将作为唯一的参数传递给该方法。该方法将负责解析返回的数据（Response），提取数据生成 Item，以及生成需要进一步处理的 URL 的请求对象。

以下是编写的 Spider 代码，保存在 tutorial/spiders 目录下的 dang_spider. py 文件中：

```
import scrapy
class DangSpider(scrapy. Spider):
    name ="dangdang"
    allowed_domains=["dangdang. com"]
    start_urls=[
        http://search. dangdang. com/? key=python 核心编程 &act=click,
        http://search. dangdang. com/? key=python 基础教程 &act=click]
        def parse(self,response):
          filename=response. url. split("/")[-2]
          with open(filename,'wb')as f:
            f. write(response. body)
```

4）爬取。

进入项目的根目录，执行下列命令启动 Spider：

```
scrapy crawl dangdang
```

该命令将会启动用于爬取 dangdang. com 的 Spider，系统将会产生类似的输出：

```
2020-02-23 18:13:07-0400 [scrapy] INFO: Scrapy started (bot: tutorial)
2020-02-23 18:13:07-0400 [scrapy] INFO: Optional features available: ...
2020-02-23 18:13:07-0400 [scrapy] INFO: Overridden settings: {}
2020-02-23 18:13:07-0400 [scrapy] INFO: Enabled extensions: ...
2020-02-23 18:13:07-0400 [scrapy] INFO: Enabled downloader middlewares: ...
2020-02-23 18:13:07-0400 [scrapy] INFO: Enabled spider middlewares: ...
2020-02-23 18:13:07-0400 [scrapy] INFO: Enabled item. pipelines: ...
2020-02-23 18:13:07-0400 [dangdang] INFO: Spider opened
2020-02-23 18:13:08-0400 [dangdang] DEBUG:  Crawled (200)<GET http://search.
dangdang. com/? key=python 核心编程 &act=click> (referer: None)
2020-02-23 18:13:08-0400 [dangdang] DEBUG: Crawled (200)<GET http://search.
dangdang. com/? key=python 基础教程 &act=click> (referer: None)
2020-02-23 18:13:09-0400 [dangdang] INFO: Closing spider (finished)
```

查看包含“dangdang”的输出，可以看到，输出的 log 中包含定义在 start_urls 中的初始 URL，并且与 Spider 方法一一对应。在 log 中可以看到其没有指向其他页面（referer: None）。除此之外，根据 parse 方法，有两个包含 URL 所对应的内容的文件被创建了，即 Python 核心编程和 Python 基础教程。在执行上面的 Shell 命令时，Scrapy 会创建一个 scrapy. http. Request 对象，将 start_url 传递给它，抓取完毕后，回调 parse 函数。

5）提取 Item。

在抓取任务中，一般不会只抓取网页，而是将抓取的结果直接变成结构化数据。根据前面定义的 Item 数据模型，我们可以修改 Parse，并用 Scrapy 内置的 XPath 解析 HTML 文档。通过观察当当网页源码，我们发现有关书籍的信息都是包含在第二个<ul>元素中的，并且相关的书籍用列表方式展现出来。因此，我们可以用下述代码选择该网页中书籍列表里的所有<li>元素，每一个元素对应一本书。选择<li>元素的函数是 response. xpath（"//ul/li"）。

```
from scrapy. spider import bpiaer
from scrapy. selector import Selector
from tutorial. items import DangItem
class DangSpider(Spider)
      name ="dangdang"
      allowed_domains = ["dangdang. com"]
      start_urls =[
      http: //search. dangdang. com/? key=python 核心编程 &act=click,
      http: //search. dangdang. com/? key=python 基础教程 &act=click ]
```

```
def parse(self, response):
sel = Selector(response)
sites =sel.xpath('//ul/li)
items=[]
for site in sites:
item =DangItem()
item['title'] =site.xpath ('a/text()').extract()item['link'] = site.xpath
('a/@ href').extract()item['desc'] = site.xpath ('text()').extract()
item['rice'] =site.xpath('text()').extract()items.append(item)
return items
```

增加 json 选项把结果保存为 JSON 格式，执行下列命令启动 Scrapy：

```
scrapy crawl dangdang-o items.json
```

该命令将采用 JSON 格式对爬取的数据进行序列化，并生成 items. json 文件。

3.2.3 其他数据的采集

对企业生产经营数据或科学研究数据等保密性要求较高的数据，可以通过与企业或研究机构合作，使用特定系统接口等相关方式采集。

尽管大数据技术层面的应用无限广阔，但由于受到数据采集的限制，能够用于商业应用、服务于人们的数据要远远小于理论上大数据能够采集和处理的数据。因此，解决大数据隐私问题是数据采集技术的重要目标之一。例如，现阶段的医疗机构数据更多来源于内部，外部的数据没有得到很好的应用。对于外部数据，医疗机构可以考虑借助如百度、阿里、腾讯等第三方数据平台来解决数据采集的难题。

3.3 数据预处理概述

数据预处理是一个广泛的领域，其总体目标是为后续的数据挖掘工作提供可靠和高质量的数据，减少数据集规模，提高数据抽象程度和数据挖掘效率。在实际处理过程中，我们需要根据所分析数据的具体情况选用合适的预处理方法，也就是根据不同的挖掘问题采用相应的理论和技术。数据预处理的主要任务包括数据清洗、数据集成、数据变换、数据归约等。经过这些处理步骤，我们可以从大量的数据属性中提取出一部分对目标输出有重要影响的属性，降低源数据的维数，去除噪声等，为数据挖掘算法提供干净、准确且更有针对性的数据，减少挖掘算法的数据处理量，改进数据的质量，提升数据挖掘的效率。

3.3.1　影响数据质量的因素

影响数据质量的因素有很多，既有管理方面的因素，又有技术方面的因素。具体讲，大数据处理流程每个环节上的问题都会对数据质量产生影响。下面首先说明大数据处理的每个环节对数据质量有哪些影响，然后具体介绍评估数据质量的标准。

3.3.1.1　大数据处理环节对数据质量的影响

1）在数据采集阶段，引起数据质量问题的因素主要有数据来源和数据录入。数据来源一般分为直接来源和间接来源。每个来源又有不同途径，如直接来源主要是调查数据和实验数据，由用户通过调查、观察或实验等方式获取，可信度相对来说比较高。间接来源是收集一些权威机构公开出版或发布的数据和资料。这些数据的可信度并不高，甚至还存在数据错误、数据缺失等质量问题，因此在使用时要充分评估数据质量。

2）在数据整合阶段，也就是将多个数据源合并的时候，最容易产生的质量问题是数据集成错误。将多个数据源中的数据并入一个数据库是大数据常见的操作，在数据集成时需要解决数据库之间的不一致性或冲突问题。

3）在数据分析阶段，我们可能需要对数据进行建模，好的数据建模方法可以用合适的结构将数据组织起来，减少数据重复并提供更好的数据共享，而数据之间约束条件的使用可以保证数据之间的依赖关系，防止出现不准确、不完整或不一致的质量问题。

4）在数据可视化阶段，质量问题相对较少。这一阶段的主要问题是数据表达质量不高，即展示数据的图表不容易理解，表达不一致或者不够简洁。

在以上阶段中，除了更正、修复系统中的一些错误数据以外，更多的是对数据进行归并整理，并储存到新的存储介质中。其中，保证数据的质量至关重要。

3.3.1.2　评估数据质量的标准

评估数据质量的标准反映了数据质量的特性和用户的需求，下面列出六个比较重要的特性，并分别描述它们的含义。

（1）准确性

准确性指数据是精确的，数据存储在数据库中，对应于真实世界的值。

（2）完整性

完整性指信息具有一个实体描述的所有必需的部分。在传统关系型数据库中，完整性通常与空值（Null）有关。空值是缺失或不知道具体值的值。

（3）一致性

数据一致性指关联数据间的逻辑关系是否正确和完整。一致性约束是用来保证数据间逻辑关系是否正确和完整的一种语义规则。例如，地址字段列出了邮政编码和城市名，但有的邮政编码区域并不包含在对应的城市中，可能在人工输入该信息时颠倒了两个数字，或者是在手写体扫描时错读了一个数字。以表 3-1 和表 3-2 为例，说明一致性的问题。

表 3-1　职工信息

职工号	姓名	性别	年龄	部门号
01	王平	男	35	B01
02	张燕	女	26	B03
03	刘天成	男	53	B02
04	贺东	男	32	B11

表 3-2　部门信息

部门号	部门名称	部门职工数	经理
B01	市场部	9	刘丽
B02	生产部	23	张明亮
B03	办公室	6	王明
B04	后勤部	11	周占喜

表 3-1 描述了职工的基本信息，包括职工号、姓名、性别、年龄和部门号，而所在部门必须从部门信息表获取。表 3-2 描述了部门基本信息。从这两个表可以看到，表 3-1 中的职工贺东所在的部门号 B11 并没有出现在表 3-2 中，说明该条记录的部门号有误，必须修改正确，这样才能保证两张表对应字段的正确性。

（4）及时性

在现实世界中，真实目标发生变化的时间与数据库中表示数据更新及使其应用的时间总是存在延迟，因此及时性也可称为时效性，是与时间相关的因素。

（5）可信性

数据的可信性由三个因素决定，即数据来源的权威性、数据的规范性、数据产生的时间。

（6）可理解性

可理解性也称为可读性，指数据被人理解的难易程度。需要说明的是，许多数据质量问题与特定的应用和领域有关，也就是说，在不同的应用条件下，在采集数据时对数据质量的侧重点不同。

3.3.2　数据预处理的流程

大数据预处理流程主要指完成对已接收数据的辨析、抽取、清洗、填补、平滑、合并、规格化及检查一致性等系列操作。获取的数据可能具有多种结构和类型，而数据预处理是将这些复杂的数据转化为单一的或者便于处理的形式，以达到快速分析挖掘的目的。通常数据预处理主要包含四个部分：数据清洗、数据集成、数据变换及数据归约，如图 3-8 所示。

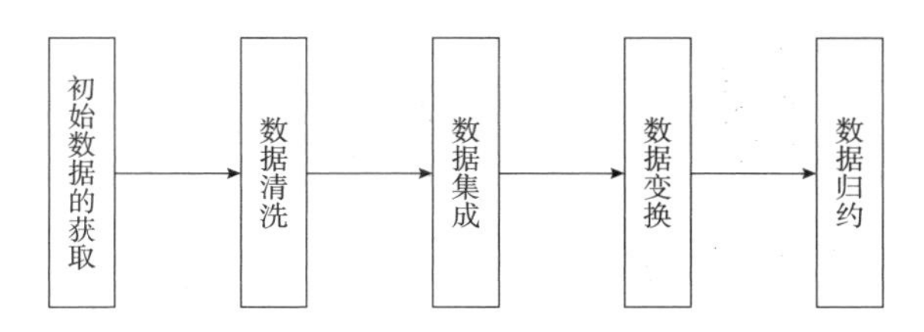

图 3-8　数据预处理的流程

数据清洗指消除数据中存在的噪声及纠正其不一致的错误。数据集成指将来自多个数据源的数据合并到一起，构成一个完整的数据集。数据转换指将一种格式的数据转换为另一种格式的数据。数据归约指通过删除冗余特征或聚类消除多余数据。

噪声数据指被测变量的一个随机错误和变化，通常指数据中存在错误或异常（偏离期望值）的数据；不完整数据指感兴趣的属性没有值；不一致数据指数据内涵出现不一致情况（如作为关键字的同一部门编码出现不同值）。不完整、有噪声和不一致对大数据来讲是非常普遍的现象。

噪声数据的产生原因如下：

❖ 数据采集设备有问题。

❖ 在数据录入过程发生了人为或计算机错误。

❖ 数据传输过程中发生错误。

❖ 由于命名规则或数据代码不同而引起的不一致。

不完整数据的产生也有多种原因：

❖ 有些属性的内容有时没有，如参与销售事务数据中的顾客信息不完整。

❖ 有些数据产生交易的时候被认为是不必要的而没有被记录下来。

❖ 由于误解或检测设备失灵导致相关数据没有被记录下来。

❖ 与其他记录内容不一致而被删除。

❖ 历史记录或对数据的修改被忽略了。遗失数据，尤其是一些关键属性的遗失数据或许需要被推导出来。

3. 3. 2. 1　数据清洗

数据清洗指将大量原始数据中的“脏数据”“洗掉”，比如在构建数据仓库时，避免不了错误数据，有的数据相互之间有冲突，这些错误的或有冲突的数据显然是我们不想要的，称为“脏数据”。要按照一定的规则把这些“脏数据”给“洗掉”，这就是数据清洗。

3. 3. 2. 2　数据集成

数据集成是将来自多个数据源的数据合并到一起。由于描述同一个概念的属性在不同数据库中有时会取不同的名字，因此在进行数据集成时常常会引起数据的不一致或冗余。例如，在一个数据库中，一个顾客的身份编码为“custom_number”，而在另一个数据库中则为“custom_id”。命名的不一致常常也会导致同一属性值的内容不同。例如，同一个人在一个数据库中的姓取“John”，而在另一个数据库中则取“J”。大量的数据冗余不仅会降低挖掘速度，而且误导挖掘进程。因此，除进行数据清洗外，在数据集成中还需要注意消除数据的冗余。

3.3.2.3 数据变换

数据变换主要是对数据进行规格化操作。在正式进行数据挖掘前，尤其是使用基于对象距离的挖掘算法时，如神经网络、最近邻分类等，必须进行数据规格化，也就是将其缩至特定的范围内，如［0，1］。例如，对于一个顾客信息数据库中的年龄属性或工资属性，由于工资属性的取值比年龄属性的取值要大许多，如果不进行规格化处理，基于工资属性的距离计算值显然将远远超过基于年龄属性的距离计算值，这意味着工资属性的作用在整个数据对象的距离计算中被错误地放大了。

3.3.2.4 数据归约

数据归约主要包括数据方聚集、维归约、数据压缩、数值归约和概念分层等。使用数据归约技术可以实现数据集的归约表示，使得数据集变小的同时仍然近于保持原数据的完整性。在归约后的数据集上进行挖掘，依然能够得到与使用原数据集时近乎相同的分析挖掘结果。

以上这些数据预处理流程并不是相互独立的，而是相互关联的。例如，消除数据冗余既可以看作一种形式的数据清洗，也可以认为一种数据集成。

3.3.3 数据预处理方法

数据的世界是庞大而复杂的，总会有残缺的、虚假的、过时的数据。想要获得高质量的分析挖掘结果，则必须在数据预处理阶段提高数据的质量，下面介绍数据预处理的主要方法。

3.3.3.1 数据清洗方法

（1）遗漏数据处理

假设在分析一个商场销售数据时，发现有多个记录中的属性值为空，如顾客的收入属性，则对于为空的属性值，可以采用以下方法进行遗漏数据处理。

1）忽略该条记录。

若一条记录中有属性值被遗漏了，则将此条记录排除，尤其是当记录的多个属性值都缺失时。当然，这种方法并不很有效，特别是每个属性的遗漏值的记录比例相差较大时。

2）手工填补遗漏值。

一般讲，这种方法比较耗时，而且对于存在许多遗漏情况的大规模数据集而言，显然可行性较差。

3）利用默认值填补遗漏值。

对一个属性的所有遗漏的值均利用一个事先确定好的值来填补，如都用“OK”填补。但当一个属性的遗漏值较多时，若采用这种方法，就可能误导挖掘进程。因此，这种方法虽然简单，但并不推荐使用，或使用时需要仔细分析填补后的情况，以尽量避免导致最终挖掘结果产生较大误差。

4）利用均值填补遗漏值。

计算一个属性值的平均值，并用此值填补该属性所有遗漏的值。例如，若顾客的平均收入为 10000 元，则用此值填补“顾客收入”属性中所有被遗漏的值。或者利用同类别均值填补遗漏值，特别是在进行分类数据挖掘时。例如，若要对商场顾客按信用风险进行分类挖掘，就可以用在同一信用风险类别（如良好）下“顾客收入”属性的平均值，来填补所有在同一信用风险类别下“顾客收入”属性的遗漏值。

5）利用最可能的值填补遗漏值。

可以利用回归分析、贝叶斯计算公式或决策树推断出该条记录特定属性最大可能的取值。例如，利用数据集中其他顾客的属性值，可以构造一个决策树来预测“顾客收入”属性的遗漏值。

上述最后一种方法是一种较常用的方法，与其他方法相比，它最大限度地利用了当前数据所包含的信息来帮助预测所遗漏的数据。

（2）噪声数据处理

下面通过给定一个数值型属性（价格）来说明平滑去噪的具体方法。

1）Bin 方法。

Bin 方法通过利用被平滑数据点的周围点（近邻），对一组排序数据进行平滑。排序后的数据被分配到若干桶（称为 Bins）中。如图 3-9 所示，对 Bin 的划分方法一般有两种，一种是等高方法，即每个 Bin 中的元素的个数相等；另一种是等宽方法，即每个 Bin 的取值间距（左右边界之差）相同。

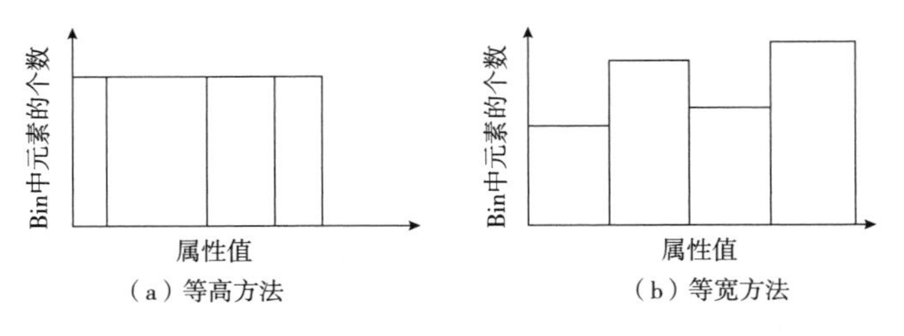

（a）等高方法　（b）等宽方法

图 3-9　两种典型 Bin 划分方法

图 3-10 描述了一些 Bin 方法技术。首先，对价格数据进行排序；其次，将其划分为若干等高度的 Bin，即每个 Bin 包含 3 个数值；最后，既可以利用每个 Bin 的均值进行平滑，也可以利用每个 Bin 的边界进行平滑。利用均值进行平滑时，第一个 Bin 中 4、8、15 均用该 Bin 的均值替换；利用边界进行平滑时，对于给定的 Bin，其最大值与最小值构成了该 Bin 的边界，利用每个 Bin 的边界值（最大值或最小值）可替换该 Bin 中的所有值。一般来说，每个 Bin 的宽度越宽，其平滑效果越明显。

2）聚类分析方法。

通过聚类分析方法可发现异常数据。如图 3-11 所示，相似或相邻近的数据聚合在一起形成了各个聚类集合，而那些位于这些聚类集合之外的数据对象，自然而然地被认为是异常数据。聚类分析方法的具体内容将在本书数据挖掘章节中详细介绍。

- 排序后价格：4，8，15，21，21，24，25，28，34
- 划分为等高度Bin：
  —Bin1：4，8，15
  —Bin2：21，21，24
  —Bin3：25，28，34
- 根据Bin均值进行平滑：
  —Bin1：9，9，9
  —Bin2：22，22，22
  —Bin3：29，29，29
- 根据Bin边界进行平滑：
  —Bin1：4，4，15
  —Bin2：21，21，24
  —Bin3：25，25，34

图 3-10　利用 Bin 方法平滑去噪

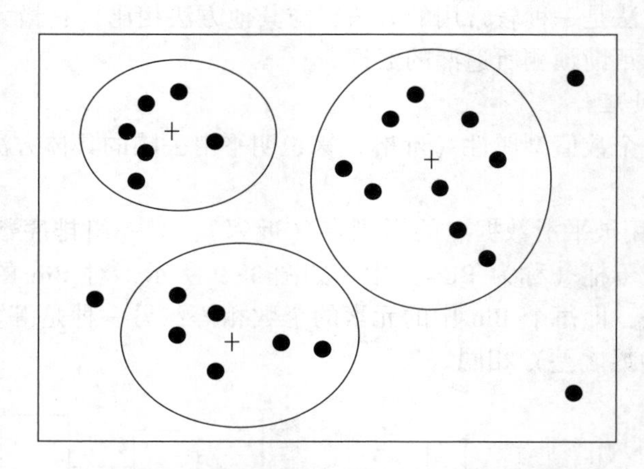

图 3-11　基于聚类分析方法的异常数据监测

3）回归方法。

用一个函数拟合数据来平滑数据称为回归。线性回归涉及找出拟合两个属性（或变量）的“最佳”直线，使一个属性可以用来预测另一个。多元线性回归是线性回归的扩充，其中涉及的属性多于两个，并且数据拟合到一个多维曲面。例如，借助线性回归方法，包括多变量回归方法，可以获得多个变量之间的拟合关系，从而达到利用一个（或一组）变量值来预测另一个变量取值的目的。利用回归分析方法所获得的拟合函数，能够平滑数据及除去其中的噪声。许多数据平滑方法同时是数据消减方法。

（3）不一致数据处理

现实世界的数据库常出现数据记录内容不一致的问题，其中的一些数据可以利用它们与外部的关联，通过手工解决。例如，数据录入错误一般可以通过与原稿进行对比来加以纠正。此外，还有一些方法可以纠正使用数据时所发生的不一致问题，如知识工程工具也可以发现违反数据约束条件的情况。由于同一属性在不同数据库中的取名不规范，常常使得在进行数据集成时，出现不一致的情况。

3.3.3.2　数据集成方法

数据处理常常涉及数据集成操作，即将来自多个数据源的数据，如数据库、数据立方、普通文件等，结合在一起并形成一个统一数据集合，以便为数据处理工作的顺利完成提供完整的数据基础。在数据集成过程中，需要考虑解决以下三个问题。

（1）实体识别问题

模式集成问题就是如何使来自多个数据源的现实世界的实体相互匹配，这其中涉及实体识别问题。例如，如何确定一个数据库中的“order_id”与另一个数据库中的“order_number”是否表示同一实体。通常，可以根据数据库或者数据仓库中的元数据来区分模式集成中的错误。每个属性的元数据包括名称、含义、数据类型和属性的允许取值范围，以及处理空白、零或 Null 值的空值规则。

（2）冗余问题

冗余问题是数据集成中经常发生的另一个问题。若一个属性可以从其他属性中推演出来，则该属性就是冗余属性。例如，一个顾客数据表中的平均月收入属性就是冗余属性，显然它可以根据月收入属性计算出来。此外，属性命名的不一致也会导致集成后的数据集出现数据冗余问题。利用相关分析可以帮助我们发现一些数据冗余情况。例如，给定两个属性 A 和 B，则根据两个属性的数值可分析出二者间的相互关系。如果两个属性之间的关联值 $r>0$，说明两个属性之间是正关联，也就是说，若 A 增加，B 也增加。r 值越大，说明属性 A、E 的正关联关系越紧密。如果关联值 $r=0$，说明属性 A、B 相互独立，两者之间没有关系。如果 $r<0$，说明属性 A、B 之间是负关联，也就是说，若 A 增加，B 就减少。r 的绝对值越大，说明属性 A、B 的负关联关系越紧密。

（3）数据值冲突检测与消除问题

在现实世界实体中，来自不同数据源的属性值或许不同。产生这种问题的原因可能是表示、比例尺度或单位的差异等。例如重量属性在一个系统中采用公斤，而在另一个系统中却采用市斤；价格属性在不同地点采用不同的货币单位等。这些语义的差异为数据集成带来许多问题。

3.3.3.3　数据转换方法

（1）数据转换包含的内容

数据转换就是将数据进行转换或归并，从而构成一个适合数据处理的描述形式。数据转换包含以下处理内容：

1）平滑处理。除去数据中的噪声，主要技术方法有 Bin 方法、聚类方法和回归方法。

2）合计处理。对数据进行总结或合计操作。例如，每天的数据经过合计操作可以获得每月或每年的总额。这一操作常用于构造数据立方或对数据进行多粒度的分析。

3）数据泛化处理。用更抽象（更高层次）的概念来取代低层次或数据层的数据对象。例如，街道属性可以泛化到更高层次的概念，如城市、国家；数值型的属性如年龄属性可以映射到更高层次的概念，如青年、中年和老年。

4）规格化处理。将有关属性数据按比例投射到特定的小范围中。例如，将工资收入属性值映射到 0~1。

5）属性构造处理。它是根据已有属性集构造新的属性，以有利于数据处理。

（2）规格化处理

规格化处理是将一个属性取值范围投射到一个特定范围内，以消除数值型属性因大小不一而造成挖掘结果的偏差，常常用于神经网络、基于距离计算的最近邻分类和聚类挖掘的数据预处理。

对于神经网络，采用规格化后的数据不仅有助于确保学习结果的正确性，而且也会提高学习的效率。对于基于距离计算的挖掘，规格化方法可以帮助避免因属性取值范围不同而影响挖掘结果的公正性。

下面介绍常用的三种规格化方法。

1）最大最小规格化方法。该方法对被初始数据进行一种线性转换。例如，假设属性的最大值和最小值分别是 98000 元和 12000 元，利用最大最小规格化方法将“顾客收入”属性的值映射到 0~1，则“顾客收入”属性的值为 73600 元时，对应的转换结果如下。

$(73600-12000)/(98000-12000)\times(1-0)+0=0.716$

计算公式的含义为“（待转换属性值-属性最小值)/(属性最大值-属性最小值)×(映射区间最大值-映射区间最小值)+映射区间最小值”。

2）零均值规格化方法。该方法指根据一个属性的均值和方差对该属性的值进行规格化。假定属性“顾客收入”的均值和方差分别为 54000 元和 16000 元，则“顾客收入”属性的值为 73600 元时，对应的转换结果如下。

$(73600-54000)/16000=1.225$

计算公式的含义为“（待转换属性值-属性均值)/属性方差”。

3）十基数变换规格化方法。该方法通过移动属性值的小数位置达到规格化的目的。所移动的小数位数取决于属性绝对值的最大值。假设属性的取值范围是-986~917，则该属性绝对值的最大值为 986。属性的值为 435 时，对应的转换结果如下。

$435/10^3=0.435$

计算公式的含义为“待转换属性值/10^j”，其中，j 为能够使该属性绝对值的最大值(986）小于 1 的最小值。

（3）属性构造

属性构造方法可以利用已有属性集构造出新的属性，并将其加入现有属性集合中以挖掘更深层次的模式知识，提高挖掘结果的准确性。例如，根据宽、高属性，可以构造一个新属性（面积)。构造合适的属性能够减少学习构造决策树时出现的碎块情况。此外，属性结合可以发现所遗漏的属性间的相互联系，而这在数据挖掘过程中是十分重要的。

3.3.3.4 数据归约方法

数据归约技术可以得到数据集的归约表示，归约后的数据集比原数据集小得多，但仍近似地保持原数据的完整性。这样在精简数据集上进行数据挖掘就会提高效率，并且能够保证挖掘出来的结果与使用原有数据集所获得的结果基本相同。表 3-3 为数据归约的策略。

表 3–3　数据归约策略

名称	说明
数据立方体聚集	主要用于构造数据立方（数据仓库操作）
维数消减	主要用于检测和消除无关、弱相关，或冗余的属性或维
数据压缩	利用编码技术压缩数据集的大小
数据块消减	利用更简单的数据表达形式，如参数模型、非参数模型（聚类、采样、直方图等），来取代原有的数据
离散化与概念层次生成	利用取值范围或更高层次概念来替换初始数据，利用概念层次可以帮助挖掘不同抽象层次的模式知识

（1）数据立方体聚集

图 3–12 展示了在三个维度上对某公司原始销售数据进行合计所获得的数据立方体。它从时间（年份）、公司分支以及商品类型三个角（维）度描述了相应（时空）的销售额（对应一个小立方体）。

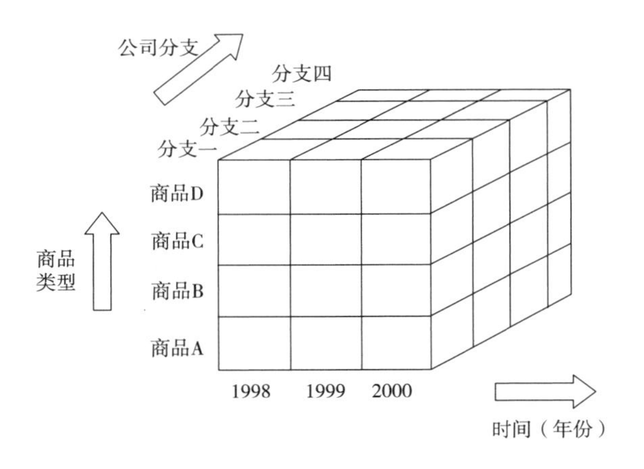

图 3–12　数据立方合计描述

每个属性都可对应一个概念层次树，以进行多抽象层次的数据分析。例如，一个分支属性的（概念）层次树可以提升到更高一层的区域概念，这样就可以将多个同一区域的分支合并到一起。在最低层次所建立的数据立方称为基立方，而最高抽象层次对应的数据立方称为顶立方。顶立方代表整个公司三年中所有分支、所有类型商品的销售总额。显然，每一层次的数据立方都是对低一层数据的进一步抽象，因此它也是一种有效的数据归约。

（2）维数消减

数据集可能包含成百上千的属性，而这些属性中的许多属性与挖掘任务无关的或冗余。例如，挖掘顾客是否会在商场购买电视机的分类规则时，顾客的电话号码很可能与挖掘任务无关。但如果利用专家帮助挑选有用的属性，则困难又费时费力，特别是当数据内涵并不十分清楚的时候。无论是漏掉相关属性，还是选择了无关属性参加数据挖掘工作，都将严重影响数据挖掘最终结果的正确性和有效性。此外，多余或无关的属性也将影响数据挖掘的挖掘效率。

维数消减是通过消除多余和无关的属性而有效消减数据集的规模。这里通常采用属性子集选择方法。属性子集选择方法的目标就是寻找出最小的属性子集并确保新数据子集的概率分布尽可能接近原来数据集的概率分布。利用筛选后的属性集进行数据挖掘，由于使用了较少的属性，从而使得用户更加容易理解挖掘结果。

如果数据有 d 个属性，那么就会有 2^d个不同子集。从初始属性集中发现较好的属性子集的过程就是一个最优穷尽搜索的过程，显然，随着属性个数的不断增加，搜索的难度也会大大增加。因此，一般需要利用启发知识来有效缩小搜索空间。这类启发式搜索方法通常都基于可能获得全局最优的局部最优来指导并帮助获得相应的属性子集的。

一般利用统计重要性的测试来帮助选择“最优”或“最差”属性。这里假设各属性之间是相互独立的。构造属性子集的基本启发式搜索方法有四种。

1）逐步添加方法。该方法从一个空属性集（作为属性子集初始值）开始，每次从原有属性集合中选择一个当前最优的属性添加到当前属性子集中，直到无法选择出最优属性或满足一定阈值约束为止。

2）逐步消减方法。该方法从一个全属性集（作为属性子集初始值）开始，每次从当前属性子集中选择一个当前最差的属性并将其从当前属性子集中消去，直到无法选择出最差属性或满足一定阈值约束为止。

3）消减与添加结合方法。该方法将逐步添加方法与逐步消减方法结合在一起，每次从当前属性子集中选择一个当前最差的属性并将其从当前属性子集中消去，以及从原有属性集合中选择一个当前最优的属性添加到当前属性子集中，直到无法选择出最优属性且无法选择出最差属性，或满足一定阈值约束为止。

4）决策树归纳方法。通常用于分类的决策树算法也可以用于构造属性子集，具体方法就是，利用决策树的归纳方法对初始数据进行分类归纳学习，获得一个初始决策树，没有出现在这个决策树上的属性均认为是无关属性，将这些属性从初始属性集合中删除掉，就可以获得一个较优的属性子集。

（3）数据压缩

数据压缩就是利用数据编码或数据转换将原来的数据集合压缩为一个较小规模的数据集合。若仅根据压缩后的数据集就可以恢复原来的数据集，那么这一压缩是无损的，否则就是有损的。在数据挖掘领域通常使用的两种数据压缩方法均是有损的，它们是离散小波变换（Discrete Wavelet Transforms）和主要素分析（Principal Components Analysis）。

1）离散小波变换。离散小波变换是一种线性信号处理技术，该方法可以将一个数据向量转换为另一个数据向量（为小波相关系数），且两个向量具有相同长度，并可以舍弃后者中的一些小波相关系数。例如，保留所有大于用户指定阈值的小波系数，而将其他小波系数置为 0，以帮助提高数据处理的运算效率。这一方法可以在保留数据主要特征的情况下除去数据中的噪声，因此该方法可以有效地进行数据清洗。此外，在给定一组小波相关系数的情况下，利用离散小波变换的逆运算还可以近似恢复原来的数据。

2）主要素分析。主要素分析是一种进行数据压缩常用的方法。假设需要压缩的数据由 N 个数据行（向量）组成，共有 k 个维度（属性或特征），该方法是从 k 个维度中寻找出 c 个共轭向量（c≪N），从而实现对初始数据的有效数据压缩。

主要素分析方法的主要处理步骤如下：

❖ 对输入数据进行规格化，以确保各属性的数据取值均落入相同的数值范围。

❖ 根据已规格化的数据计算 c 个共轭向量，这 c 个共轭向量就是主要素，而所输入的数据均可以表示为这 c 个共轭向量的线性组合。

❖ 对 c 个共轭向量按其重要性（计算所得变化量）进行递减排序。

❖ 根据所给定的用户阈值，消去重要性较低的共轭向量，以便最终获得消减后的数据集合，此外，利用最主要的要素也可以更好地近似恢复原来的数据。

主要素分析方法的计算量不大且可以用于取值有序或无序的属性，同时能处理稀疏或异常数据。该方法可以将多于两维的数据通过处理降为两维数据。与离散小波变换方法相比，主要素分析方法能较好地处理稀疏数据，而离散小波变换更适合对高维数据进行处理变换。

（4）数据块消减

数据块消减方法主要包括参数与非参数两种基本方法。所谓参数方法是利用一个模型来获得原来的数据，因此只需要存储模型的参数即可（当然异常数据也需要存储）。例如，线性回归模型可以根据一组变量预测计算另一个变量。而非参数方法是存储利用直方图、聚类或取样而获得的消减后数据集。下面介绍四种主要的数据块消减方法。

1）回归与线性对数模型。

回归与线性对数模型可用于拟合所给定的数据集。线性回归方法是利用一条直线模型对数据进行拟合，可以基于一个自变量，也可以基于多个自变量。

线性对数模型则是拟合多维离散概率分布的。如果给定 n 维（如用 n 个属性描述）元组的集合，则可以把每个元组看作 n 维空间的点。对于离散属性集，可以使用线性对数模型，基于维组合的一个较小子集，来估计多维空间中每个点的概率。这使得高维数据空间可以由较低维空间构造。因此，线性对数模型可以用于维归约和数据光滑。

回归与线性对数模型均可用于稀疏数据及异常数据的处理，但回归模型对异常数据的处理结果要好许多。应用回归方法处理高维数据时计算复杂度较大，而线性对数模型则具有较好的可扩展性。

2）直方图。

直方图是利用 Bin 方法对数据分布情况进行近似的，它是一种常用的数据消减方法。属性 A 的直方图是根据属性 A 的数据分布将其划分为若干不相交的子集（桶）。这些子集沿水平轴显示，其高度（或面积）与该桶所代表的数值平均（出现）频率成正比。若每个桶仅代表一对属性值/频率，则该桶就称为单桶。通常一个桶代表某个属性的一段连续值。

某商场所销售商品的价格清单（按递增顺序排列，括号中的数表示前面数字出现的次数）如下：

1（2）、5（5）、8（2）、10（4）、12、14（3）、15（5）、18（8）、20（7）、21（4）、25（5）、28、30（3）

上述数据所形成的属性值/频率对的直方图如图 3-13 所示。构造直方图所涉及的数据集划分方法有以下四种：

❖ 等宽方法。在一个等宽的直方图中，每个桶的宽度（范围）是相同的（见图 3–13）。

❖ 等高方法。在一个等高的直方图中，每个桶中的数据个数是相同的。

❖ V–Optimal 方法。若对指定桶个数的所有可能直方图进行考虑，该方法所获得的直方图是所有直方图中变化最小的，即具有最小方差的直方图。直方图方差是指每个桶所代表数值的加权之和，其权值为相应桶中数值的个数。

❖ MaxDiff 方法。该方法以相邻数值（对）之差为基础，一个桶的边界是由含有 β–1 个最大差距的数值对所确定，其中 β 为用户指定的阈值。

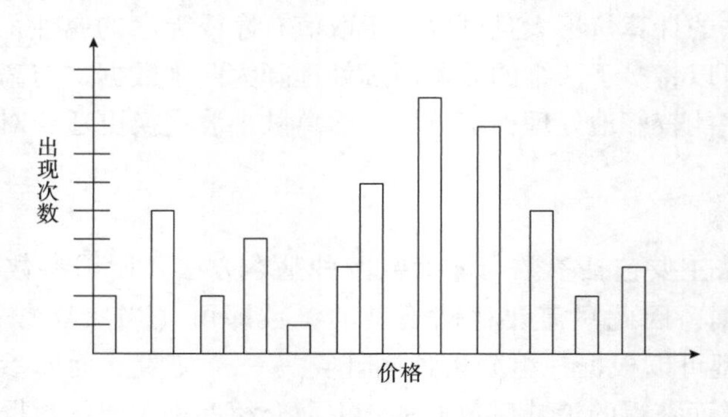

图 3–13 等宽的直方图

V–Optimal 方法和 MaxDiff 方法比其他方法更加准确和实用。直方图在拟合稀疏和异常数据时具有较高的效能。此外，直方图方法也可以用于处理多维（属性）数据，多维直方图能够描述出属性间的相互关系。

3）聚类。

聚类技术将数据行视为对象。聚类分析所获得的组或类具有以下性质：同一组或类中的对象彼此相似，而不同组或类中的对象彼此不相似。相似性通常利用多维空间中的距离表示。一个组或类的“质量”可以用其所含对象间的最大距离（称为半径）衡量，也可以用中心距离，即组或类中各对象与中心点距离的平均值作为组或类的“质量”。

在数据消减中，数据的聚类表示可用于替换原来的数据。当然，这一技术的有效性依赖于实际数据的内在规律。在处理带有较强噪声数据时，采用数据聚类方法非常有效。

4）采样。

采样方法可以利用一小部分数据（子集）代表一个大数据集，因此可以作为数据消减的技术方法之一。假设一个大数据集为 D，其中包括 N 个数据行，主要的采样方法如下：

❖ 无替换简单随机采样方法（简称 SRSWOR 方法）。该方法从 N 个数据行中随机（每一数据行被选中的概率为 1/N）抽取出 n 个数据行，以构成由 n 个数据行组成的采样数据子集，如图 3–14 所示。

❖ 有替换简单随机采样方法（简称 SRSWR 方法）。该方法也是从 N 个数据行中每次随机抽取一个数据行，但该数据行被选中后仍将留在大数据集 D 中，最后获得的由 n 个数据行组成的采样数据子集中可能会出现相同的数据行，如图 3–14 所示。

❖ 聚类采样方法。该方法首先将大数据集 D 划分为 M 个不相交的类，然后分别从

M 个类的数据对象中进行随机抽取，这样可以最终获得聚类采样数据子集。

❖　分层采样方法。该方法首先将大数据集划分为若干不相交的层，然后分别从这些层中随机抽取数据对象，从而获得具有代表性的采样数据子集。例如，可以对一个顾客数据集按照年龄进行分层，然后在每个年龄组中进行随机选择，从而确保最终获得的分层采样数据子集中的年龄分布具有代表性，如图 3-15 所示。

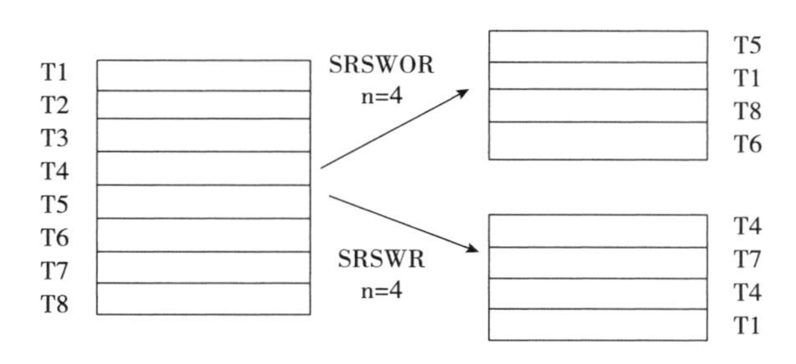

图 3-14　两种随机采样方法示意图

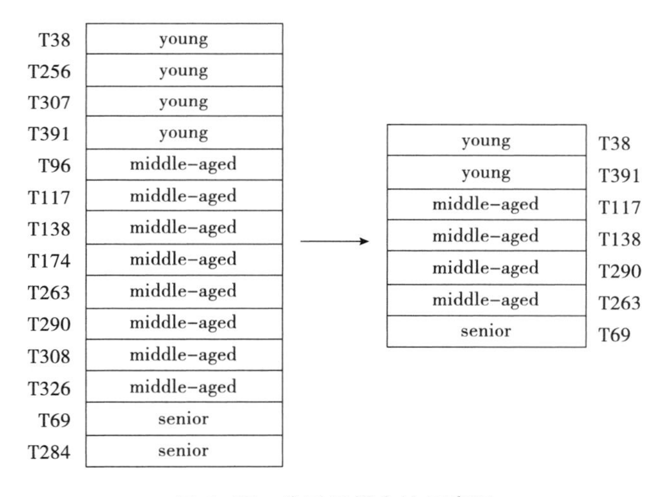

图 3-15　分层采样方法示意图

3.3.3.5　离散化和概念层次树

离散化技术方法可以通过将属性（连续取值）域值范围分为若干区间，来帮助消减一个连续（取值）属性的取值个数。因此，可以用一个标签表示一个区间内的实际数据值。在基于决策树的分类挖掘中，消减属性取值个数的离散化处理是极为有效的数据预处理步骤。

图 3-16 是一个年龄属性的概念层次树。概念层次树可以通过利用较高层次概念替换低层次概念（如年龄的数值）来减少原有数据集的数据量。虽然一些细节在数据泛化过程中消失了，但这样获得的泛化数据或许会更易于理解、更有意义。在消减后的数据集上进行数据挖掘显然效率更高。

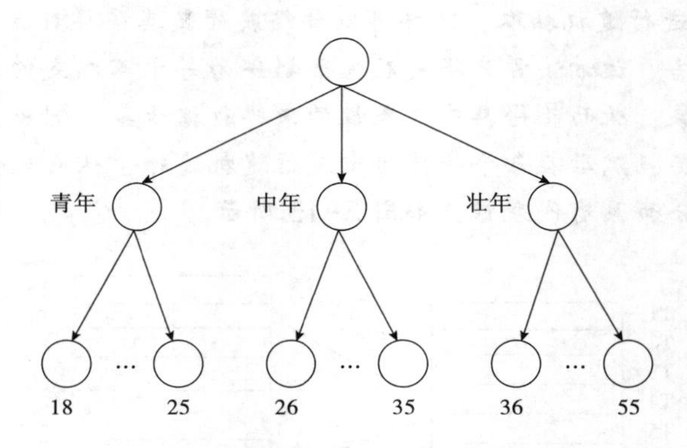

图 3-16　年龄属性的概念层次树

（1）数值概念层次树

由于数据的范围变化较大，因此构造数值属性的概念层次树是较为困难的事情。利用数据分布分析，可以自动构造数值属性的概念层次树。其中，主要的构造方法如下。

1）Bin 方法。Bin 方法是一种离散化方法。例如，属性的值可以通过将其分配到各 Bin 中而将其离散化。利用每个 Bin 的均值或中位数替换每个 Bin 中的值（利用均值或中位数进行平滑），并循环应用这些操作处理每次的操作结果，就可以获得一个概念层次树。

2）直方图方法。直方图方法也可以用于离散化处理。例如，在等宽直方图中，数值被划分为等大小的区间，如（0，100]，（100，200]，…，（900，1000]。循环应用直方图方法处理每次的划分结果，当达到用户指定层次水平后结束划分，最终可自动获得多层次概念树。最小间隔大小也可以控制循环过程，包括指定一个划分的最小宽度或指定每一个层次的每一划分中数值的个数等。

3）聚类分析方法。聚类分析方法可以将数据集划分为若干类或组。每个类构成了概念层次树的一个结点，每个类还可以进一步分解为若干子类，从而构成更低水平的层次。当然，类也可以合并起来构成更高水平的层次。

4）基于熵的方法。利用基于熵的方法构造数值概念层次树可以消减数据集规模。与其他方法不同的是，基于熵的方法利用了类别信息，这使得边界的划分更有利于改善分类挖掘结果的准确性。

5）自然划分分段方法。尽管 Bin 方法、直方图方法、聚类方法和基于熵的方法均可以帮助构造数值概念层次树，但许多时候用户仍然将数值区间划分为归一的、易读懂的间隔，以使这些间隔看起来更加自然、直观。例如，将年收入数值属性取值区域分解为［50000，60000］区间要比利用复杂聚类分析所获得的［51265，60324］区间直观得多。

（2）类别概念层次树

类别数据是一种离散数据。类别属性可取有限个不同的值且这些值之间无大小和顺序，如国家、工作、商品类别等。构造类别属性的概念层次树的主要方法有三种：

1）属性值的顺序关系已在用户或专家指定的模式定义中说明。构造属性（或维）的概念层次树会涉及一组属性，在（数据库）模式定义时指定各属性的有序关系，有助于构造相应的概念层次树。例如，一个关系数据库中的地点属性将会涉及以下属性：街道、城市、省份和国家。根据（数据库）模式定义时的描述，可以很容易地构造出（含有顺序语义）层次树，即街道<城市<省份<国家。

2）通过数据聚合来描述层次树。这是概念层次树的一个主要（手工）构造方法。在大规模数据库中，通过穷举所有值而构造一个完整的概念层次树是不切实际的，但可以通过对其中的一部分数据进行聚合来描述层次树。例如，在模式定义基础上构造了省份和国家的层次树，这时可以手工加入｛安徽、江苏、山东｝⊂华东地区和｛广东、福建｝⊂华南地区等“地区”中间层次。

3）定义一组属性但不说明其顺序。用户可以简单将一组属性组织在一起以便构成一个层次树，但不说明这些属性的相互关系。这就需要自动产生属性顺序以便构造一个有意义的概念层次树。若没有数据语义的知识，想要获得任意一组属性的顺序关系是很困难的。一个重要线索，高层次概念通常包含了若干低层次概念，定义属性的高层次概念通常比低层次概念包含少一些的不同值。根据这一线索，就可以通过给定属性集中每个属性的一些不同值自动构造一个概念层次树。拥有最多不同值的属性被放到层次树的最低层，而拥有的不同值数目越少的属性在概念层次树上被放的层次越高。这条启发知识在许多情况下的工作效果都很好。用户或专家在必要时，可以对所获得的概念层次树进行局部调整。

假设用户针对商场地点属性选择了一组属性，即街道、城市、省份和国家，但没有说明这些属性的层次顺序关系。地点的概念层次树可以通过以下步骤自动产生。首先，根据每个属性不同值的数目从小到大进行排序，从而获得以下顺序（括号内容为相应属性不同值的数目）：国家（15）、省份（65）、城市（3567）和街道（674339）。其次，根据所排顺序自顶而下构造层次树，即第一个属性在最高层，最后一个属性在最低层。所获得的概念层次树如图 3-17 所示。最后，用户对自动生成的概念层次树进行检查，必要时进行修改以使其能够反映所期望的属性间相互关系。本例中没有必要进行修改。

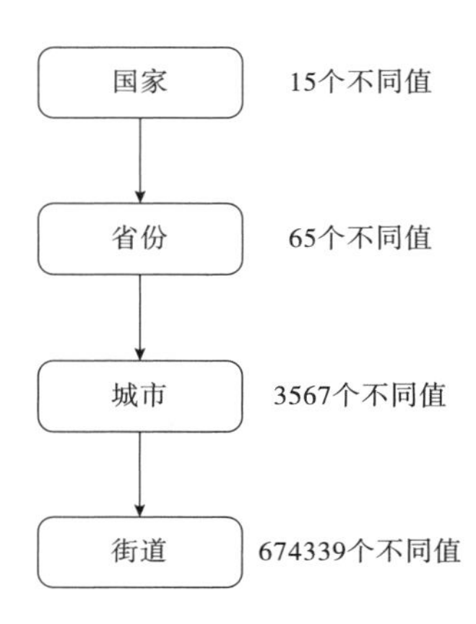

图 3-17　自动生成的地点属性概念层次树

需要注意的是，上述启发知识并非始终正确。例如，在一个带有时间描述的数据库中，时间属性涉及 20 个不同年、12 个不同月和 1 个星期的值，根据上述自动产生概念层次树的启发知识，可以获得年<月<星期。星期在概念层次树的最顶层，这显然是不符合实际的。

3.3.4 ETL 工具 Kettle

ETL，是英文“Extract-Transform-Load”的缩写，用来描述将数据从来源端经过抽取（Extract）、转换（Transform）、加载（Load）至目的端的过程。ETL 是将业务系统的数据经过抽取、清洗转换后加载到数据仓库的过程，目的是将企业中分散、零乱、标准不统一的数据整合处理到一起，为企业的决策提供分析依据。ETL 是数据预处理环节的重要实现。

Kettle 是一款国外开源的 ETL 工具，纯 Java 编写，可以在 Window、Linux、Unix 中运行，数据抽取高效稳定，允许用户管理来自不同数据源的数据。

Kettle 是“Kettle Extraction，Transportation，Transformation and Loading Envirnonment”首字母的缩写，这意味着它被设计用来帮助用户实现其 ETTL 需要：抽取、转换、装入和加载数据。它翻译成中文名称应该是水壶，名字的起源是开发者希望把各种数据放到一个壶里，然后以一种指定的标准格式流出。该工具的获取和具体使用方法读者可参阅相关资料。

本章小结

数据采集与数据预处理是大数据处理中非常关键的一步，因为数据是大数据分析处理的基础，数据的全面性与质量对数据分析的结果有着决定性的影响。因此，要学习数据科学与大数据，必须对数据采集和预处理环节有深入的了解。本章重点从数据的采集和数据预处理两个环节的概念理论及相关技术方面进行了详细的讲解，并通过典型工具实例对各方面的技术实现做了介绍。

思考题

1. 大数据的来源有几种？不同来源的数据各有什么特点？
2. 大数据采集的方法有哪几类？它们分别用来采集哪类数据？
3. 系统日志采集方法需要具有哪些特征？
4. 网络数据采集的主要功能是什么？
5. 为什么要进行数据预处理？简述数据预处理的过程。
6. 数据预处理主要包括哪几种基本处理方法？
7. 数据的质量问题主要有哪几类？
8. ETL 工具 Kettle 是如何进行 MySQL 数据转换的？

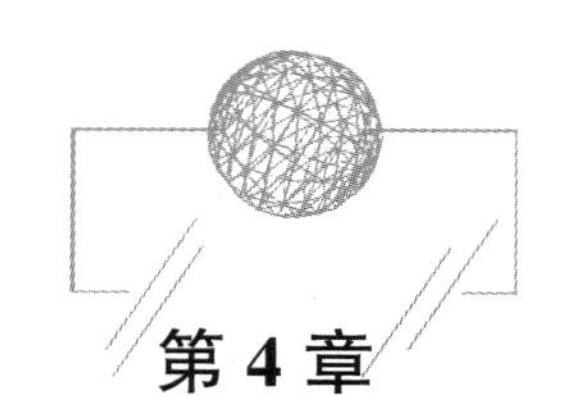

第4章 大数据存储与管理

大数据的不断产生与应用的飞速发展，直接影响着大数据存储管理技术的发展。伴随着结构化数据和非结构化数据大量的持续增长，以及分析数据来源的多样化，此前单靠硬件的数据存储与管理技术已经无法满足大数据时代的需要，人们开始修改基于块和文件的存储系统的软件架构设计以应对这些新的需求。在本章，我们将讨论与大数据存储与管理有关的技术，探究它们如何迎接大数据发展的挑战，内容包括传统的数据存储与管理、大数据存储与管理、分布式文件系统及 HDFS、NoSQL 数据库及 HBase、数据仓库、云存储的概念及相关实践。

4.1 传统的数据存储与管理

4.1.1 数据的存储模式

如图 4-1 所示，数据有三种常见的存储模式，即直接附加存储（Direct Attached Storage，DAS），网络附加存储（Network Attached Storage，NAS），存储区域网络（Storage Area Network，SAN），它们被广泛应用于企业存储设备中。

4.1.1.1 直接附加存储

与普通的 PC 架构一样，这种存储模式的存储设备直接与主机系统相连，挂接在服务器内部总线上（见图 4-2）。到目前为止，DAS 仍然是计算机系统中最常用的数据存储方法。

（1）DAS 的优点

- **配置简单**。DAS 购置成本低，配置简单，仅仅是一个外接的 SCSI 接口。
- **使用简单**。使用方法与使用本机硬盘并无太大差别。
- **使用广泛**。在中小型企业中，它的应用十分广泛。

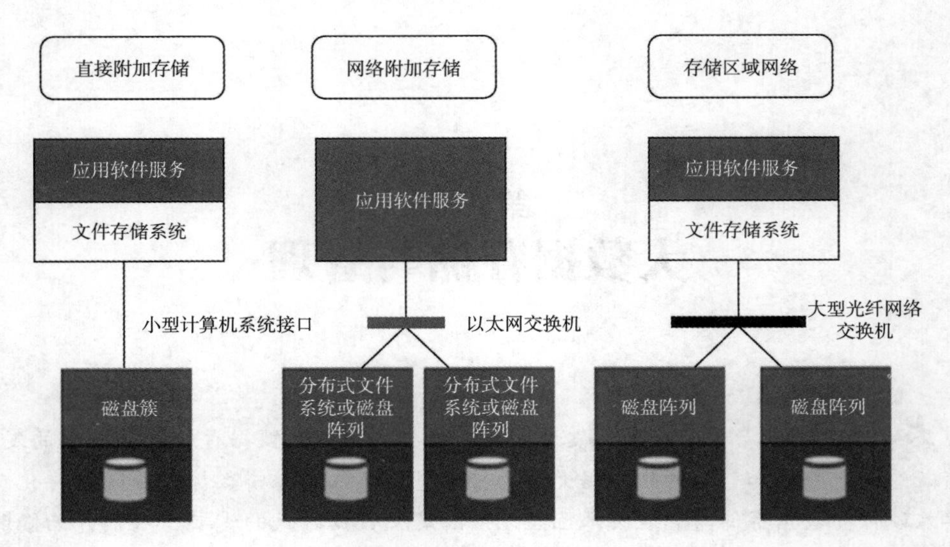

图 4-1 数据的存储模式

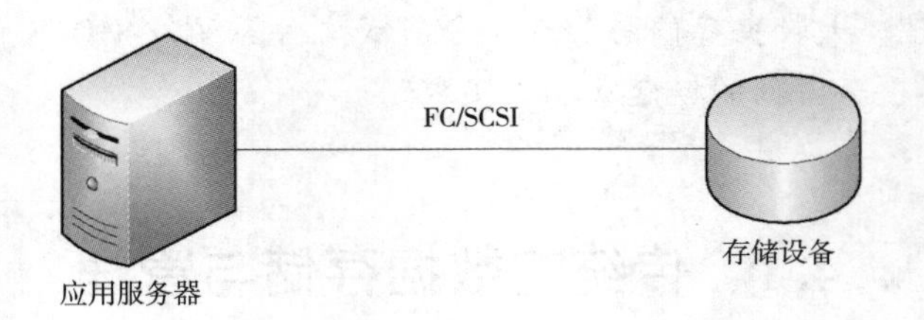

图 4-2 DAS

(2) DAS 的缺点

❖ **扩展性差**。在新的应用需求出现时，需要为新增的服务器单独配置新的存储设备。

❖ **资源利用率低**。不同的应用服务器存储的数据量随着业务发展出现不同，有部分应用存储空间不够，而另一部分却有大量的存储空间。

❖ **可管理性差**。数据分散在应用服务器各自的存储设备上，不便于集中管理、分析和使用。

❖ **异构化严重**。企业在发展过程中采购不同厂商、不同型号的存储设备，设备之间的异构化严重，使维护成本很高。

❖ **I/O 瓶颈**。SCSI 接口处理能力会成为数据读/写的瓶颈。

4.1.1.2 网络附加存储

这是一种采用直接与网络介质相连的特殊设备实现数据存储的模式（见图 4-3）。存储设备独立于服务器，分配有 IP 地址，这样数据存储作为独立的网络结点为所有网络用户共享，不再是某个应用服务器的附属。NAS 的物理存储器件需要专用的服务器和专门的操作系统。

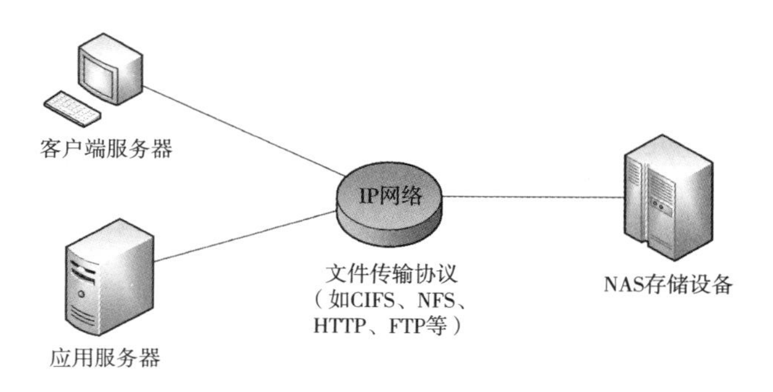

图4-3 NAS

（1）NAS的优点

❖ 即插即用，可以基于已有的企业网络方便地连接到应用服务器。

❖ 专用操作系统支持不同的文件系统，从而可以支持应用服务器不同操作系统之间的文件共享。

❖ 专用服务器上经过优化的文件系统提高了文件的访问效率。

❖ 独立于应用服务器，即使应用服务器故障或停止工作，仍然可以读出数据。

（2）NAS的缺点

❖ 共用网络的模式使网络带宽成为存储性能瓶颈。

❖ NAS访问要经过文件系统格式转换，故只能以文件一级访问，不适合块级的应用。

❖ 存储数据通过普通数据传输，因此容易产生数据泄露的安全性问题。

4.1.1.3 存储区域网络

这是指存储设备相互连接并与服务器群相连而成网络，创造了存储的网络化（见图4-4）。SAN被分为了FC SAN和IP SAN。

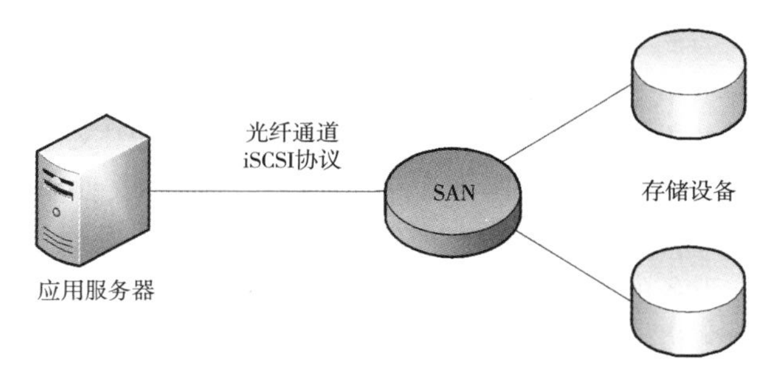

图4-4 SAN

SAN支持数以百计的磁盘提供海量的存储空间，解决大容量存储问题。这个海量空间可以从逻辑层面上按需要分成不同大小的逻辑单元，再分配给应用服务器。SAN允许企业独立地增加它们的存储容量。SAN的结构允许任何服务器连接到任何存储阵列，这样不管数据放在哪里，服务器都可以直接存取所需的数据。

（1）SAN 的优点

❖ 传输速度快。SAN 采用高速的传输媒介，并且 SAN 网络独立于应用服务器系统之外，因此存取速度很快。

❖ 扩展性强。SAN 的基础是一个专用网络，增加一定的存储空间或增加几台应用服务器，都非常方便。

❖ 磁盘使用率高。整合了存储设备和采用了虚拟化技术，因而整体空间的使用率大幅提升。

（2）SAN 的缺点

❖ 价格贵。不论是 SAN 阵列柜还是 SAN 必需的光纤通道交换机，其价格都十分昂贵，就连服务器上使用的光通道卡的价格也是不易被小型企业所接受的。

❖ 异地部署困难。如需单独建立光纤网络，则异地扩展比较困难。

4.1.1.4 DAS、NAS 及 SAN 的比较

它们的相同点是，存储设备和主机之间都是通过网络连接，有较高的可扩展性。三者的不同点体现在三个方面：

（1）在 DAS 模式中，随着设备的增多，DAS 模式中成本提升，性能下降，主机之间的存储设备无法共享，造成存储资源的浪费。NAS 在一定程度上解决了 DAS 的这些问题。

（2）NAS 和 SAN 相比，一个本质的区别是 NAS 提供的是文件级存储服务，而 SAN 提供的是块级存储服务。

（3）NAS 系统中数据通过局域网传输，大量的数据存取传输会占用大比例带宽，影响网络上其他服务的数据传输。SAN 为存储服务创造了专用网络，避免了这个问题。

4.1.2 传统的数据存储与管理技术

4.1.2.1 文件系统

文件系统是操作系统用于明确存储设备（常见的是磁盘，也有基于 NAND Flash 的固态硬盘）或分区上文件的方法和数据结构，即在存储设备上组织文件的方法。操作系统中负责管理和存储文件信息的软件机构称为文件管理系统，简称文件系统。文件系统由三部分组成：文件系统的接口，对象操纵和管理的软件集合，对象及属性。从系统角度来看，文件系统是对文件存储设备的空间进行组织和分配，负责文件存储并对存入的文件进行保护和检索的系统。具体地说，它负责为用户建立文件，存入、读出、修改、转储文件，控制文件的存取，当用户不再使用时撤销文件等。

通常我们在计算机上使用的各种各样文件（如 WORD、PDF、PPT 等），都是由操作系统中的文件系统进行统一管理的。

4.1.2.2 关系数据库

关系数据库，是建立在关系模型基础上的数据库，借助于集合代数等概念和方法处理

数据库中的数据，同时是一个被组织成一组拥有正式描述性的表格。该形式的表格实质是装载着数据项的特殊收集体，这些表格中的数据能以许多不同的方式被存取或重新召集而不需要重新组织数据库表格。每个表格（有时被称为一个关系）包含用列表示的一个或更多的数据属性。每行包含唯一的数据实体，这些数据是被列定义的属性。当创造一个关系数据库时，用户能定义数据列的可能值的范围和可能应用数据值进一步约束。而 SQL 语言是标准用户和应用程序到关系数据库的接口，其优势是容易扩充，且在最初的数据库创造之后，一个新的数据属性能被添加而不需要修改所有的现有应用软件。主流的关系数据库有 Oracle、Db2、Sqlserver、Sybase、Mysql 等。

一直以来，计算机厂商推出的数据库管理系统几乎都支持关系模型，过去数据库领域的研究工作也大多以关系模型为基础。因此，关系数据库一直是一种传统的数据存储与管理技术。

4. 1. 2. 3 数据仓库

（1）数据仓库概念

数据仓库的概念提出于 20 世纪 80 年代中期，20 世纪 90 年代，数据仓库从早期的探索阶段走向实用阶段。从决策支持角度看，数据仓库可以简单定义为专为决策支持服务的数据库系统，它并非对原有业务系统的取代，而是在所有业务系统之上建立一个统一的、一致的企业级数据视图。另外，由公认的数据仓库之父 Inmon 给出的一个定义为："数据仓库（Data Warehouse）是一个面向主题的（Subject Oriented）、集成的（Integrated）、相对稳定的（Non-Volatile）、反映历史变化（Time Variant）的数据集合，用于支持管理决策。"

随着信息技术的普及和企业信息化建设步伐的加快，企业逐步认识到建立企业范围内的统一数据存储的重要性，越来越多的企业已经建立或正在着手建立企业数据仓库。企业数据仓库有效集成了来自不同部门、不同地理位置、具有不同格式的数据，为企业管理决策者提供了企业范围内的单一数据视图，从而为综合分析和科学决策奠定了坚实基础。常见的传统数据仓库工具供应商或产品主要包括 Oracle、Business Objects、IBM、Sybase、Informix、NCR、Microsoft、SAS 等。

（2）数据仓库的体系结构

数据仓库从多个信息源中获取原始数据，经过整理加工后存储在数据仓库的内部数据库。通过数据仓库访问工具，向数据仓库的用户提供统一、协调和集成的信息环境，支持企业全局决策过程和对企业经营管理的综合分析。整个数据仓库系统是一个包含四个层次的体系机构，如图 4-5 所示。其中，涉及一些相关定义：OLTP 是传统的关系型数据库的主要应用，主要是基本的日常事务处理，如银行交易；OLAP 是数据仓库系统的主要应用，支持复杂的分析操作，侧重于决策支持，并且提供直观易懂的查询结果。

❖ 数据源，即数据仓库的数据来源，包括外部数据、现有业务系统和文档资料等。

❖ 数据集成，即完成数据的抽取、清洗、转换和加载任务，数据源中的数据采用 ETL 工具以固定的周期加载到数据仓库中。

❖ 数据存储和管理。这一层次主要涉及对数据的存储和管理，包括数据仓库、数据集市、数据仓库检测、运行与维护工具和元数据管理等。

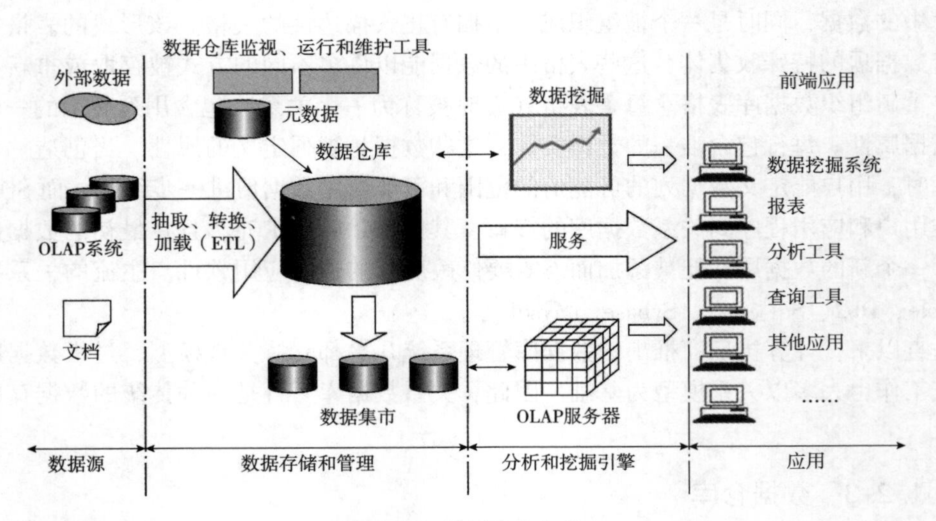

图 4-5　数据仓库架构

❖ *数据服务，即为前端工具和应用提供数据服务，可以直接从数据仓库中获取数据供前端应用使用，也可以通过 OLAP 服务器为前端应用提供更加复杂的数据服务。OLAP 服务器提供了不同聚集粒度的多维数据集合，使得应用不需要直接访问数据仓库中的底层细节数据，大大减少了数据计算量，提高了查询响应速度。OLAP 服务器还支持针对多维数据集的上钻、下探、切片、切块和旋转等操作，增强了多维数据分析能力。*

❖ *数据应用。这一层次直接面向最终用户，包括数据查询工具、自由报表工具、数据分析工具、数据挖掘工具和各类应用系统。*

在物理实现上，数据仓库与传统意义上的数据库并无本质的区别，主要是以关系表的形式实现的。更多的时候，我们将数据仓库作为一个数据库应用系统看待。

(3) 传统数据仓库的问题

进入大数据时代以来，传统架构的数据仓库遇到了非常多的挑战和问题。简单来讲，传统数据仓库当前有如下问题亟待解决：

❖ *无法满足快速增长的海量数据存储需求。*

❖ *无法处理不同结构与类型的数据。*

❖ *传统数据仓库建立在关系型数据仓库之上，对大数据的计算和处理能力不足。*

❖ *对 NoSQL 数据库没有提供搜索和数据挖掘的能力，而这些已经是企业的刚需。*

Hive 是一个构建于 Hadoop 上的新型数据仓库工具，支持大规模数据的存储、分析，具有良好的可扩展性。它的底层依赖分布式文件系统 HDFS 存储数据，并使用分布式并行计算模型 MapReduce 处理数据。Hive 定义了简单的类似于 SQL 的查询语言 HiveQL，用户可以通过编写的 HiveQL 语句运行 MapReduce 任务。下一章我们将详细介绍 Hive。

4.2　大数据存储与管理

4.2.1　分布式文件系统

4.2.1.1　分布式文件系统简介

在大数据时代，需要处理分析的数据集的大小已经远远超过了单台计算机的存储能力，因此需要将数据集进行分区并存储到若干台独立的计算机中。然而，分区存储的数据不方便管理和维护，迫切需要一种文件系统来管理多台机器上的文件，这就是分布式文件系统。分布式文件系统是一种允许文件通过网络在多台主机上进行分享的文件系统，可让多台机器上的多用户分享文件和存储空间。

分布式文件系统把文件分布存储到多个计算机节点上，成千上万的计算机节点构成计算机集群。和以前使用多个处理器和专用高级硬件的并行化处理装置不同的是，目前的分布式文件系统所采用的计算机集群都是由普通硬件构成的，这大大降低了硬件上的成本。计算机集群的基本架构如图 4-6 所示。

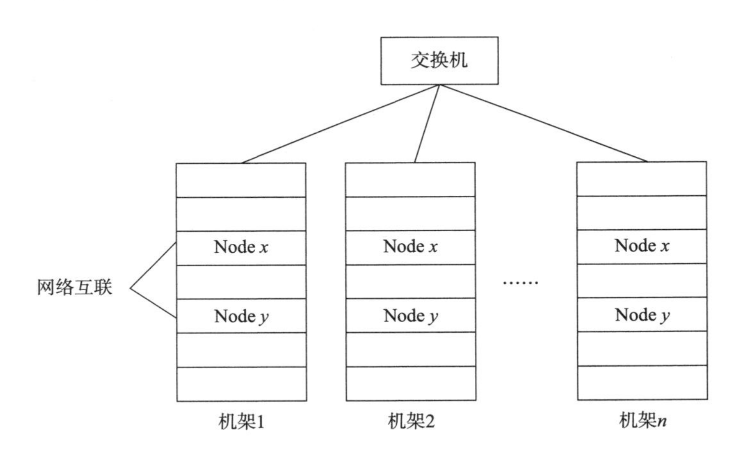

图 4-6　计算机集群的基本架构

4.2.1.2　分布式文件系统的整体结构

如图 4-7 所示，分布式文件系统在物理结构上是由计算机集群中的多个节点构成的。这些节点分为两类，一类叫“主节点”（Master Node）也被称为“名称节点”（NameNode），另一类叫“从节点”（Slave Node）也被称为“数据节点”（DataNode）。

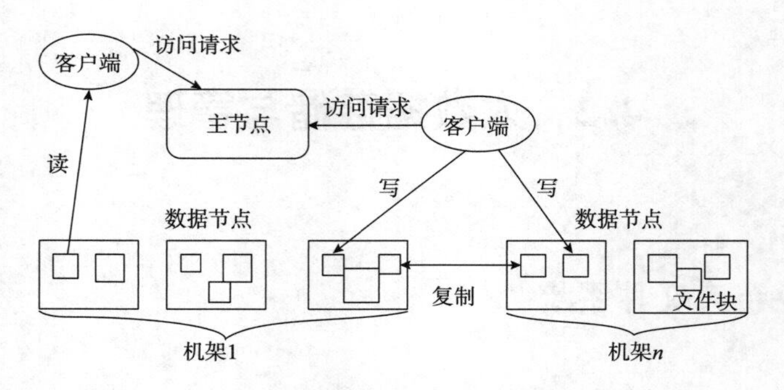

图 4-7 分布式文件系统的整体结构

4.2.2 Hadoop HDFS 分布式文件系统

4.2.2.1 HDFS 分布式文件系统简介

Hadoop 是 Apache 软件基金会旗下的一个分布式系统基础架构。Hadoop 框架最核心的设计就是 HDFS、MapReduce，其为海量的数据提供存储和计算。HDFS 是 Hadoop 的一个分布式文件系统，是 Hadoop 应用程序使用的主要分布式存储。HDFS 被设计成适合运行在通用硬件上的分布式文件系统。

在 HDFS 体系结构中有两类结点：一类是 NameNode，又叫“名称结点”；另一类是 DataNode，又叫“数据结点”。这两类结点分别承担 Master 和 Worker 具体任务的执行。

HDFS 总的设计思想是分而治之，即将大文件和大批量文件分布式存放在大量独立的服务器上，以便采取分而治之的方式对海量数据进行运算分析。

HDFS 是一个主从体系结构，从最终用户的角度来看，它就像传统的文件系统一样，可以通过目录路径对文件执行 CRUD（Create、Read、Update 和 Delete）操作。但由于分布式存储的性质，HDFS 集群拥有一个 NameNode 和一些 DataNode。NameNode 管理文件系统的元数据，DataNode 存储实际的数据。

客户端通过同 NameNode 和 DataNode 的交互来访问文件系统。客户端通过联系 NameNode 获取文件的元数据，而真正的文件 I/O 操作直接和 DataNode 交互进行。

HDFS 主要针对“一次写入，多次读取”的应用场景，不适合实时交互性很强的应用场景，也不适合存储大量小文件。

4.2.2.2 HDFS 基本原理和设计理念

（1）传统文件系统的问题

文件系统是操作系统提供的磁盘空间管理服务，该服务只需要用户指定文件的存储位置及文件读取路径，而不需要用户了解文件在磁盘上如何存放。但当文件所需空间大于本机磁盘空间时，应该如何处理呢？一是加磁盘，但加到一定程度就有限制了；二是加机器，即用远程共享目录的方式提供网络化的存储，这种方式可以理解为分布式文件系统的雏形，它可以把不同文件放入不同的机器中，而且空间不足时可继续加机器，突破了存储空间的限制。然而，这种传动的分布式文件系统存在多个问题。

1）各个存储节点的负载不均衡，单机负载可能极高。例如，如果某个文件是热门文件，则会有很多用户经常读取这个文件，造成该文件所在机器的访问压力极大。

2）数据可靠性低。如果某个文件所在的机器出现故障，那么这个文件就不能访问了，甚至会造成数据的丢失。

3）文件管理困难。如果想把一些文件的存储位置进行调整，则需要查看目标机器的空间是否够用，并且需要管理员维护文件位置，在机器非常多的情况下，这种操作极为复杂。

（2）HDFS 的基本思想

HDFS 是个抽象层，底层依赖很多独立的服务器，对外提供统一的文件管理功能。HDFS 的基本架构如图 4-8 所示。例如，用户访问 HDFS 中的 /a/b/c. mpg 这个文件时，HDFS 负责从底层的相应服务器中读取该文件，然后返回给用户，这样用户就只需和 HDFS 打交道，而不用关心这个文件是如何存储的。

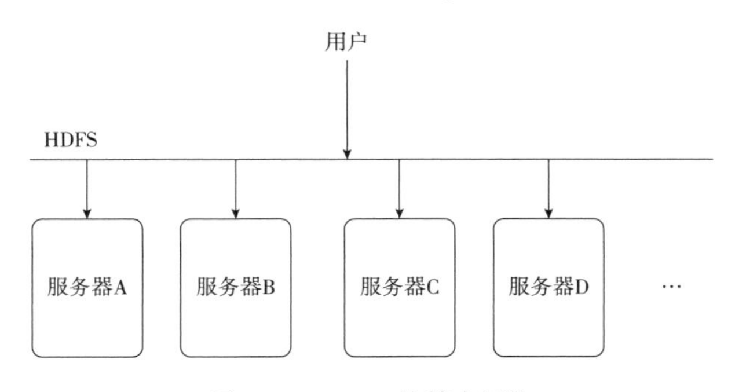

图 4-8　HDFS 的基本架构

为了解决存储节点负载不均衡的问题，HDFS 首先把一个文件分割成多个块，再把这些文件块存储在不同服务器上。这种方式的优势就是不怕文件太大，并且读文件的压力不会全部集中在一台服务器上，从而可以避免某个热点文件带来的单机负载过高的问题。例如，用户需要保存文件 /a/b/xxx. avi 时，HDFS 首先会把这个文件进行分割，如分为 4 块，然后分别存放到不同的服务器上，如图 4-9 所示。但如果某台服务器坏了，那么文件就会读不全。如果磁盘不能恢复，那么存储在上面的数据就会丢失。为了保证文件的可靠性，HDFS 会把每个文件块进行多个备份，一般情况下是 3 个备份。

假如要在由服务器 A、B、C 和 D 的存储节点组成的 HDFS 上存储文件/a/b/xxx. avi，则 HDFS 会把文件分成 4 块，分别为块 1、块 2、块 3 和块 4。为了保证文件的可靠性，HDFS 会把数据块按如图 4-10 所示的方式存储到 4 台服务器上。

采用分块多副本存储方式后，HDFS 文件的可靠性大大增强了，即使某个服务器出现故障，仍然可以完整读取文件。该方式同时还带来一个很大的好处，就是增加了文件的并发访问能力。例如，多个用户读取这个文件时，都要读取块 1，HDFS 可以根据服务器的繁忙程度，选择从哪台服务器读取块 1。

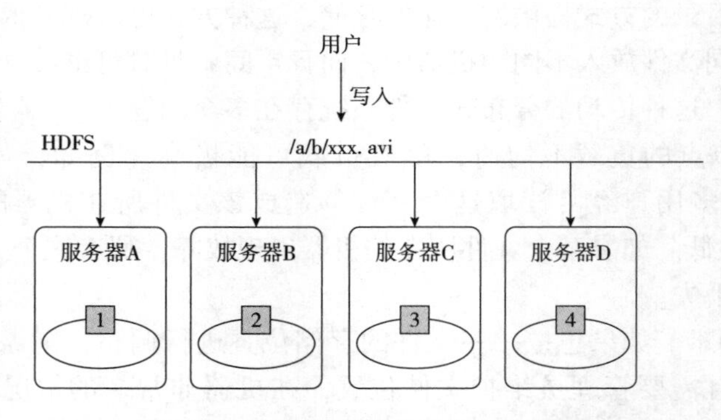

图 4-9　HDFS 文件分块存储示意图

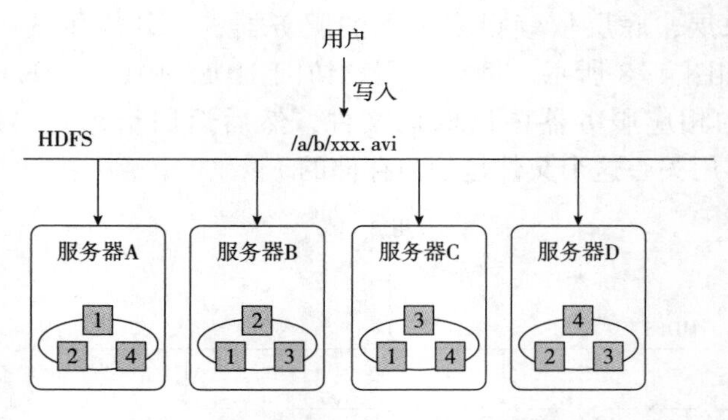

图 4-10　HDFS 文件多副本存储示意图

为了管理文件，HDFS 需要记录维护一些元数据，也就是关于文件数据信息的数据，如 HDFS 中存了哪些文件，文件被分成了哪些块，每个块被放在哪台服务器上等。HDFS 把这些元数据抽象为一个目录树，以记录这些复杂的对应关系。这些元数据由一个单独的模块进行管理，这个模块叫作名称结点（NameNode）。存放文件块的真实服务器叫作数据结点（DataNode）。

（3）HDFS 的设计理念

简单来讲，HDFS 的设计理念是，可以运行在普通机器上，以流式数据方式存储文件，一次写入、多次查询，具体有以下四点。

❖　可构建在廉价机器上。HDFS 的设计理念之一是让它能运行在普通的硬件上，即便硬件出现故障，也可以通过容错策略来保证数据的高可用性。

❖　高容错性。由于 HDFS 建立在普通计算机上，因此结点故障是正常的事情。HDFS 将数据自动保存多个副本，副本丢失后自动恢复，从而实现数据的高容错性。

❖　适合批处理。HDFS 适合一次写入、多次查询（读取）的情况。在数据集生成后，需要长时间在此数据集上进行各种分析，而每次分析都将涉及该数据集的大部分数据甚至全部数据，因此读取整个数据集的时间延迟比读取第一条记录的时间延迟更重要。

❖　适合存储大文件。这里说的大文件包含两层意思：一是文件大小超过 100MB 及达到 GB 甚至 TB、PB 级的文件；二是百万规模以上的文件数量。

（4） HDFS 的局限

HDFS 的设计理念是满足特定的大数据应用场景，因此 HDFS 具有一定的局限性，不能适用于所有的应用场景，HDFS 的局限主要有以下三点。

❖ 实时性差。

要求低时间延迟的应用不适合在 HDFS 上运行，HDFS 是为高数据吞吐量应用而优化的，这可能会以高时间延迟为代价。

❖ 小文件问题。

由于 NameNode 将文件系统的元数据存储在内存中，因此该文件系统所能存储的文件总量受限于 NameNode 的内存总容量。根据经验，每个文件、目录和数据块的存储信息大约占 150 字节。过多的小文件存储会大量消耗 NameNode 的存储量。

❖ 文件修改问题。

HDFS 中的文件只有一个写入者，而且写操作总是将数据添加在文件的末尾。HDFS 不支持具有多个写入者的操作，也不支持在文件的任意位置进行修改。

4.2.2.3　HDFS 架构和实现机制

本部分将对 HDFS 的整体架构和基本实现机制进行简单介绍。

（1） HDFS 整体架构

HDFS 是一个主从 Master/Slave 架构。一个 HDFS 集群包含一个 NameNode，这是一个 Master 服务器，用来管理文件系统的命名空间，以及调节客户端对文件的访问。一个 HDFS 集群还包括多个 DataNode，用来存储数据。HDFS 的整体结构如图 4-11 所示。

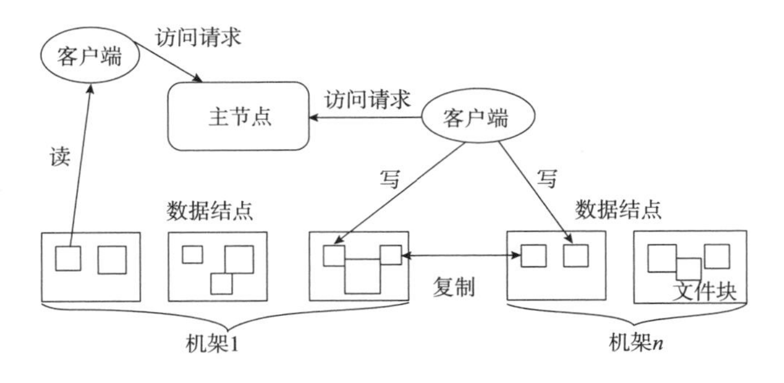

图 4-11　HDFS 整体架构

HDFS 会对外暴露一个文件系统命名空间，并允许用户数据以文件的形式进行存储。在内部，一个文件被分成多个块，并且这些块被存储在一组 DataNode 上。

1） NameNode。文件的元数据采用集中式存储方案存放在 NameNode 中。NameNode 负责执行文件系统命名空间的操作，如打开、关闭、重命名文件和目录。NameNode 同时负责将数据块映射到对应的 DataNode 中。

2） DataNode。DataNode 是文件系统的工作结点。它们根据需要存储并检索数据块，并且定期向 NameNode 发送它们所存储的块的列表。文件数据块本身存储在不同的

DataNode 中，DataNode 可以分布在不同机架上。DataNode 负责服务文件系统客户端发出的读/写请求。DataNode 同时负责接收 NameNode 的指令进行数据块的创建、删除和复制。

3）Client。HDFS 的 Client 会分别访问 NameNode 和 DataNode 以获取文件的元信息及内容。HDFS 集群的 Client 将直接访问 NameNode 和 DataNode，相关数据直接从 NameNode 或 DataNode 传送到客户端。

NameNode 和 DataNode 都是被设计为在普通 PC 上运行的软件程序。HDFS 是用 Java 语言实现的，任何支持 Java 语言的机器都可以运行 NameNode 或 DataNode。Java 语言本身的可移植性意味着 HDFS 可以被广泛地部署在不同的机器上。

一个典型的部署是，集群中的一台专用机器运行 NameNode，集群中的其他机器每台运行一个 DataNode 实例。该架构并不排除在同一台机器上运行多个 DataNode 实例的可能，但在实际的部署中很少这么做。单一 NameNode 的设计极大地简化了集群的系统架构，使得所有 HDFS 元数据的仲裁和存储都由单一 NameNode 决定，避免了数据不一致性的问题。

（2）HDFS 数据复制

HDFS 可以跨机架、跨机器，可靠地存储海量文件。HDFS 把每个文件存储为一系列的数据块，除最后一个数据块外，一个文件的所有数据块大小都是相同的。为了容错，一个文件的数据块会被复制。对于每个文件来说，文件块大小和复制因子都是可配置的。应用程序可以声明一个文件的副本数。复制因子可以在文件创建时声明，并且可以在以后修改。

NameNode 控制所有的数据块的复制决策，如图 4-12 所示。它周期性地从集群中的 DataNode 收集心跳和数据块报告，收集到心跳则意味着 DataNode 正在提供服务，收集到的数据块报告则包含相应 DataNode 上的所有数据块列表。

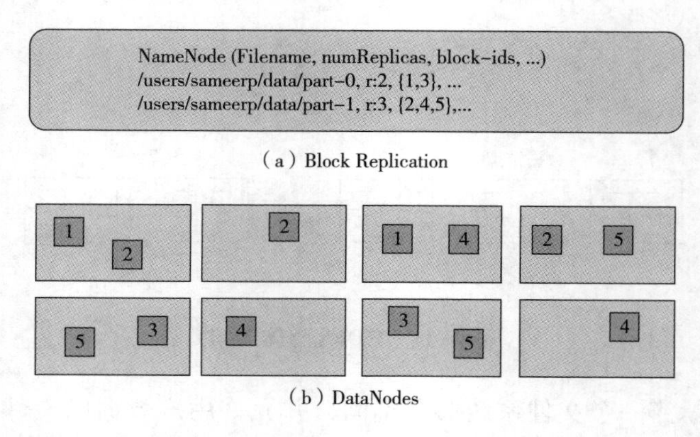

图 4-12 HDFS 复制策略

通用场景下，当复制因子是 3 时，HDFS 的放置策略是将一个副本放置到本地机架的一个结点上，另一个放在本地机架的不同结点上，最后一个放在不同机架的不同结点上。这一策略与把 3 个副本放在 3 个不同机架上的策略相比，减少了机架之间的写操作，从而提升了写性能。机架不可用的概率要比结点不可用的概率低很多，这一策略并不影响数据可靠性和可用性。但这一策略确实减少了读取数据时的聚合网络带宽，毕竟 1 个数据块是放置在两个不同的机架上，而不是 3 个。这一策略没有均匀地分布副本，2/3 的副本在一个机架上，另外 1/3 的副本分布在其他机架上。

当一切运行正常时，DataNode 会周期性发送心跳信息给 NameNode（默认是每 3 秒钟一次）。如果 NameNode 在预定的时间（默认是 10 分钟）内没有收到心跳信息，就会认为 DataNode 出现了问题，这时候就会把该 DataNode 从集群中移除，并且启动一个进程去恢复数据。DataNode 脱离集群的原因有多种，如硬件故障、主板故障、电源老化和网络故障等。

对于 HDFS 来说，丢失一个 DataNode 意味着丢失了存储在它硬盘上的数据块的副本。假如在任意时间总有超过一个副本存在，那么故障将不会导致数据丢失。当一个硬盘故障时，HDFS 会检测到存储在该硬盘上的数据块的副本数量低于要求，然后主动创建需要的副本，以达到满副本数状态。

4.2.2.4　HDFS 读取和写入数据

HDFS 的文件访问机制为流式访问机制，即通过 API 打开文件的某个数据块之后，可以顺序读取或者写入某个文件。由于 HDFS 中存在多个角色，且对应的应用场景主要为一次写入、多次读取的场景，因此其读和写的方式有较大不同。读/写操作都由客户端发起，并且由客户端进行整个流程的控制，NameNode 和 DataNode 都是被动式响应。

（1）读取流程

客户端发起读取请求时，首先与 NameNode 进行连接。连接建立完成后，客户端会请求读取某个文件的某一个数据块。NameNode 在内存中进行检索，查看是否有对应的文件及文件块，若没有，则通知客户端对应文件或数据块不存在，若有，则通知客户端对应的数据块存在哪些服务器上。客户端接收到信息后，与对应的 DataNode 连接，并开始进行数据传输。客户端会选择离它最近的一个副本数据进行读操作。

如图 4-13 所示，读取文件的具体过程如下：

❖ 客户端调用 Distributed FileSystem 的 Open（）方法打开文件。

❖ Distributed FileSystem 用 RPC 连接到 NameNode，请求获取文件的数据块信息；NameNode 返回文件的部分或者全部数据块列表；对于每个数据块，NameNode 都会返回该数据块副本的 DataNode 地址；Distributed FileSystem 返回 FSDataInputStream 给客户端，用来读取数据。

❖ 客户端调用 FSDataInputStream 的 Read（）方法开始读取数据。

❖ FSInputStream 连接保存此文件第一个数据块的最近的 DataNode，并以数据流的形式读取数据；客户端多次调用 Read（），直到到达数据块结束位置。

❖ FSInputStream 连接保存此文件下一个数据块的最近的 DataNode，并读取数据。

❖ 当客户端读取完所有数据块的数据后，调用 FSDataInputStream 的 Close（）方法。

在读取数据的过程中，如果客户端在与数据结点通信时出现错误，则尝试连接包含此数据块的下一个数据结点。失败的数据结点将被记录，并且以后不再连接。

（2）写入流程

写入文件的过程相比读取较为复杂，在不发生任何异常情况下，客户端向 HDFS 写入数据的流程如图 4-14 所示，具体步骤如下：

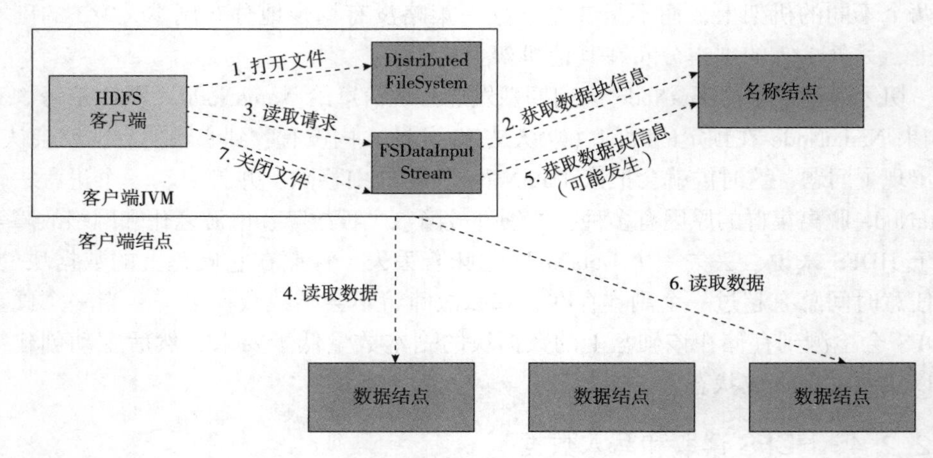

图 4-13　HDFS 读取流程

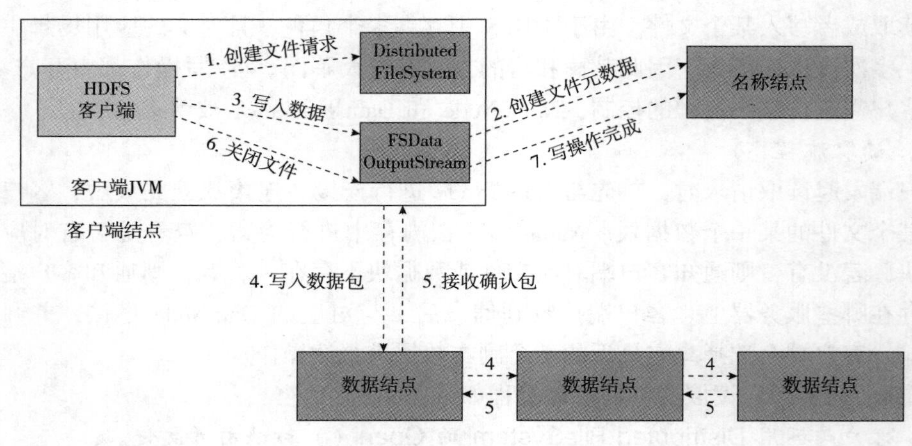

图 4-14　HDFS 写入流程

❖　第一步，客户端调用 DistribuedFileSystem 的 Create（）方法创建文件。

❖　第二步，Distributed FileSystem 用 RPC 连接 NameNode，请求在文件系统的命名空间中创建一个新的文件；NameNode 首先确定文件原来不存在，并且客户端有创建文件的权限，然后创建新文件；Distributed FileSystem 返回 FSDataOutputStream 给客户端用于写数据。

❖　第三步，客户端调用 FSDataOutputStream 的 Write（）函数，向对应的文件写入数据。

❖　第四步，当客户端开始写入文件时，FSDataOutputStream 会将文件切分成多个分包（Packet），并写入其内部的数据队列。FSDataOutputStream 向 NameNode 申请用来保存文件和副本数据块的若干个 DataNode，这些 DataNode 形成一个数据流管道。队列中的分包被打包成数据包，发往数据流管道中的第一个 DataNode。第一个 DataNode 将数据包发送给第二个 DataNode，第二个 DataNode 将数据包发送到第三个 DataNode。这样一来，数据包会流经管道上的各个 DataNode。

❖ 第五步，为了保证所有 DataNode 的数据都是准确的，接收到数据的 DataNode 要向发送者发送确认包（ACK Packet）。确认包沿着数据流管道反向而上，从数据流管道依次经过各个 DataNode，并最终发往客户端。当客户端收到应答时，它将对应的分包从内部队列中移除。

❖ 第六步，不断执行第三～五步，直到数据全部写完。

❖ 第七步，调用 FSDataOutputStream 的 Close（）方法，将所有的数据块写入数据流管道中的数据结点，并等待确认返回成功。最后通过 NameNode 完成写入。

4.2.2.5　HDFS 两种操作方式：命令行和 Java API

HDFS 文件操作有两种方式：一种是命令行方式，Hadoop 提供了一套与 Linux 文件命令类似的命令行工具；另一种是 Java API，即利用 Hadoop 的 Java 库，采用编程的方式操作 HDFS 的文件。本部分介绍 Linux 操作系统中关于 HDFS 文件操作的常用命令行，并介绍利用 Hadoop 提供的 Java API 进行基本的文件操作，以及利用 Web 界面查看和管理 HDFS 的方法。

（1）HDFS 常用命令

在 Linux 命令行终端，可以使用命令行工具对 HDFS 进行操作。使用这些命令行可以完成 HDFS 文件的上传、下载和复制，还可以查看文件信息、格式化 NameNode 等。HDFS 命令行的统一格式如下：

```
hadoop fs-cmd <args>
```

其中，cmd 是具体的文件操作命令，<args>是一组数目可变的参数。

1）添加文件和目录。HDFS 有一个默认工作目录 /usr/$USER，其中，$USER 是登录用户名，如 root。该目录不能自动创建，需要执行 mkdir 命令创建：

```
hadoop fs-mkdir /usr/root
```

使用 Hadoop 的命令 put 将本地文件 README. txt 上传到 HDFS：

```
hadoop fs-put README. txt  .
```

注意，上面这个命令的最后一个参数是“.”，这意味着把本地文件上传到默认的工作目录下，该命令等价于以下代码：

```
hadoop fs-put README. txt /usr/root
```

2）下载文件。下载文件是指从 HDFS 中获取文件，可以使用 Hadoop 的 get 命令。例如，若本地文件没有 README. txt 文件，则需要从 HDFS 中取回，可以执行以下命令：

```
hadoop fs-get README. txt  .
```

或者执行以下命令：

```
hadoop fs-get README. txt  /usr/root/README. txt
```

3）删除文件。Hadoop 删除文件的命令为 rm。例如，要删除从本地文件上传到 HDFS 的 README. txt，可以执行以下命令：

```
hadoop fs-rm README. txt
```

4）检索文件。检索文件即查阅 HDFS 中的文件内容，可以使用 Hadoop 中的 cat 命令。例如，要查阅 README. txt 的内容，可以执行以下命令：

```
hadoop fs-cat README.txt
```

另外，Hadoop 的 cat 命令的输出也可以使用管道传递给 UNIX 命令的 head，可以只显示文件的前一千个字节：

```
hadoop fs-cat README.txt |head
```

Hadoop 也支持使用 tail 命令查看最后一千个字节。例如，要查阅 README. txt 最后一千个字节，可以执行如下命令：

```
hadoop fs-tail README.txt
```

5）查阅帮助。查阅 HDFS 命令帮助，可以更好地了解和使用 Hadoop 的命令。用户可以执行 hadoop fs 来获取所用版本 HDFS 的一个完整命令类别，也可以使用帮助来显示某个具体命令的用法及简短描述。例如，要了解 ls 命令，可执行以下命令：

```
hadoop fs-help ls
```

（2）HDFS 的 Web 界面

在配置好 Hadoop 集群后，用户可以通过 Web 界面查看 HDFS 集群的状态，以及访问 HDFS，访问地址如下：

```
http://[NameNodeIP]:50070
```

其中，[NameNodeIP] 为 HDFS 集群的 NameNode 的 IP 地址。登录后，用户可以查看 HDFS 的信息。如图 4-15 所示，通过 HDFS NameNode 的 Web 界面，用户可以查看 HDFS 中各个结点的分布信息，浏览 NameNode 上的存储、登录等日志，以及下载某个 DataNode 上某个文件的内容。通过 HDFS 的 Web 界面，还可以查看整个集群的磁盘总容量、HDFS 已经使用的存储空间量、非 HDFS 已经使用的存储空间量、HDFS 剩余的存储空间量等信息，也可查看集群中的活动结点数和宕机结点数。

因为每一个文件都被分成好多数据块，每个数据块又有 3 个副本，这些数据块的副本全部分布存放在多个 DataNode 中，所以用户不可能像传统文件系统那样访问文件。HDFS Web 界面为用户提供了一个方便、直观地查看 HDFS 文件信息的方法。通过 Web 界面完成的所有操作，都可以通过 Hadoop 提供的命令来实现。

（3）HDFS 的 Java API

HDFS 设计的主要目的是对海量数据进行存储，也就是说在其上能够存储大量的文件。HDFS 将这些文件分割之后，存储在不同的 DataNode 上，HDFS 提供了通过 Java API 对 HDFS 里面的文件进行操作的功能，数据块在 DataNode 上的存放位置对于开发者来说是透明的。使用 Java API 可以完成对 HDFS 的各种操作，如新建文件、删除文件、读取文件内容等。下面将介绍 HDFS 常用的 Java API 及其编程实例。

对 HDFS 中的文件操作主要涉及六个类，如表 4-1 所示。

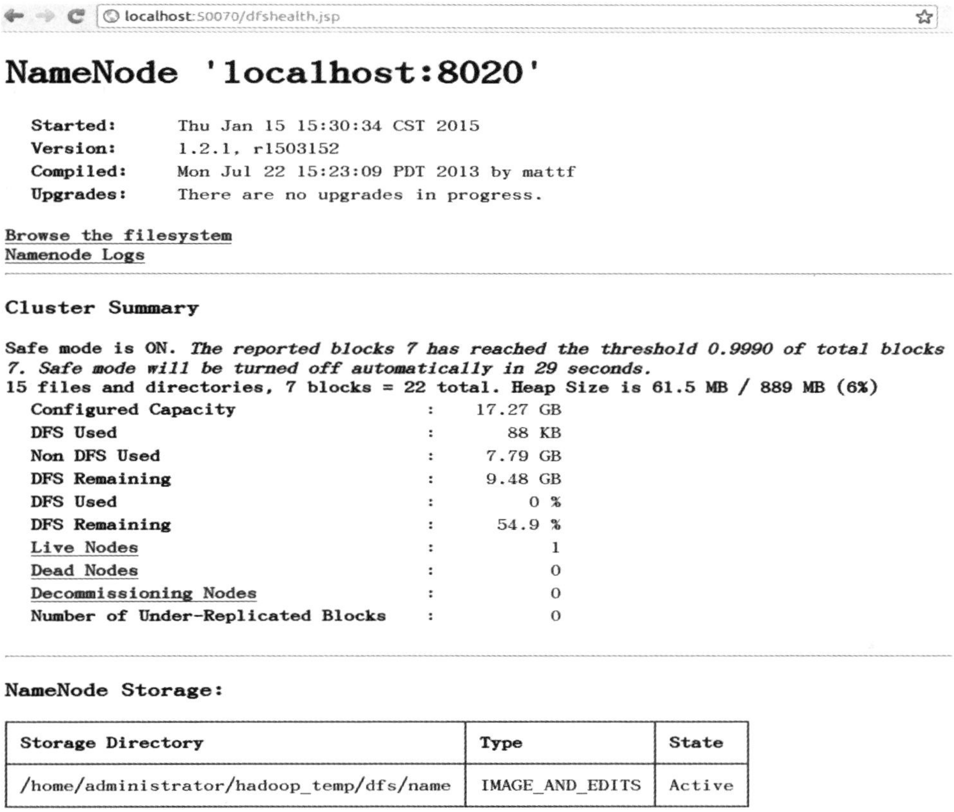

localhost:50070/dfshealth.jsp

NameNode 'localhost:8020'

Started:	Thu Jan 15 15:30:34 CST 2015
Version:	1.2.1, r1503152
Compiled:	Mon Jul 22 15:23:09 PDT 2013 by mattf
Upgrades:	There are no upgrades in progress.

Browse the filesystem
Namenode Logs

Cluster Summary

Safe mode is ON. *The reported blocks 7 has reached the threshold 0.9990 of total blocks 7. Safe mode will be turned off automatically in 29 seconds.*
15 files and directories, 7 blocks = 22 total. Heap Size is 61.5 MB / 889 MB (6%)

Configured Capacity	:	17.27 GB
DFS Used	:	88 KB
Non DFS Used	:	7.79 GB
DFS Remaining	:	9.48 GB
DFS Used	:	0 %
DFS Remaining	:	54.9 %
Live Nodes	:	1
Dead Nodes	:	0
Decommissioning Nodes	:	0
Number of Under-Replicated Blocks	:	0

NameNode Storage:

Storage Directory	Type	State
/home/administrator/hadoop_temp/dfs/name	IMAGE_AND_EDITS	Active

图 4-15　HDFS NameNode 的 Web 界面

表 4-1　HDFS 核心类

Java API	作用
org. apache. hadoop. fs. FileSystem	该类的对象是一个文件系统对象，可以用该对象的一些方法来对文件进行操作
org. apache. hadoop. fs. FileStatus	该类用于向客户端展示系统中文件和目录的元数据，具体包括文件大小、块大小、副本信息、所有者、修改时间等
org. apache. hadoop. fs. FSDataInputStream	该类是 HDFS 中的输入流，用于读取 Hadoop 文件
org. apache. hadoop. fs. FSDataOutputStream	该类是 HDFS 中的输出流，用于写 Hadoop 文件
org. apache. hadoop. conf. Configuration	该类的对象封装了客户端或者服务器的配置
org. apache. hadoop. fs. Path	该类用于表示 Hadoop 文件系统中的文件或者目录的路径

通过一个实例来说明如何对文件进行具体操作。

例如，提供一个 HDFS 文件的路径，对该文件进行创建和删除操作。如果文件所在目录不存在，则自动创建目录。可编写如下 Java 代码：

```
import org.apache.hadoop.conf.Configuration;
import org.apache.hadoop.fs.*;
import java.io.*;
public class HDFSApi {
    /**
     * 判断路径是否存在
     */
    public static boolean test(Configuration conf, String path) throws
IOException {
        FileSystem fs = FileSystem.get(conf);
        return fs.exists(new Path(path));
    }
    /**
     *创建目录
     */
    public static boolean mkdir(Configuration conf, String remoteDir)
throws IOException {
        FileSystem fs = FileSystem.get(conf);
        Path dirPath = new Path(remoteDir);
        boolean result = fs.mkdirs(dirPath);
        fs.close();
        return result;
    }
    /**
     * 创建文件
     */
    public static void touchz(Configuration conf, String remoteFilePath)
throws IOException {
        FileSystem fs = FileSystem.get(conf);
        Pathr emotePath = new Path(remoteFilePath);
        FSDataOutputStream outputStream = fs.create(remotePath);
        outputStream.close();
        fs.close();
    }
    /**
     *删除文件
     */
```

```
        public static boolean rm(Configuration conf, String remoteFilePath)
throws IOException {
                FileSystem fs = FileSystem.get(conf);
                Pathr emotePath = new Path(remoteFilePath);
                boolean result = fs.delete(remotePath, false);
                fs.close();
                return result;
        }
        /**
         * 主函数
         */
        public static void main(String[] args){
              Configuration conf = new Configuration();
        conf.set("fs.default.name","hdfs://localhost:9000");
              String remoteFilePath ="/user/hadoop/input/text.txt";    // HDFS 路径
              String remoteDir ="/user/hadoop/input";        // HDFS 路径对应的目录
        try {
              /* 判断路径是否存在,存在则删除,否则进行创建 */
              if (HDFSApi.test(conf, remoteFilePath)){
                    HDFSApi.rm(conf, remoteFilePath); // 删除
                    System.out.println("删除路径:"+ remoteFilePath);
              } else {
                if (! HDFSApi.test(conf, remoteDir)){ // 若目录不存在,则进行创建
                      HDFSApi.mkdir(conf, remoteDir);
                      System.out.println("创建文件夹:"+ remoteDir);
                }
                HDFSApi.touchz(conf, remoteFilePath);
                System.out.println("创建路径:"+ remoteFilePath);
              }
          } catch (Exception e){
              e.printStackTrace();
          }
      }
  }
```

4.2.3　NoSQL 数据库

前面讲过关系型数据库系统在数据存储与管理方面都很优秀，但在大数据时代，面对快速增长的数据规模和日渐复杂的数据模型，关系型数据库系统已无法应对很多数据库处理任务。因此，NoSQL 凭借其易扩展、大数据量和高性能及灵活的数据模型在大数据存储领域获得了广泛应用。

4.2.3.1 NoSQL 数据库类型

近年来，NoSQL 数据库的发展势头很快。据统计，目前已经产生了 50~150 个 NoSQL 数据库系统。归结起来，可以将典型的 NoSQL 划分为四种类型，分别是键值数据库、列式数据库、文档数据库和图形数据库，如图 4-16 所示。

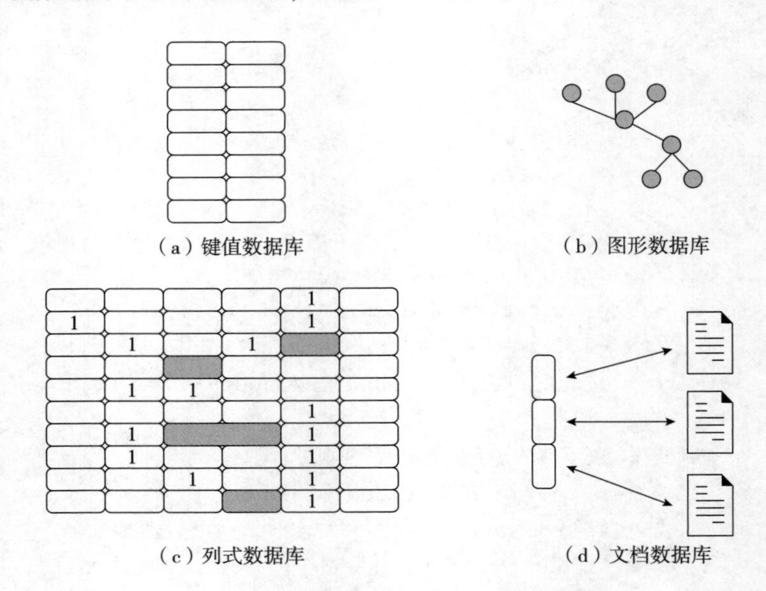

图 4-16 四种类型的 NoSQL 数据库

(1) 键值数据库

键值数据库起源于亚马逊开发的 Dynamo 系统，可以把它理解为一个分布式的 Hashmap，支持 SET/GET 元操作。它使用一个哈希表，表中的键（Key）用来定位值（Value），即存储和检索具体的 Value。数据库不能对 Value 进行索引和查询，只能通过 Key 进行查询。Value 可以用来存储任意类型的数据，包括整型、字符型、数组、对象等。键值存储的值也可以是比较复杂的结构，如一个新的键值对封装成的一个对象。

一个完整的分布式键值数据库会将 Key 按策略尽量均匀地散列在不同的结点上，其中，一致性哈希函数是比较优雅的散列策略，它可以保证当某个结点挂掉时，只有该结点的数据需要重新散列。

在有大量写操作的情况下，键值数据库比关系数据库有明显的性能优势，这是因为关系型数据库需要建立索引来加速查询，当存在大量写操作时，索引会发生频繁更新，从而会产生高昂的索引维护代价。键值数据库具有良好的伸缩性，理论上讲可以实现数据量的无限扩容。

键值数据库进一步划分为内存键值数据库和持久化键值数据库。内存键值数据库把数据保存在内存中，如 Memcached 和 Redis。持久化键值数据库把数据保存在磁盘中，如 BerkeleyDB、Voldmort 和 Riak。

键值数据库也有自身的局限性，主要是条件查询。如果只对部分值进行查询或更新，效率会比较低下。在使用键值数据库时，应该尽量避免多表关联查询。此外，键值数据库在发生故障时不支持回滚操作，因此无法支持事务。

大多数键值数据库通常不会关心存入的 Value 到底是什么，在它看来，那只是一堆字节而已，因此开发者无法通过 Value 的某些属性来获取整个 Value。

（2）列族数据库

列族数据库起源于谷歌的 Big Table，其数据模型可以看作一个每行列数可变的数据表，它可以细分为四种实现模式，如图 4-17 所示。

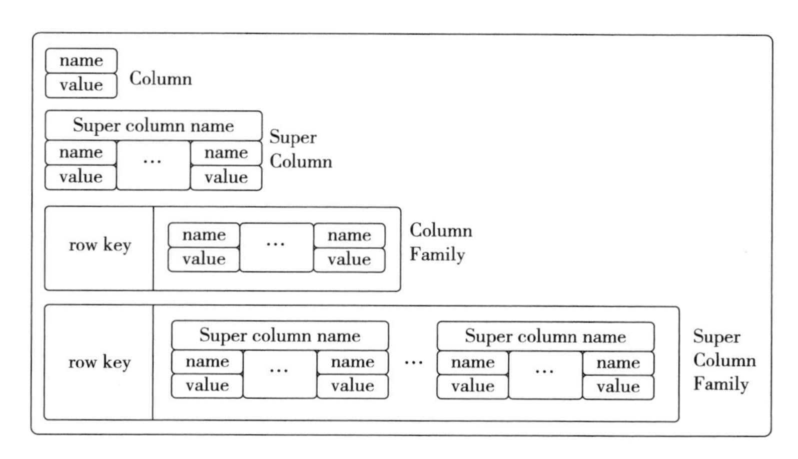

图 4-17 列族数据库模型

其中，Super Column Family 模式可以理解为“maps of maps”。例如，可以把一个作者和他的专辑结构化地存成 Super Column Family 模式，如图 4-18 所示。

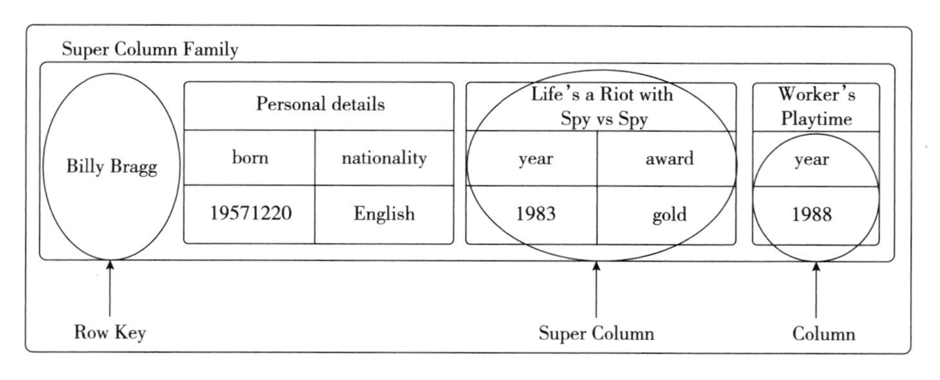

图 4-18 Super Column Family 模式

在行式数据库中查询时，无论需要哪一列都需要将每一行扫描完。假设想要在表 4-2 中的生日列表中查询 9 月的生日，数据库将会从上到下和从左到右扫描，最终返回生日为 9 月的列表。

表 4-2 查询列表

ID	Name	Birthday	Hobbies
1	joes	02-01-1976	basketball
2	braun	10-10-1981	swimming
3	stark		
4	mike	23-09-1986	Play tensis

如果给某些特定列建索引，那么可以显著提高查找速度，但索引会带来额外的开销，而且数据库仍扫描所有列。

而列式数据库可以分别存储每个列，从而在列数较少的情况下更快速地进行扫描。图 4-19 的布局看起来和行式数据库很相似，每一列都有一个索引，索引将行号映射到数据，列式数据库将数据映射到行号，采用这种方式计数变得更快，很容易查询到爱好某个项目的人数，并且每个表都只有一种数据类型，因此单独存储列也利于数据优化压缩。

Name	ROWID
Jos The Boss	1
Fritz Schneider	2
Freddy Stark	3
Delphine Thewi seone	4

（a）

Birthday	ROWID
11-12- 1985	1
27-1-1978	2
16-9- 1986	4

（b）

Hobbies	ROWID
archery	1，3
conquering the world	1
buliding things	2
surfing	2
swordplay	3
lollygagging	3

（c）

图 4-19 列式 NoSQL 存储模型

列式数据库能够在其他列不受影响的情况下轻松添加一列，但如果要添加一条记录则需要访问所有表，因此行式数据库要比列式数据库更适合联机事务处理过程（OLTP），因为 OLTP 要频繁地进行记录的添加或修改。列式数据库更适合执行分析操作，如进行汇总或计数。实际交易的事务，如销售类，通常会选择行式数据库。列式数据库采用高级查询执行技术，以简化的方法处理列块（称为“批处理”），从而减少了 CPU 使用率。

（3）文档数据库

文档数据库是通过键来定位一个文档的，因此是键值数据库的一种衍生品。在文档数据库中，文档是数据库的最小单位。文档数据库可以使用模式指定某个文档结构。文档数据库是 NoSQL 数据库类型中出现得最自然的类型，因为它们是按照日常文档的存储来设计的，并且允许对这些数据进行复杂的查询和计算。

尽管每一种文档数据库的部署各有不同，但大都假定文档以某种标准化格式进行封装，并对数据进行加密。文档格式包括 XML、YAML、JSON 和 BSON 等，也可以使用二进制格式，如 PDF、Microsoft Office 文档等。一个文档可以包含复杂的数据结构，并且不需要采用特定的数据模式，每个文档可以具有完全不同的结构。

文档数据库既可以根据键来构建索引，也可以基于文档内容构建索引。基于文档内容的索引和查询能力是文档数据库不同于键值数据库的主要方面，因为在键值数据库中，值对数据库是透明不可见的，不能基于值构建索引。

文档数据库主要用于存储和检索文档数据，非常适合那些把输入数据表示成文档的应用。从关系型数据库存储方式的角度来看，每一个事物都应该存储一次，并且通过外键进行连接，而文件存储不关心规范化，只要数据存储在一个有意义的结构中就可以。

如果我们要将报纸或杂志中的文章存储到关系型数据库中，应先对存储的信息进行分类，即将文章放在一个表中，作者和相关信息放在一个表中，文章评论放在一个表中，读者信息放在一个表中，然后将四个表连接起来进行查询。文档存储可以将文章存储为单个实体，这样就降低了用户对文章数据的认知负担。

（4）图形数据库

图形数据库以图论为基础，用图表示一个对象集合，包括顶点及连接顶点的边。图形数据库使用图作为数据模型来存储数据，可以高效地存储不同顶点之间的关系。图形数据库是 NoSQL 数据库类型中最复杂的一个，旨在以高效的方式存储实体之间的关系。图形数据库适用于高度相互关联的数据，可以高效地处理实体间的关系，尤其适合于社交网络、依赖分析、模式识别、推荐系统、路径寻找、科学论文引用以及资本资产集群等场景。

图形或网络数据主要由结点和边两部分组成。结点是实体本身，如果是在社交网络中，那么代表的就是人。边代表两个实体之间的关系，用线表示，并且具有自己的属性。另外，边还可以有方向，如果箭头指向谁，谁就是该关系的主导方，如图 4-20 所示。

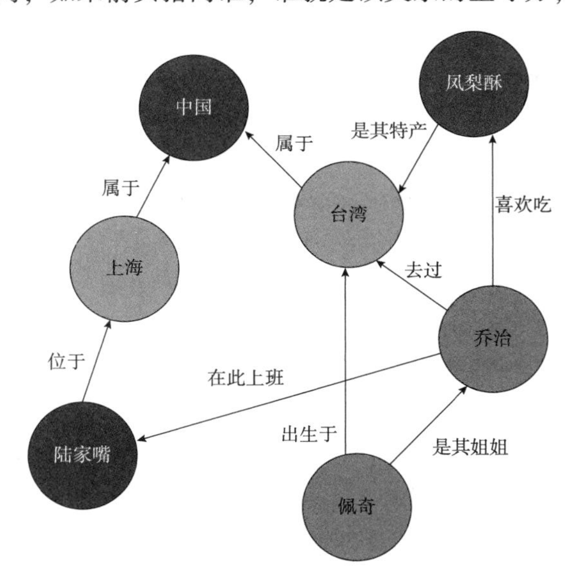

图 4-20　图形数据库模型示意图

图形数据库在处理实体间的关系时具有很好的性能，但在其他应用领域，其性能不如其他 NoSQL 数据库。

典型的图形数据库有 Neo4J、OrientDB、InfoGrid、Infinite Graph 和 GraphDB 等。有些图形数据库，如 Neo4J，完全兼容 ACID 特性。

4.2.3.2 NoSQL 数据库面临的挑战

NoSQL 数据库的前景被看好，但要应用到主流的企业还有许多困难需要克服。这里有一些需要解决的问题。

(1) 成熟度

关系型数据库系统由来已久，技术相当成熟。对于大多数情况来说，RDBMS 系统是稳定且功能丰富的。相比较而言，大多数 NoSQL 数据库还有很多特性有待实现。

(2) 技术支持

企业需要的是系统安全可靠，如果关键系统出现了故障，它们需要获得即时的支持。大多数 NoSQL 系统都是开源项目，虽然每种数据库都有一些公司提供支持，但大多是小的初创公司，没有全球性支持资源，也没有 Oracle 或是 IBM 那种公信力。

(3) 分析与商业智能

NoSQL 数据库的大多数特性都是面向 Web 2.0 应用的需要而开发的，然而，应用中的数据对于业务来说是有价值的，企业数据库中的业务信息可以改进效率并提升竞争力，商业智能对于大中型企业来说是一个非常关键的 IT 问题。NoSQL 数据库缺少即席查询和数据分析工具，即便是一个简单的查询都需要专业的编程技能，并且传统的商业智能（Business Intelligence，BI）工具不提供对 NoSQL 的连接。

(4) 管理

NoSQL 的设计目标是提供零管理的解决方案，如今还远远没有达到这个目标。现在的 NoSQL 需要很多技巧才能用好，并且需要不少人力、物力来维护。

(5) 专业

大多数 NoSQL 开发者还处于学习模式，这种状况会随着时间而改进，但现在找到一名有经验的关系型数据库程序员或是管理员要比找到一个 NoSQL 专家更容易。

4.2.4 HBase 分布式 NoSQL 数据库

4.2.4.1 Hadoop HBase 数据库简介

HBase 是基于 Apache Hadoop 的面向列的 NoSQL 数据库，是谷歌的 Big Table 的开源实现。HBase 是一个针对半结构化数据的开源的、多版本的、可伸缩的、高可靠的、高性能的、分布式的和面向列的动态模式数据库。HBase 和传统关系数据库不同，它采用了 Big Table 的数据模型增强的稀疏排序映射表（Key/Value），其中，键由行关键字、列关键字和时间戳构成。

HBase 提供了对大规模数据的随机、实时读写访问。HBase 的目标是存储并处理大型的数据，也就是仅用普通的硬件配置就能够处理由上千亿的行和几百万的列所组成的超大型数据库。Hadoop 是一个高容错、高延时的分布式文件系统和高并发的批处理系统，不适用于提供实时计算，而 HBase 是可以提供实时计算的分布式数据库，数据被保存在 HDFS 上，由 HDFS 保证其高容错性。HBase 上的数据以二进制流的形式存储在 HDFS 上的数据块中，但 HBase 上的存储数据对于 HDFS 是透明的。

HBase 可以直接使用本地文件系统，也可以使用 Hadoop 的 HDFS。HBase 中保存的数据可以使用 MapReduce 处理，它将数据存储和并行计算有机地结合在一起。

HBase 是按列族进行数据存储的。每个列族会包括许多列，并且这些列经常需要同时处理的属性。也就是说，HBase 把经常需要一起处理的列构成列族一起存放，从而避免了需要对这些列进行重构的操作。HBase 在充分利用列式存储优势的同时，通过列族减少列连接的需求。

4.2.4.2　HBase 列式数据模型

数据模型是理解一个数据库的关键，本部分介绍 HBase 的列式数据模型，以及数据模型相关的基本概念，并描述 HBase 数据库的概念视图和物理视图。

（1）数据模型概述

HBase 是一个稀疏、多维度、有序的映射表。表中每个单元通过由行键、列族、列限定符和时间戳组成的索引来标识。每个单元的值是一个未经解释的字符串，没有数据类型。当用户在表中存储数据时，每一行都有一个唯一的行键和任意多的列。表的每一行由一个或多个列族组成，一个列族中可以包含任意多个列。在同一个表模式下，每行所包含的列族是相同的，也就是说，列族的个数与名称都是相同的，但每一行的每个列族中列的个数可以不同，如图 4-21 所示。

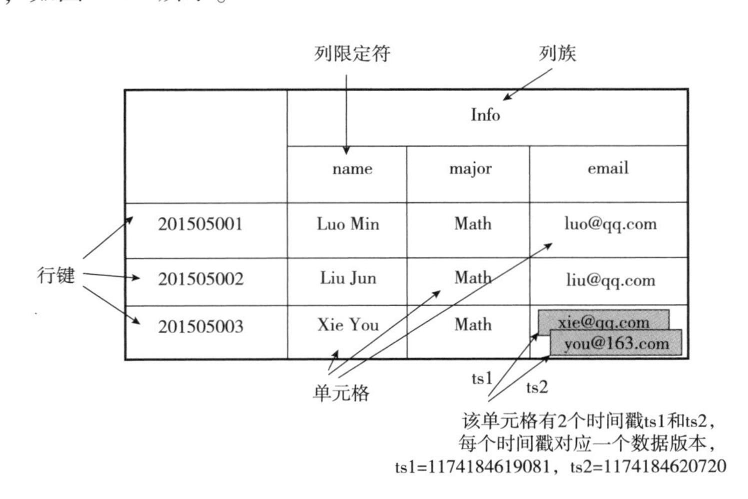

图 4-21　HBase 数据模型示意图

HBase 中同一个列族里面的数据存储在一起，列族支持动态扩展，可以随时添加新的列，无须提前定义列的数量。尽管表中的每一行会拥有相同的列族，但其可能具有截然不同的列。正因为如此，对于整个映射表的每行数据而言，有些列的值是空的，因此 HBase 的表是稀疏的。

HBase 执行更新操作时，并不会删除数据旧的版本，而是生成一个新的版本，原有的版本仍然保留。用户可以对 HBase 保留的版本数量进行设置。在查询数据库的时候，用户可以选择获取距离某个时间最近的版本，或者一次获取所有版本。如果查询的时候不提供时间戳，那么系统就会返回离当前时间最近的版本的数据。HBase 提供了两种数据版本回收方式：一种是保存数据的最后版本；另一种是保存最近一段时间内的版本，如最近一个月。

（2）数据模型的基本概念

HBase 中的数据被存储在表中，具有行和列，是一个多维的映射结构。本部分将对与 HBase 数据模型相关的基本概念进行统一介绍。

1）表（Table）。HBase 采用表来组织数据，表由许多行和列组成，列划分为多个列族。

2）行（Row）。在表里面，每一行代表着一个数据对象。每一行都由一个行键（Row Key）和一个或者多个列组成。行键是行的唯一标识，行键并没有什么特定的数据类型，以二进制的字节来存储，按字母顺序排序。因为表的行是按照行键顺序进行存储的，所以行键的设计相当重要。设计行键的一个重要原则是相关的行键要存储在接近的位置。例如，设计记录网站的表时，行键需要将域名反转（如 org. apache. www、org. apache. mail、org. apache. jira），这样的设计能使与 apache 相关的域名在表中存储的位置非常接近。访问表中的行只有三种方式：通过单个行键获取单行数据；通过一个行键的区间访问给定区间的多行数据；全表扫描。

3）列（Column）。列由列族（Column Family）和列限定符（Column Qualifier）联合标识，由“：”进行间隔，如 family：qualifiero。

4）列族（Column Family）。在定义 HBase 表的时候需要提前设置好列族，表中所有的列都需要组织在列族里面。列族一旦确定，就不能轻易修改，因为它会影响到 HBase 真实的物理存储结构，但列族中的列限定符及其对应的值可以动态增删。表中的每一行都有相同的列族，但不需要每一行的列族里都有一致的列限定符，因此说其是一种稀疏的表结构，这样可以在一定程度上避免数据的冗余。

HBase 中的列族是一些列的集合。一个列族的所有列成员都有着相同的前缀，如 courses：history 和 courses：math 都是列族 courses 的成员。“：”是列族的分隔符，用以区分前缀和列名。列族必须在表建立的时候声明，列随时可以新建。

5）列限定符（Column Qualifier）。列族中的数据通过列限定符来进行映射。列限定符不需要事先定义，也不需要在不同行之间保持一致。列限定符没有特定的数据类型，以二进制字节存储。

6）单元（Cell）。行键、列族和列限定符一起标识一个单元，存储在单元里的数据称为单元数据，没有特定的数据类型，以二进制字节存储。

7）时间戳（Timestamp）。在默认情况下，每一个单元中的数据插入时都会用时间戳进行版本标识。读取单元数据时，如果时间戳没有被指定，则默认返回最新的数据；写入新的单元数据时，如果没有设置时间戳，则默认使用当前时间。每一个列族的单元数据的版本数量都被 HBase 单独维护，在默认情况下，HBase 保留三个版本数据。

（3）概念视图

在 HBase 的概念视图中，一张表可以视为一个稀疏、多维的映射关系，通过“行键+列族：列限足符+时间戳”的格式就可以定位特定单元的数据。因为 HBase 的表是稀疏的，所以某些列可以是空白的。

图 4-22 是 HBase 的概念视图，是一个存储网页信息的表的片段。行键是一个反向 URL，如 www. cnn. com 反向成 com. cnn. www。反向 URL 的好处是，可以让来自同一个网站的数据内容都保存在相邻的位置，从而可以提高用户读取该网站数据的速度。contents 列族存储了网页的内容，anchor 列族存储了引用这个网页的链接，mime 列族存储了该网页的媒体类型。

行键	时间戳	contents列族	anchor列族	mime列族
“com. cnn. www”	t9		anchor:cnnsi. com= “CNN”	
	t8		anchor :my. look. ca= “CNN. com”	
	t6	contents: html= “<html>...”		mime: type= “text/html”
	t5	contents: html= “<html>...”		
	t3	contents: html= “<html>...”		

图 4-22　HBase 的概念视图

图 4-22 给出的 com. cnn. www 网站的概念视图中仅有一行数据，行的唯一标识为 “com. cnn. www”，对这行数据的每一次逻辑修改都有一个时间戳关联对应。图 4-22 中共有四列，即 contents：html、anchor：cnnsi. com、anchor：my. look. ca 和 mime：type，每一列以前缀的方式给出其所属的列族。

从图 4-22 可以看出，网页的内容一共有三个版本，对应的时间戳分别为 t3、t5 和 t6。网页被两个页面引用，分别是 my. look. ca 和 cnnsi. com，被引用的时间分别是 t8 和 t9。网页的媒体类型从 t6 开始为 “text/html”。

要定位单元中的数据可以采用 “三维坐标” 来进行，也就是 [行键，列族：列限定符，时间戳]。例如，在图 4-22 中，[“com. cnn. www”，anchor：cnnsi. com，t9] 对应的单元格中的数据为 “CNN”，[“com. cnn. www”，anchor：my. look. ca，t8] 对应的单元格中的数据为 “CNN. com”，[“com. cnn. www”，mime：type，t6] 对应的单元的数据为 “text/html”。

从图 4-22 可以看出，在 HBase 的概念视图中，每个行都包含相同的列族，尽管并不是每行都需要在每个列族里都存储数据。例如，在图 4-22 的前两行数据中，列族 contents 和列族 mime 的内容为空；后 3 行数据中，列族 anchor 的内容为空；后两行数据中，列族 mime 的内容为空。

（4）物理视图

虽然从概念视图层面看，HBase 的每个表是由许多行组成的，但从物理存储层面来看，它采用了基于列的存储方式，而不是像关系型据库那样采用基于行的存储方式。这正是 HBase 与关系型数据库的重要区别之一。

图 4-22 的概念视图在进行物理存储的时候，会存为图 4-23 中的三个片段。也就是说，HBase 会按照 contents、anchor 和 mime 三个列族分别存放。属于同一个列族的数据保存在一起，同时和每个列族一起存放的还包括行键和时间戳。

在图 4-22 的概念视图中，可以看到许多列是空的，也就是说，这些列上不存在值。在物理视图中，这些空的列并不会存储成 Null，而是根本不会被存储，从而可以节省大量的存储空间。当请求这些空白单元的时候，会返回 Null 值。

行键	时间戳	contents列族
"com. cnn. www"	t6	contents: html= "<html>..."
	t5	contents: html= "<html>..."
	t3	contents: html= "<html>..."

行键	时间戳	anchor列族
"com. cnn. www"	t9	anchor:cnnsi. com= "CNN"
	t8	anchor:my. look. ca= "CNN. com"

行键	时间戳	mime列族
"com. cnn. www"	t6	mime: type= "text/html"

图 4-23 HBase 的物理视图

4. 2. 4. 3 HBase 主要运行机制

（1）HBase 的物理存储

HBase 中的所有行都是按照行键的字典序排列的。因为一张表中包含的行的数量非常多，有时候会高达几亿行，所以需要分布存储到多台服务器上。因此，当一张表的行太多的时候，HBase 会根据行键的值对表中的行进行分区，每个行区间构成一个"分区"（Region），包含了位于某个值域区间内的所有数据，如图 4-24 所示。

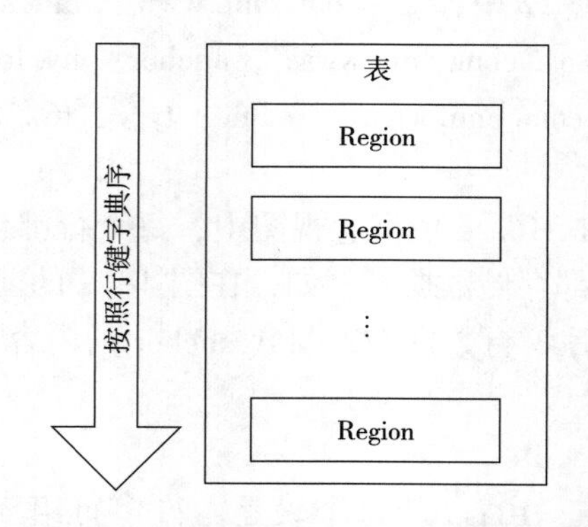

图 4-24 HBase 的 Region 存储模式图

Region 是按大小分割的，每个表一开始只有两个 Region，随着数据不断插入表中，Region 不断增大，当增大到一个阈值的时候，Region 会等分为两个新的 Region。当表中的行不断增多时，会有越来越多的 Region，如图 4-25 所示。

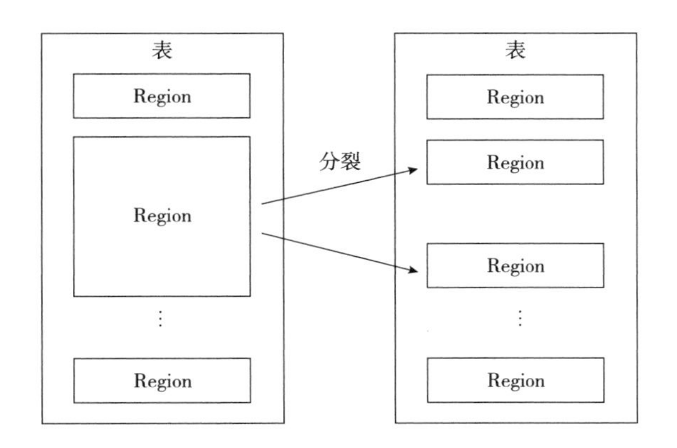

图 4-25　HBase 的 Region 分裂示意图

Region 是 HBase 中数据分发和负载均衡的最小单元，默认大小是 100～200MB。不同的 Region 可以分布在不同的 Region 服务器上，但一个 Region 不会拆分到多个 Region 服务器上。每个 Region 服务器负责管理一个 Region 集合，如图 4-26 所示。

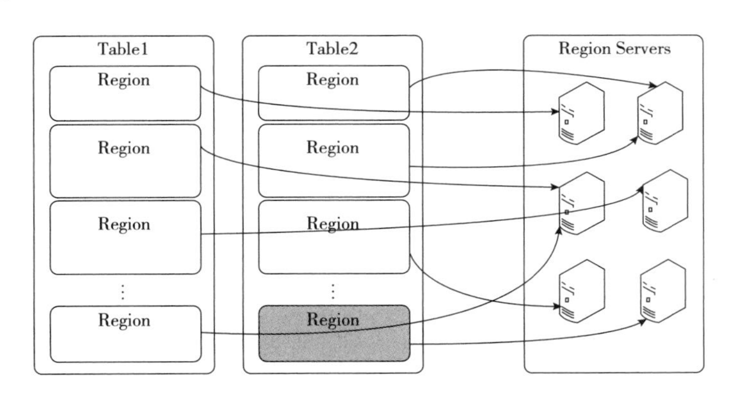

图 4-26　HBase 的 Region 分布模式

Region 是 HBase 在 Region 服务器上数据分发的基本单元，但并不是存储的最小单元。事实上，每个 Region 由一个或者多个 Store 组成，每个 Store 保存一个列族的数据。每个 Store 又由一个 memStore 和 0 至多个 StoreFile 组成，如图 4-27 所示。StoreFile 以 HFile 格式保存在 HDFS 上。

为了定位每个 Region 所在的位置，可以构建一张映射表，这个映射表包含了 Region 和 Region 服务器之间的对应关系，我们称之为“元数据表”，又名“. META. 表”，存储了 Region 和 Region 服务器的映射关系。当 HBase 表很大时，一个服务器保存不下，需要分区存储到不同的服务器上，因此 . META. 表也会被分裂成多个 Region。这时，为了定位这些 Region，就需要再构建一个新的映射表，这个新映射表就是“根数据表”，又名“-ROOT-表”，记录所有元数据的具体位置，-ROOT-表只有唯一一个 Region，是不能再分割的，名字是在程序中被写死的。Zookeeper 文件记录了-ROOT-表的位置。

Hbase 的三层结构图如图 4-28 所示。

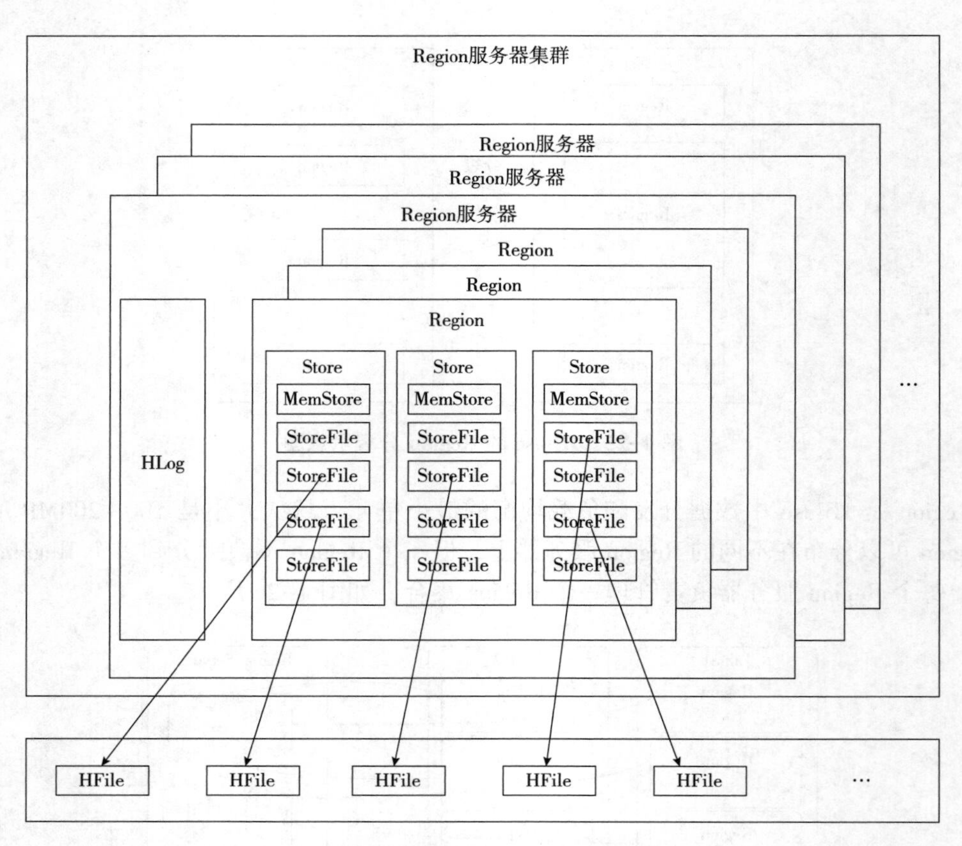

图 4-27　HBase 的 Region 存储模式

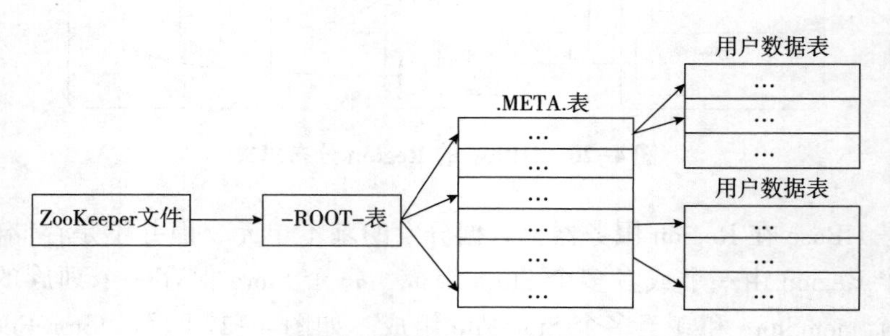

图 4-28　Hbase 的三层结构

(2) HBase 的系统架构

在分布式的生产环境中，HBase 需要运行在 HDFS 上，以 HDFS 作为其基础的存储设施。客户端可通过应用接口访问存储在 HBase 中的数据。HBase 的集群主要由 Master、Region 服务器和 Zookeeper 组成，具体模块如图 4-29 所示。

1) Master。Master 主要负责表和 Region 的管理工作。表的管理工作主要是负责完成增加表、删除表、修改表和查询表等操作。Region 的管理工作更复杂一些，Master 需要负责分配 Region 给 Region 服务器，协调多个 Region 服务器，检测各个 Region 服务器的状态，并平衡 Region 服务器之间的负载。当 Region 分裂或合并之后，Master 负责重新调整

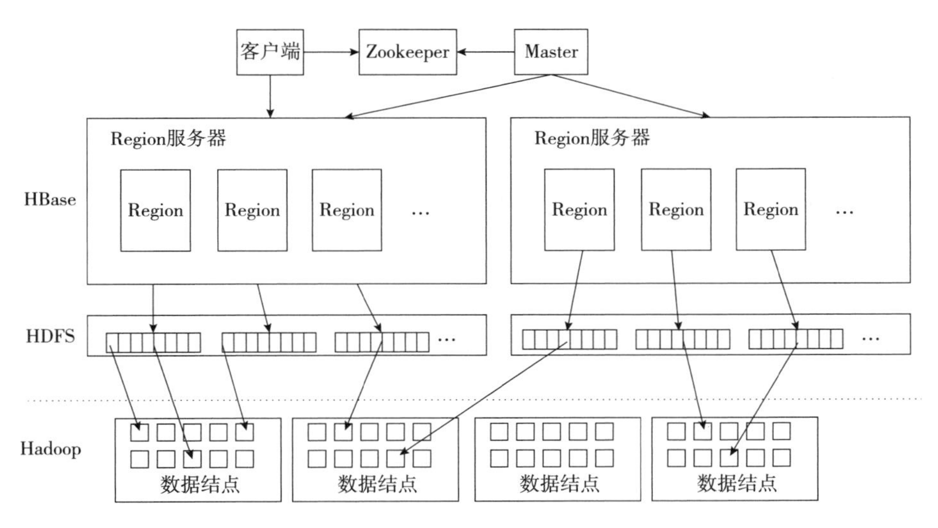

图 4-29　HBase 的系统架构

Region 的布局。如果某个 Region 服务器发生故障，Master 需要把故障 Region 服务器上的 Region 迁移到其他 Region 服务器上。

HBase 允许多个 Master 结点共存，但这需要 Zookeeper 进行协调。当多个 Master 结点共存时，只有一个 Master 是提供服务的，其他的 Master 结点处于待命的状态。当正在工作的 Master 结点宕机时，其他的 Master 则会接管 HBase 的集群。

2）Region 服务器。HBase 有许多个 Region 服务器，每个 Region 服务器又包含多个 Region。Region 服务器是 HBase 最核心的模块，负责维护 Master 分配给它的 Region 集合，并处理对这些 Region 的读写操作。Client 直接与 Region 服务器连接，并经过通信获取 HBase 中的数据。

HBase 采用 HDFS 作为底层存储文件系统，Region 服务器需要向 HDFS 写入数据，并利用 HDFS 提供可靠稳定的数据存储。Region 服务器并不需要提供数据复制和维护数据副本的功能。

3）Zookeeper。Zookeeper 对 HBase 来说很重要。首先，Zookeeper 是 HBase Master 高可用性（High Available，HA）解决方案。也就是说，Zookeeper 保证了至少有一个 HBase Master 处于运行状态。

Zookeeper 同时负责 Region 和 Region 服务器的注册。HBase 集群的 Master 是整个集群的管理者，它必须知道每个 Region 服务器的状态。HBase 就是使用 Zookeeper 管理 Region 服务器状态。每个 Region 服务器都向 Zookeeper 注册，由 Zookeeper 实时监控每个 Region 服务器的状态，并通知给 Master。这样一来，Master 就可以通过 Zookeeper 随时感知各个 Region 服务器的工作状态。

4）客户端。客户端包含访问 Hbase 的接口，同时在缓存中维护着已经访问过的 Region 位置信息，用来加快后续数据访问过程。

客户端访问用户数据时，需要首先访问 Zookeeper，获取-ROOT-表的位置信息；其次访问-ROOT-表，获取 . META. 表的信息；再次访问 . META. 表，找到所需的 Region 具体位于那个 Region 服务器；最后才会到该 Region 服务器读取数据，即需要经历一个“三级寻址”过程。事实上，Hbase 客户端访问时需要注意两点：一是为了加速寻址，客户端会缓存位置信息，同时需要解决缓存失效问题；二是寻址过程客户端只需要询问 Zookeeper 服务器，不需要连接 Master 服务器。

4.2.4.4 HBase Shell 常用命令和基本操作

HBase 为用户提供了一个非常方便的命令行使用方式——HBase Shell。HBase Shell 提供了大多数的 HBase 命令，用户通过 HBase Shell 可以方便地创建、删除及修改表，还可以向表中添加数据，列出表中的相关信息等。本部分介绍一些常用的命令和具体操作，并讲解如何使用命令行实现对一个学生成绩表的操作。

(1) 一般操作

1) 查询服务器状态。

```
hbase(main):011:0>status
1 active master,0 backup masters, 1 servers,0 dead,4.0000 average load
```

2) 查询版本号。

```
hbase(main):012:0>version
1.2.1,r8d8a7107dc4ccbf36a92f64675dc60392f85c015,Wed Mar 30 11:19:21 CDT 2016
```

(2) DDL 操作

数据定义语言（DataDefination Language，DDL）操作主要用来定义、修改和查询表的数据库模式。

1) 创建一个表。

```
hbase(main):013:0>create'table','column_famaly','column_famaly1','column_
famaly2'
        0 row(s)in 94.9160 seconds
```

2) 列出所有表。

```
hbase(main):014:0>list
TABLE
stu
table
test
3 row(s)in 0.0570 seconds
```

3) 获取表的描述。

```
hbase(main):015:0> describe 'table'
Table table is ENABLED
table
COLUMN FAMILIES DESCRIPTION
```

```
{NAME =>'coluran_famaly',DATA_BLOCK_ENCODING =>'NONE',BLOOMFILTER
  =>'ROW',REPLICATION_SCOPE=>'0',VERSIONS=>'1',COMPRESSION=>'NONE',
  MIN_VERSIONS
  =>'0',TTL=>'FOREVER',KEEP_DELETED_CELLS=>'FALSE',BLOCKSIZE=>'65536',
  IN_MEMORY
=>'false',BLOCKCACHE=>'true}......
        3 row(s)in 0.0430 seconds
```

4）删除一个列族。

```
hbase(main):016:0>alter'table',{NAME=>'column_famaly',METHOD=>'delete'}
Updating all regions with the new schema...
1/1 regions updated.
Done.
0 row(s)in 3.0220 seconds
```

5）删除一个表。

首先把表设置为 disable。

```
hbase(main):020:0>disable 'stu'
0 row(s)in 2.3150 seconds
```

然后删除一个表。

```
hbase(main):021:0>drop 'stu'
0 row(s)in 1.2820 seconds
```

6）查询表是否存在。

```
hbase(main):024:0>exists'table'
Table table does exist
0 row(s)in 0.0280 seconds
```

7）查看表是否可用。

```
hbase(main):025:0>is_enabled 'table'
true
0 row(s)in 0.0150 seconds
```

（3）DML 操作

数据操作语言（Data Manipulation Language，DML）操作主要用来对表的数据进行添加、修改、获取、删除和查询。

1）插入数据。

给 emp 表的 rw1 行分别插入 3 个列：

```
hbase(main):031:0>put'emp','rw1','col_f1:name','tanggao'
0 row(s)in 0.0460 seconds
hbase(main):032:0>put'emp','rw1','col_f1:age','20'
0 row(s)in 0.0150 seconds
hbase(main):033:0>put'emp','rw1','col_f1:sex','boy'
0 row(s)in 0.0190 seconds
```

2）获取数据。

获取 emp 表的 rw1 行的所有数据：

```
hbase(main):034:0> get 'emp','rw1'
COLUMN    CELL
col_f1:age timestamp=1463055735107,value=20
col_f1:name timestamp=1463055709542,value=tanggao
col_f1:sex timestamp=1463055753395,value=boy
3 row(s)in 0.3200 seconds
```

获取 emp 表的 rw1 行 col_f1 列族的所有数据：

```
hbase(main):035:0>get'emp','rw1','col_f1'
COLUMN    CELL
col_f1:age timestamp=1463055735107,value=20
col_f1:name timestamp=1463055709542,value=tanggao col_f1:sex
timestamp=1463055753395,value=boy
3 row(s)in 0.0270 seconds
```

3）更新一条记录。

更新 emp 表的 rw1 行、col_ f1 列族中 age 列的值：

```
hbase (main):037:0> put 'emp','rw1'col_f1:age','22'
0 row(s)in 0.0160 seconds
```

查看更新的结果：

```
hbase(main):038:0>get 'emp','rw1','col_f1:age'
COLUMN    CELL
col_f1:age timestamp=1463055893492,value=22
1 row(s)in 0.0190 seconds
```

4）通过时间戳获取两个版本的数据。

```
hbase(main):039:0>get
'emp','rw1',{COLUMN=>'col_f1:age',TIMESTAMP=>1463055735107}
COLUMN    CELL
```

```
col_f1:age timestamp=1463055735107,value=20
1 row(s)in 0.0340 seconds
hbase(main):040:0>get
'emp','rw1',{COLUMN=>'col_f1:age',TIMESTAMP=>1463055893492}
COLUMN    CELL
col_f1:age timestamp=1463055893492,value=22
1 row(s)in 0.0140 seconds
```

5）全表扫描。

```
hbase(main):041:0>scan 'emp'
ROW    COLUMN+CELL
id     column=col_f1:age,timestamp=1463055893492,value=2
id     column=col_f1:name,timestamp=1463055709542,value=tanggao
id     column=col_f1:sex,timestamp=1463055753395,value=boy
1 row(s)in 0.1520 seconds
```

6）删除一列。

删除 emp 表 rw1 行的一个列：

```
hbase(main):042:0>delete 'emp','rw1','col_f1:age'
0 row(s)in 0.0200 seconds
```

检查删除操作的结果：

```
hbase(main):043:0>get 'emp','rw1'
COLUMN    CELL
col_f1:name timestamp=1463.055709542,value=tanggao col_f1:sex
timestamp=1463055753395,value=boy
2 row(s)in 0.2430 seconds
```

7）删除行的所有单元格。

使用“deleteall”命令删除 emp 表 rw1 行的所有列：

```
hbase(main):044:0>deleteall 'emp','rw1'
0 row(s)in 0.0550 seconds
```

8）统计表中的行数。

```
hbase(main):045:0>count 'emp'
0 row(s)in 0.0450 seconds
```

9）清空整张表。

```
hbase(main):007:0>truncate 'emp'
Truncating 'emp'table(it may take a while);
-Disabling table...
-Truncating table...
0 row(s)in 4.1510 seconds
```

（4）HBase 表实例

下面以一个学生成绩表的例子来介绍常用的 HBase 命令的使用方法。表 4-3 是一张学生成绩单，其中，name 是行键，score 是一个列族，由 3 个列组成（English、Math 和 Computer）。用户可以根据需要在 score 中建立更多的列，如 Computing、Physics 等。

表 4-3　学生成绩单

name	score		
	English	Math	Computer
zhangsan	69	86	77
lisi	55	100	88

1）根据上面给出的表格，在 Hbase 中创建 Student 表格。

```
>create 'student','score'
```

2）按设计的表结构添加值。

```
put 'student','zhangsan','score:English','69'
put 'student','zhangsan','score:Math','86'
put 'student','zhangsan','score:Computer','77'
put 'student','lisi','score:English','55'
put 'student','lisi','score:Math','100'
put 'student','lisi','score:Computer','88'
```

样表结构就建立起来了，列族里边可以自由添加子列。如果列族下没有子列，则只加“:”即可。

3）设计完后，用 scan 指令浏览表的相关信息，给出截图（见图 4-30）。

```
>scan 'student'
```

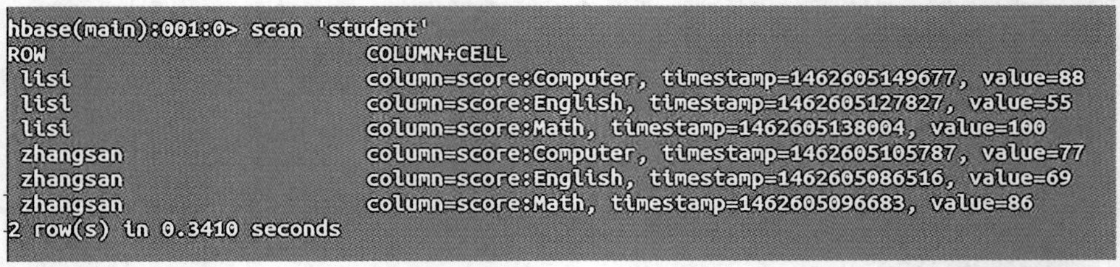

```
hbase(main):001:0> scan 'student'
ROW                          COLUMN+CELL
 lisi                        column=score:Computer, timestamp=1462605149677, value=88
 lisi                        column=score:English, timestamp=1462605127827, value=55
 lisi                        column=score:Math, timestamp=1462605138004, value=100
 zhangsan                    column=score:Computer, timestamp=1462605105787, value=77
 zhangsan                    column=score:English, timestamp=1462605086516, value=69
 zhangsan                    column=score:Math, timestamp=1462605096683, value=86
2 row(s) in 0.3410 seconds
```

图 4-30　表的详细信息

4）查询 zhangsan 的 Computer 成绩，给出截图（见图 4-31）。

```
>get 'student','zhangsan','score:Computer'
```

```
hbase(main):002:0> get 'student','zhangsan','score:Computer'
COLUMN                    CELL
 score:Computer           timestamp=1462605105787, value=77
1 row(s) in 0.0610 seconds
```

图 4-31　查询结果

5）修改 lisi 的 Math 成绩，改为 95，给出截图。

```
>put 'student','lisi','score:Math','95'
```

6）添加新的列，为 lisi 添加 computing 课程的成绩。

```
>put 'student','lisi','score:computing','90'
```

4.2.4.5　HBase 的编程

（1）HBase 的常用 Java API

HBase 主要包括五大类操作：HBase 的配置、HBase 表的管理、列族的管理、列的管理、数据操作等。

1）HBaseConfiguration

```
org.apache.hadoop.hbase.HBaseConfiguration
```

HBaseConfiguration 类用于管理 HBase 的配置信息。

2）Admin

```
org.apache.hadoop.hbase.client.Admin
```

Admin 是 Java 接口类型，不能直接用该接口来实例化一个对象，而是必须通过调用 Connection.getAdmin（）方法来调用返回子对象的成员方法。该接口用来管理 HBase 数据库的表信息。它提供的方法包括创建表、删除表、列出表项、使表有效或无效以及添加或删除表列族成员等。

3）HTableDescriptor

```
org.apache.hadoop.hbase.HTableDescriptor
```

HTableDescriptor 包含了表的详细信息。

4）HColumnDescriptor

```
org.apache.hadoop.hbase.HColumnDescriptor
```

HColumnDescriptor 类维护着关于列族的信息，如版本号、压缩设置等。它通常在创建表或者为表添加列族的时候使用。列族被创建后不能直接修改，只能删除后重新创建。列族被删除的时候，列族里面的数据也同时会被删除。

5）Table

```
org.apache.hadoop.hbase.client.Table
```

Table 是 Java 接口类型，不可以用 Table 直接实例化一个对象，而是必须通过调用

connection. get Table（）的一个子对象来调用返回子对象的成员方法。这个接口可以用来和 HBase 表直接通信，可以从表中获取数据、添加数据、删除数据和扫描数据。

6）Put

```
org.apache.hadoop.hbase.client.Put
```

Put 类用来对表的单元执行添加数据操作。

7）Get

```
org.apache.hadoop.hbase.client.Get
```

Get 类用来获取单行的数据。

8）Result

```
org.apache.hadoop.hbase.client.Result
```

Result 类用来存放 Get 或 Scan 操作后的查询结果，并以 <key，value>的格式存储在映射表中。

9）Scan

```
org.apache.hadoop.hbase.client.Scan
```

Scan 类可以用来限定需要查找的数据，如版本号、起始行号、终止行号、列族、列限定符、返回值的数量的上限等。

10）ResultScanner

```
org.apache.hadoop.hbase.client.ResultScanner
```

ResultScanner 类是客户端获取值的接口，可以用来限定需要查找的数据，如版本号、起始行号、终止行号、列族、列限定符、返回值的数量的上限等。

（2）HBase Java API 编程实例

本部分通过一个具体的编程实例学习如何使用 HBase Java API 解决实际问题。在本实例中，根据前文已经设计出的 student 表格，用 Hbase API 编程。添加数据：English：45 Math：89 Computer：100。

HBase 不需要另外下载驱动，可直接使用 hbase/lib 下的 Jar 包编程。

```
import java.io.IOException;
import org.apache.hadoop.conf.Configuration;
import org.apache.hadoop.hbase.HBaseConfiguration;
import org.apache.hadoop.hbase.TableName;
import org.apache.hadoop.hbase.client.Admin;
import org.apache.hadoop.hbase.client.Connection;
import org.apache.hadoop.hbase.client.ConnectionFactory;
import org.apache.hadoop.hbase.client.Put;
import org.apache.hadoop.hbase.client.Table;
public class hbase_insert {
    /**
     *@ param args
```

```
    */
    public static Configuration configuration ;
    public static Connection connection ;
    public static Admin admin ;
  public static void main(String[] args){
      // TODO Auto-generated method stub
        configuration   = HBaseConfiguration. create ();
        configuration.set("hbase. rootdir","hdfs://localhost:9000/hbase");
        try{
            connection = ConnectionFactory. createConnection (configuration);
            admin = connection.getAdmin();
        }catch (IOException e){
              e. printStackTrace();
        }
        try {
            insertRow ("student","scofield","score","English","45");
            insertRow ("student","scofield","score","Math","89");
            insertRow ("student","scofield","score","Computer","100");
        } catch (IOException e){
            // TODO Auto-generated catch block
            e. printStackTrace();
        }
         close ();
    }
    public static void insertRow(String tableName,String rowKey,String colFamily,
              String col,String val)throws IOException {
        Table table = connection.getTable(TableName. valueOf (tableName));
        Putput = new Put(rowKey. getBytes());
        put. addColumn(colFamily. getBytes(), col. getBytes(), val. getBytes());
        table. put(put);
        table. close();
    }
    public static void close(){
            try{
                if(admin ! = null){
```

```
                    admin.close();
                }
                if(null ! = connection){
                    connection.close();
                }
            }catch (IOException e){
                e.printStackTrace();
            }
        }
}
```

可以用 scan 输出数据库数据检验是否插入成功（见图 4-32）：

```
hbase(main):005:0> scan 'student'
ROW                          COLUMN+CELL
 lisi                        column=score:Computer, timestamp=1462605149677, value=88
 lisi                        column=score:English, timestamp=1462605127827, value=55
 lisi                        column=score:Math, timestamp=1462605841339, value=95
 scofield                    column=score:Computer, timestamp=1462607153886, value=100
 scofield                    column=score:English, timestamp=1462607153858, value=45
 scofield                    column=score:Math, timestamp=1462607153883, value=89
 zhangsan                    column=score:Computer, timestamp=1462605105787, value=77
 zhangsan                    column=score:English, timestamp=1462605086516, value=69
 zhangsan                    column=score:Math, timestamp=1462605096683, value=86
3 row(s) in 0.0390 seconds
```

图 4-32　学生表信息

4.2.5　云存储

4.2.5.1　云存储的概念

云存储是一个新的概念，是一种新兴的网络存储技术，指通过集群应用、网络技术或分布式文件系统等，借助应用软件将网络中大量各种不同类型的存储设备集合起来协同工作，共同对外提供数据存储和业务访问功能的一种服务。云存储不仅是一种存储设备或技术，还是一种服务的创新，如图 4-33 所示。

4.2.5.2　云存储的特点

1）存储管理可以实现自动化和智能化，所有的存储资源被整合到一起，为用户提供统一的存储空间。

2）云存储通过虚拟化技术解决了存储空间的浪费，可以重新自动分配资源，提高了存储空间的利用率，同时具备负载均衡、故障冗余功能。

3）云存储能够实现规模效应和弹性扩展，降低运营成本，避免资源浪费。

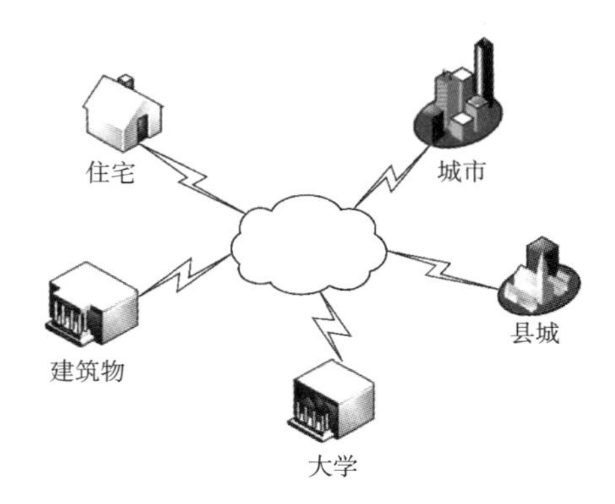

图 4-33　云存储

4.2.5.3　云存储的优点

云存储的优点主要体现在以下四个方面，如图 4-34 所示：

1）易用性，访问更便捷。

2）高可靠，更好地备份数据并可以异地处理日常数据。

3）强安全，多层次安全防护。

4）低成本，节约成本。

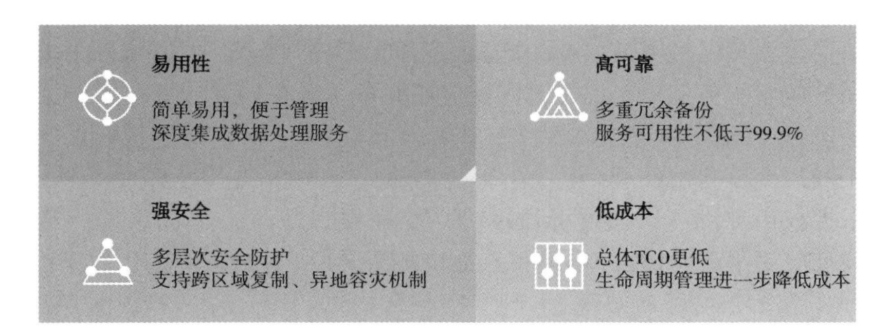

图 4-34　云存储的优点

4.2.5.4　云存储的架构

云存储的架构由存储层、基础管理层、应用接口层、访问层构成，如图 4-35 所示。

（1）存储层

存储层是云存储最基础的部分。存储设备可以是 FC 光纤通道存储设备，可以是 NAS 存储设备，也可以是 SAN 或 DAS 等存储设备。云存储中的存储设备往往数量庞大且分布于不同地域，彼此之间通过广域网、互联网或者 FC 光纤通道网络连接在一起。

存储设备之上是统一存储设备管理系统，可以实现存储设备的逻辑虚拟化管理、多链路冗余管理，以及硬件设备的状态监控、故障维护。

（2）基础管理层

基础管理层是云存储最核心的部分，也是云存储中最难实现的部分。基础管理层通过集

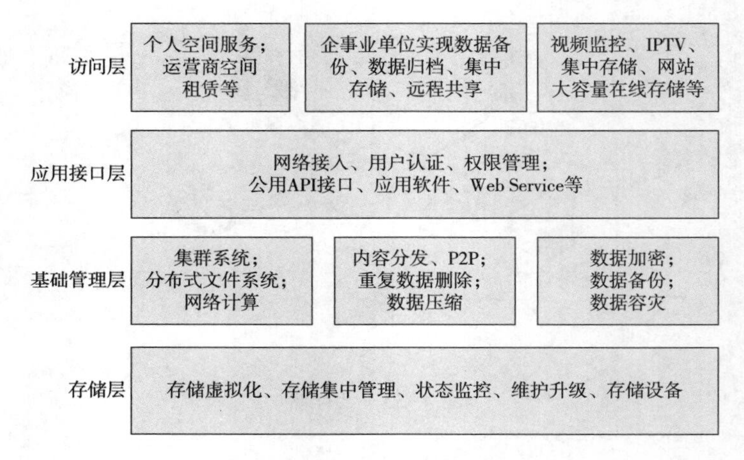

图 4-35　云存储的架构

群系统、分布式文件系统和网格计算等技术，实现云存储中多个存储设备之间的协同工作，使多个存储设备可以对外提供同一种服务，并提供更大、更强、更好的数据访问性能。

CDN 内容分发系统、数据加密技术可以保证云存储中的数据不会被未授权的用户所访问。同时，通过各种数据加密、数据备份、数据容灾的技术和措施，确保云存储中的数据不会丢失，保证云存储自身的安全和稳定。

(3) *应用接口层*

应用接口层是云存储最灵活多变的部分。不同的云存储运营单位可以根据实际业务类型，开发不同的应用服务接口，提供不同的应用服务。云存储运营单位不同，提供的访问类型和访问手段也不同。

(4) *访问层*

任何一个授权用户都可以通过标准的公用应用接口登录云存储系统，享受云存储服务，如视频监控应用平台、IPTV 和视频点播应用平台、网络硬盘应用平台、远程数据备份应用平台等。

4.2.5.5　云存储的核心技术

(1) *存储虚拟化*

存储虚拟化的重要特点是自动精简配置，自动精简配置是一种先进的、智能的、高效的容量分配和管理技术，扩展了存储管理功能，可以用小的物理容量为操作系统提供超大容量的虚拟存储空间，并且随着应用的数据量增长，实际存储空间也可以及时扩展，而无须手动扩展。总之，自动精简配置提供的是“运行时空间”，可以显著减少已分配但未使用的存储空间。

如果采用传统的磁盘分配方法，需要用户对当前和未来业务发展规模进行正确的预判，提前做好空间资源的规划，但这并不是一件容易的事情。在实际中，对应用系统规模的估计不准确往往会造成容量分配的浪费，比如为一个应用系统预分配了 5TB 的空间，但该应用却只需要 1TB 的容量，这就造成了 4TB 的容量浪费，而且这 4TB 容量被分配后很难再被其他应用系统使用。即使是最优秀的系统管理员，也不可能恰如其分地为应用分配好存储资源而没有一点的浪费。根据业界的权威统计，由于预分配了太大的存储空间而导致的资源浪费，大约占总存储空间的 30%。

自动精简配置技术有效解决了存储资源的空间分配难题，提高了资源利用率。采用自动精简配置技术的数据卷分配给用户的是一个逻辑的虚拟容量，而不是一个固定的物理空间，只有当用户向该逻辑资源真正写数据时，云存储才按照预先设定好的策略从物理空间分配实际容量，如图 4-36 所示。

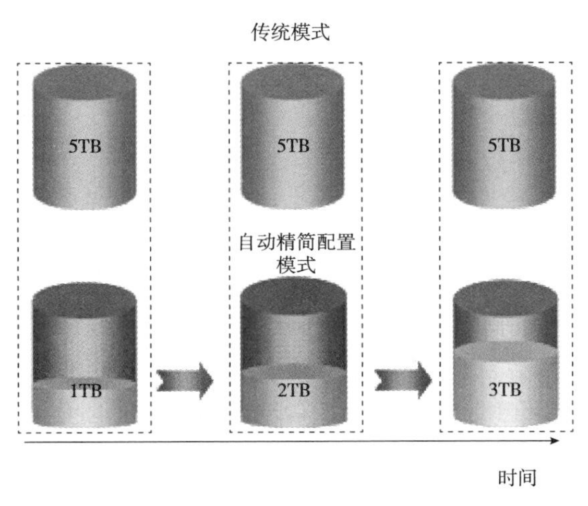

图 4-36　自动精简配置

（2）负载均衡

为了支持海量的请求，云存储的一个典型特点是实现这些请求在系统内部的负载均衡（见图 4-37）。在传统的负载均衡中，处于网络边缘的设备将来自不同地址的请求均匀、最优化地发送到各个承载设备上。而在云存储中，除了在网络边缘实现 DNS 动态均匀解

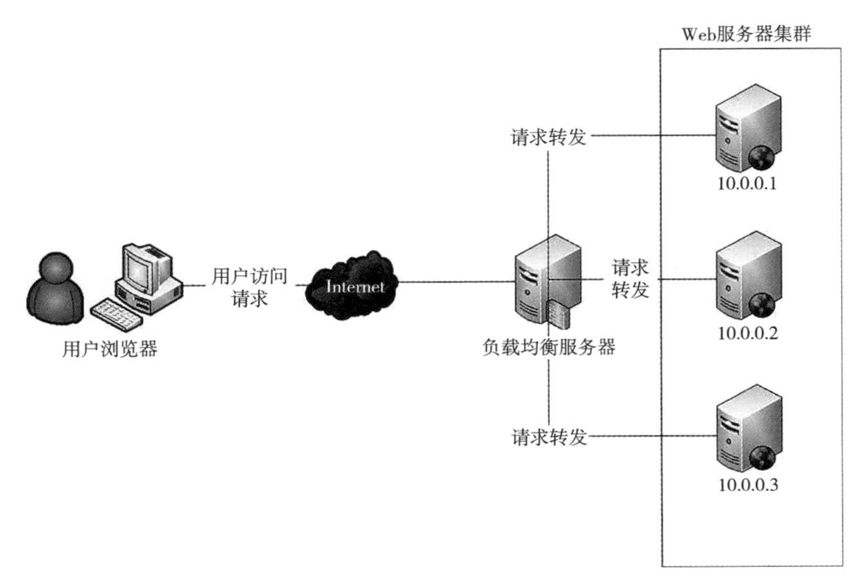

图 4-37　负载均衡

析的负载均衡设备外，还有在系统内部的负载均衡机制，即为在节点资源之间的负载均衡。

由于每个节点只需相应执行分配在自身上的请求即可，节点的负载均衡能够更好地实现系统的动态扩展，即若系统收到的请求均匀分配给每个节点后超出节点的处理能力，只需通过扩充节点的数目就可以减少系统所有节点的压力，而无须对内部的负载均衡机制做任何处理。这样具有节点扩展能力的负载均衡机制可以真正地满足云存储大规模部署的需求。

4.2.5.6 云存储实践

(1) 阿里云 RDS 简介

RDS（Relational Database Service）是阿里云提供的关系型数据库服务，它将直接运行于物理服务器上的数据库实例租给用户，是专业人员管理的、高可靠的云端数据库服务。RDS 由专业数据库管理团队维护，还可以为用户提供数据备份、数据恢复、扩展升级等管理功能，相对于用户自建数据库而言，RDS 具有专业、高可靠、高性能、灵活易用等优点，能够帮助用户解决费时费力的数据库管理任务，让用户将更多的时间聚焦在核心业务上。RDS 安全稳定、数据可靠、自动备份、管理透明、性能卓越，可灵活扩容等，可以提供专业的数据库管理平台、专业的数据库优化建议以及完善的监控体系。

(2) RDS 中的概念

1）RDS 实例。RDS 实例是用户购买 RDS 服务的基本单位。在实例中，可以创建多个数据库，可以使用常见的数据库客户端连接、管理及使用数据，可以通过 RDS 管理控制台或 OPEN API 来创建、修改和删除数据库。

2）RDS 数据库。RDS 数据库是用户在一个实例下创建的逻辑单元。一个实例可以创建多个数据库，在实例内数据库命名唯一，所有数据库都会共享该实例下的资源，如 CPU、内存、磁盘容量等。RDS 不支持使用标准的 SQL 语句或客户端工具创建数据库，必须使用 OPEN API 或 RDS 管理控制台进行操作。

3）地域。地域指用户所购买的 RDS 实例的服务器所处的地理位置。RDS 服务器地域节点遍布全球，服务品质完全相同。用户可以在购买 RDS 实例时指定地域，购买实例后暂不支持更改。

4）RDS 可用区。RDS 可用区指在同一地域下电力、网络隔离的物理区域，可用区之间内网互通，可用区内网络延时更小，不同可用区之间故障隔离。RDS 可用区又分为单可用区和多可用区，单可用区指 RDS 实例的主备节点位于相同的可用区，它可以有效控制云产品间的网络延迟；多可用区指 RDS 实例的主备节点位于不同的可用区，当主节点所在可用区出现故障（如机房断电等）时，RDS 进行主备切换，会切换到主备节点所在的可用区继续提供服务。多可用区的 RDS 轻松实现了同城容灾。

5）磁盘容量。磁盘容量是用户购买 RDS 实例时所选择购买的磁盘大小。实例所占用的磁盘容量除了存储表格数据以外，还有实例正常运行所需要的空间，如系统数据库、数据库回滚日志、重做日志、索引等。

6）RDS 连接数。RDS 连接数是应用程序可以同时连接到 RDS 实例的连接数量。任意连接到 RDS 实例的连接均计算在内，它与应用程序或者网站能够支持的最大用户数无关，用户在购买 RDS 实例时所选择的内存大小决定了该实例的最大连接数。

（3）购买和使用 RDS 数据库

进入阿里云首页，阿里云官网（http：//www. aliyun. com/），使用支付宝账户登录阿里云，账户登录成功后，点击“云数据库 RDS “，即可进入云数据库 RDS 页面（见图 4-38）。点击“立即购买”，即可获得 RDS 服务。新用户可以免费体验半年的 RDS 服务。购买成功后，可以通过管理控制台对 RDS 实例进行操作使用。

图 4-38　阿里云数据库

云存储是在云计算兴起的大背景下发展起来的，在云端为用户提供数据服务，用户不需要自己投资建设软硬件环境，只需要向云服务供应商购买数据库服务就可以方便、快捷、低成本地实现数据的存储和管理功能。云存储具有动态可扩展、高可用性、低成本、易用性、大规模并行处理等突出优点，是大数据时代企业实现低成本大规模数据存储的理想选择。

本章小结

本章详细介绍了大数据存储与管理相关技术的概念与原理，包括传统数据的存储与管理技术、大数据存储与管理、分布式文件系统及 Hadoop HDFS 分布式文件系统、NoSQL 数据库及分布式数据库 HBase 等内容的理论与相关实践。由于云计算和大数据是密不可分的两种技术，不能割裂看待，而且了解云存储有助于拓展对大数据存储和管理的认识，因此本章最后对云存储的概念和相关产品做了介绍。

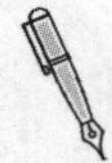

思考题

1. 传统的数据存储介质有哪些？各有何特点？
2. 请详细比较 DAS、NAS 和 SAN 三种存储架构的特点。
3. 什么是 HDFS？它主要提供什么服务？
4. HDFS 的设计理念包括哪几点？
5. NoSQL 数据库有几大类型？各自的主要特点是什么？
6. 请说明 HBase 概念视图和物理视图，并描述它们的区别。
7. 什么是数据仓库？请说明它的体系结构。
8. 云存储不同于传统存储体现在哪些方面？
9. 云存储架构分哪些层次？各自实现了什么功能？

第5章 大数据计算架构

大数据技术是采集、存储和处理大容量数据集，并从中获得知识价值所需的一整套技术。其中的大数据计算架构主要负责对系统中的数据进行计算与分析，如计算处理文件系统中存储的数据，处理刚刚从系统中获取的流式数据等。本章重点介绍与大数据计算相关的技术，内容包括大数据处理模式概述、批处理并行计算MapReduce、大数据快速计算Spark、流计算Spark Streaming、查询分析计算Hive等。

5.1 概述

计算模式架构在某种意义上可称为计算引擎，如MapReduce是Hadoop的默认大数据计算引擎，Spark也可以作为Hadoop的计算引擎，这些都是实际负责处理数据操作的组件。计算模式按照所处理的数据的状态可分为批处理计算模式、流式处理计算模式及查询分析计算模式。

5.1.1 批处理计算

批处理计算是一种用来计算大规模数据集的方法，它在大数据世界有着较为悠久的历史，最早的Hadoop就是其中的一种，而后起之秀Spark也是从批处理开始做起的。批处理主要操作大容量静态数据集，并在计算过程完成后返回结果。批处理计算模式中使用的数据集通常符合下列特征：

- 有界。批处理的数据集是数据的有限集合。
- 持久。数据通常存储在某种类型的持久存储系统中，如HDFS或数据库。
- 大量。批处理操作通常处理极为海量的数据集。

批处理非常适合需要访问整个数据集合才能完成的计算工作。例如，在计算总数和平均数时，必须将数据集作为一个整体加以处理，而不能将其视作多条记录的集合。这些操作要求在计算进行过程中数据维持自己的状态。需要处理大量数据的任务通常最适合用批处理模式进行处理，批处理系统在设计过程中充分考虑了数据的量，可提供充足的处理资源。由于批处理在应对大量持久数据方面的表现极为出色，因此经常被用于对历史数据进行分析。为了提高处理效率，对大规模数据集进行批处理需要借助分布式并行程序。传统的程序基本以单指令、单数据流的方式按顺序执行。这种程序开发起来比较简单，符合人们的思维习惯，但性能会受到单台计算机性能的限制，很难在给定的时间内完成任务。而分布式并行程序运行在大量计算机组成的集群上，可以同时利用多台计算机并发完成同一个数据处理任务，提高了处理效率，同时可以通过增加新的计算机扩充集群的计算能力。谷歌最先实现了分布式并行处理模式 MapReduce，并于 2004 年以论文的方式对外公布了其工作原理，Hadoop MapReduce 是它的开源实现。

大量数据的处理需要付出大量时间，因此批处理模式不适合对处理时间要求较高的应用场景。

5.1.2 流计算

在大数据时代，数据通常都是持续不断、动态产生的。在很多场合，数据需要在非常短的时间内得到处理，并且还要考虑容错、拥塞控制等问题，避免数据遗漏或重复计算。流计算则是针对这一类问题的解决方案。流式计算模式一般采用有向无环图（DAG）模型。图中的节点分为两类：一类是数据的输入节点，负责与外界交互而向系统提供数据；另一类是数据的计算节点，负责完成某种处理功能，如过滤、累加、合并等。从外部系统不断传入的实时数据则流经这些节点而串接起来。

基于流式计算模式的系统会对随时进入系统的数据进行计算。相比于批处理，这是一种截然不同的处理方式。流式计算无须针对整个数据集执行操作，而是对通过系统传输的每个数据项执行操作。流式计算的数据集是“无边界”的，这产生了三个重要的影响：

❖ 完整数据集只能代表截至目前已经进入系统中的数据总量。

❖ 工作数据集会更加相关，在特定时间只能代表某个单一数据项。

❖ 处理工作是基于事件的，除非明确停止，否则没有“尽头”。处理结果立即可用，并会随着新数据的抵达继续更新。

此类处理非常适合某些类型的工作负载。有近实时处理需求的任务很适合使用流式处理，如分析服务器或应用程序错误日志，以及其他基于时间衡量指标的应用场景，因为这些应用场景要求对数据变化做出实时的响应，这对业务职能来说是极为关键的。流式处理很适合用来处理“必须对变动或峰值做出响应并且关注一段时间内变化趋势”的数据。

Apache Storm 是一种侧重于极低延迟的流式计算模式，也是要求近实时处理的工作负载的最佳选择。该模式可处理大量的数据，提供的结果比其他解决方案具有更低的延迟。此外，Spark Streaming 也提供这种流式的计算模式。

5.1.3 查询分析计算

在解决了大数据的可靠存储和高效计算后，如何为数据分析人员提供便利的查询分析日益受到企业和用户的关注，而最便利的分析方式莫过于交互式查询。一些批处理和流计算平台如 Hadoop 和 Spark 分别内置了交互式查询分析计算。

由于 SQL 已被业界广泛接受，目前的交互式查询分析计算都支持用类似 SQL 的语言进行查询。早期的交互式分析平台建立在 Hadoop 的基础上，被称作 SQL-on-Hadoop。后来的分析平台改用 Spark、Storm 等引擎，不过 SQL-on-Hadoop 的称呼还是沿用下来。SQL-on-Hadoop 也指为分布式数据存储提供 SQL 查询功能。

Apache Hive 是最早出现的、架构在 Hadoop 基础之上的大规模数据仓库，由 Facebook 公司设计并开源。Hive 的基本思想是：通过定义模式信息，把 HDFS 中的文件组织成类似传统数据库的存储系统。Hive 保持着 Hadoop 所提供的可扩展性和灵活性。Hive 支持熟悉的关系型数据库概念，如表、列和分区，包含对非结构化数据一定程度的 SQL 支持。它支持所有主要的原语类型（如整数、浮点数、字符串）和复杂类型（如字典、列表、结构）。它还支持使用类似 SQL 的声明性语言 Hive Query Language（HiveQL）表达的查询，任何熟悉 SQL 的人都很容易理解它。

5.2　批计算 MapReduce

MapReduce 是 Hadoop 大数据计算框架的处理引擎，能够运行在由上千个商用机器组成的大集群上，并以一种可靠的、具有容错能力的方式并行地处理 TB 级别的海量数据集。MapReduce 在对历史的批量数据的处理上具有很大优势，且用户能够基于此引擎轻松地编写应用程序，通过分散计算来分析大量数据以实现分布式的并行数据处理。无论是谷歌、百度、腾讯、NASA，还是小创业公司，MapReduce 都是目前分析互联网级别数据的主流方法。

5.2.1　MapReduce 基本思想

使用 MapReduce 处理大数据的基本思想包括三个层面。首先，对大数据采取分而治之的思想。对相互间不具有计算依赖关系的大数据实现并行处理，最自然的办法是采取分而治之的策略。其次，把分而治之的思想上升到抽象模型。为了克服 MPI 等并行计算方法缺少高层并行编程模型这一缺陷，MapReduce 借鉴了 Lisp 函数式语言中的思想，用 Map 和 Reduce 两个函数提供了高层的并行编程抽象模型。最后，把分而治之的思想上升到架构层面，统一架构为程序员隐藏了系统层的处理细节。MPI 等并行计算方法缺少统一的计算框架支持，程序员需要考虑数据存储、划分、分发、结果收集、错误恢复等诸多细节，为此，MapReduce 设计并提供了统一的计算框架，为程序员隐藏了绝大多数系统层面的处理细节。

5.2.1.1　大数据处理思想：分而治之

并行计算的第一个重要问题是如何划分计算任务或者计算数据以便对划分的子任务或

数据块同时进行计算。然而，一些计算问题的前后数据项间存在很强的依赖关系，无法进行划分，只能串行计算。也就是说，对于不可拆分的计算任务或相互间有依赖关系的数据，无法进行并行计算。一个大数据若可以分为具有同样计算过程的数据块，并且数据块之间不存在数据依赖关系，则提高处理速度的最好办法是并行计算。

5.2.1.2 构建抽象模型：Map 函数和 Reduce 函数

MapReduce 方法使用了拆分的思想，构建了两个经典函数。

（1）Map 函数

Map 函数是对集合中的每个元素进行同一个操作。如果想对表单里每个单元格的数据开立方，那么把这个函数单独地应用在每个单元格上的操作就属于 Map。

（2）Reduce 函数

Reduce 函数是遍历集合中的元素后返回一个综合的结果。如果想找出表单里所有数字的总和，那么输出表单里一列数字总和的任务就属于 Reduce。

Map 函数是对一组数据元素进行某种重复式的处理，Reduce 函数对 Map 函数的中间结果进行某种进一步的整理。MapReduce 定义了 Map 和 Reduce 两个抽象的函数编程接口，程序员只需要关注如何实现这两个接口即可，MapReduce 框架负责处理并行编程中的其他各种复杂问题，因而用户编程比较容易。

1）Map：<k1，v1>→List(<K2，V2>)。

输入：键值对<k1，v1>表示的数据。

处理：数据记录将以“键值对”形式传入 Map 函数，Map 函数将处理这些键值对，并以另一种键值对形式输出中间结果 List(<K2，V2>)。

输出：键值对 List(<K2，V2>) 表示的一组中间数据。

2）Reduce：<K2，List(V2)>→List(<K3，V3>)。

输入：由 Map 输出的一组键值对 List(<K2，V2>) 将被进行合并处理，同样主键下的不同数值会合并到一个列表 List(V2) 中，故 Reduce 的输入为<K2，List(V2)>。

处理：对传入的中间结果列表数据进行某种整理或进一步的处理，并产生最终的输出结果 List(<K3，V3>)。

输出：最终输出结果 List(<K3，V3>)。

基于 MapReduce 的并行计算模型如图 5-1 所示。各个 Map 函数对所划分的数据并行处理，从而不同的输入数据产生不同的中间结果。各个 Reduce 函数也各自并行计算，负责处理不同的中间结果。进行 Reduce 函数处理前，必须等到所有的 Map 函数完成。因此，在进入 Reduce 函数前需要有同步屏障。这个阶段也负责对 Map 函数的中间结果数据进行收集整理、处理，以便 Reduce 函数能更有效地计算最终结果。最后汇总所有 Reduce 函数的输出结果即是最终结果。

5.2.1.3 并行计算的自动化并隐藏底层细节

MapReduce 提供了一个统一的计算框架，来完成计算任务的划分和调度，数据的分布存储和划分，处理数据与计算任务的同步，结果数据的收集与整理，以及系统通信、负载

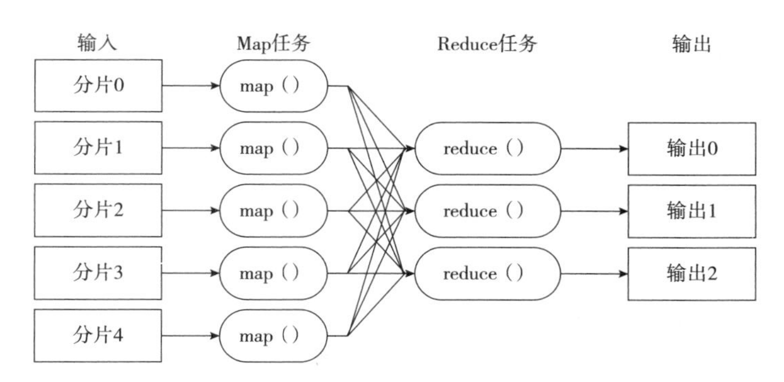

图 5-1　基于 MapReduce 的并行计算模型

平衡、计算性能优化、系统结点出错检测和失效恢复处理等。

MapReduce 通过抽象模型和计算框架把需要做什么与具体怎么做分开了，为程序员提供了抽象和高层的编程接口及模式，程序员仅需要关心其应用层的具体计算问题，仅需编写少量的处理应用本身计算问题的程序代码。并且与具体完成并行计算任务相关的诸多系统层细节被隐藏起来，交给计算框架处理：从分布代码的执行，到大到数千个、小到单个的结点集群的自动调度使用。

MapReduce 计算架构提供的主要功能包括五点。

（1）任务调度

提交的一个计算作业（Job）将被划分为很多个计算任务（Task）。任务调度功能主要负责为这些划分后的计算任务分配和调度计算结点（Map 结点或 Reduce 结点），同时负责监控这些结点的执行状态，以及 Map 结点执行的同步控制，也负责进行一些计算性能优化处理。例如，对最慢的计算任务采用多备份执行，选最快完成者作为结果。

（2）数据/程序互定位

为了减少数据通信量，一个基本原则是本地化数据处理，即一个计算结点尽可能处理其本地磁盘上分布存储的数据，这实现了代码向数据的迁移。当无法进行这种本地化数据处理时，再寻找其他可用结点并将数据从网络上传送给该结点（数据向代码迁移），但应尽可能从数据所在的本地机架上寻找可用结点以减少通信延迟。

（3）出错处理

在以低端商用服务器构成的大规模 MapReduce 计算集群中，结点硬件（主机、磁盘、内存等）出错和软件有缺陷是常态。因此，MapReduce 架构需要能检测并隔离出错结点，并调度分配新的结点来接管出错结点的计算任务。

（4）分布式数据存储与文件管理

海量数据处理需要一个良好的分布数据存储和文件管理系统作为支撑，该系统能够把海量数据分布存储在各个结点的本地磁盘上，但保持整个数据在逻辑上成为一个完整的数据文件。为了提供数据存储容错机制，该系统还提供数据块的多备份存储管理能力。

（5）Combiner 和 Partitioner

为了减少数据通信开销，中间结果数据进入 Reduce 结点前需要进行合并（Combine）处理，即把具有同样主键的数据合并到一起避免重复传送。一个 Reduce 结点所处理的数据可能会来自多个 Map 结点，因此 Map 结点输出的中间结果需使用一定的策略进行适当的划分（Partition）处理，以保证相关数据发送到同一个 Reduce 结点上。

5.2.1.4 Map 函数和 Reduce 函数

MapReduce 是一个使用简易的软件模式，基于它写出来的应用程序能够运行在由大规模通用服务器组成的大型集群上，并以一种可靠容错的方式并行处理 TB 级别以上的数据集。MapReduce 将复杂的、运行在大规模集群上的并行计算过程高度地抽象为两个简单的函数：Map 函数和 Reduce 函数。

简单来说，一个 Map 函数是对一些独立元素组成的概念上的列表的每一个元素进行指定的操作。例如，对员工薪资列表中每个员工的薪资都增加 10%，可以定义一个“加 10%”的 Map 函数来完成这个任务。事实上，每个元素都是被独立操作的，原始列表没有被更改，而是创建了一个新的列表保存新的答案。这就是说，Map 函数的操作是可以高度并行的，这对高性能要求的应用以及并行计算领域的需求非常有用。

Reduce 函数的操作指对一个列表的元素进行适当合并。例如，如果想知道员工的平均工资是多少，就可以定义一个 Reduce 函数，通过让工资表中的各个元素与自己相邻的元素逐步相加的方式，如此递归运算直到列表只剩下一个元素，然后用这个元素除以人数，就得到了平均工资。虽然 Reduce 函数不如 Map 函数那么并行，但是因为 Reduce 函数总有一个简单的答案，并且大规模的运算相对独立，因此 Reduce 函数在高度并行环境下很有用。

Map 函数和 Reduce 函数都是以 <key，value>作为输入，按一定的映射规则转换成另一个或一批 <key，value> 进行输出，如表 5-1 所示。

表 5-1 Map 函数和 Reduce 函数

函数	输入	输出	说明
Map	<k1，V1>	List(<k1，V2>)	将输入数据集分解成一批<key，value>对，然后进行处理；每一个<key，value>输入，Map 会输出一批<K2，V2>，<K2，V2>是计算的中间结果
Reduce	<k2，List(V2)>	<K3，V3>	MapReduce 模式会把 Map 的输出按 key 归类为 <K2，List(V2)>，List(V2) 是一批属于同一个 K2 的 value

Map 函数的输入数据来自 HDFS 的文件块，这些文件块的格式是任意类型的，可以是文档，可以是数字，也可以是二进制。文件块是一系列元素组成的集合，这些元素也可以是任意类型的。Map 函数首先将输入的数据块转换成 <key，Value> 形式的键值对，键和值的类型也是任意的。Map 函数的作用是把每一个输入的键值对映射成一个或一批新的键值对。输出键值对里的键与输入键值对里的键可以是不同的。

需要注意的是，Map 函数的输出格式与 Reduce 函数的输入格式并不相同，前者是 List(<K2，V2>) 格式，后者是 <K2，List(V2)> 的格式。因此，Map 函数的输出并不能直接作为 Reduce 函数的输入。MapReduce 框架会把 Map 函数的输出按照键进行归类，把具有相同键的键值对进行合并，合并成 <K2，List(V2)> 的格式，其中，List(V2) 是一批属于同一个 K2 的 value。

Reduce 函数的任务是将输入的一系列具有相同键的值以某种方式组合起来，然后输出处理后的键值对，输出结果一般会合并成一个文件。

为了提高 Reduce 的处理效率，用户可以指定 Reduce 任务的个数，也就是说，可以由多个 Reduce 并发来完成归约操作。MapReduce 框架会根据设定的规则把每个键值对输入到相应的 Reduce 任务进行处理。这种情况下，MapReduce 将会输出多个文件。一般情况下，并不需要把这些输出文件进行合并，因为这些文件也许会作为下一个 MapRedue 任务的输入。

5.2.2　Hadoop MapReduce 架构

Hadoop MapReduce 是 Hadoop 平台根据 MapReduce 原理实现的计算框架，目前已经实现了两个版本，即 MapReduce 1.0 和基于 YARN（Yet Another Resource Negotiator）结构的 MapReduce 2.0。尽管 MapReduce 1.0 中存在一些问题，但整体架构比较清晰，更适合初学者理解 MapReduce 的核心概念。因此，本部分首先使用 MapReduce 1.0 介绍 MapReduce 的核心概念，然后在此基础上介绍 MapReduce 2.0。

一个 Hadoop MapReduce 作业（Job）的基本工作流程是，首先把存储在 HDFS 中的输入数据集切分为若干个独立的数据块，由多个 Map 任务以完全并行的方式处理这些数据块。MapReduce 框架会对 Map 任务的输出先进行排序，然后把结果作为输入传送给 Reduce 任务。一般来讲，每个 Map 和 Reduce 任务都会运行在集群的不同结点上，从而发挥集群的整体能力。作业的输入和输出通常都存储在文件系统中。MapReduce 框架负责整个任务的调度和监控，以及重新执行失败的任务。

Hadoop MapReduce 1.0 的架构如图 5-2 所示，由客户端（Client）、作业跟踪器（JobTracker）、任务跟踪器（TaskTracker）、任务（Task）组成。

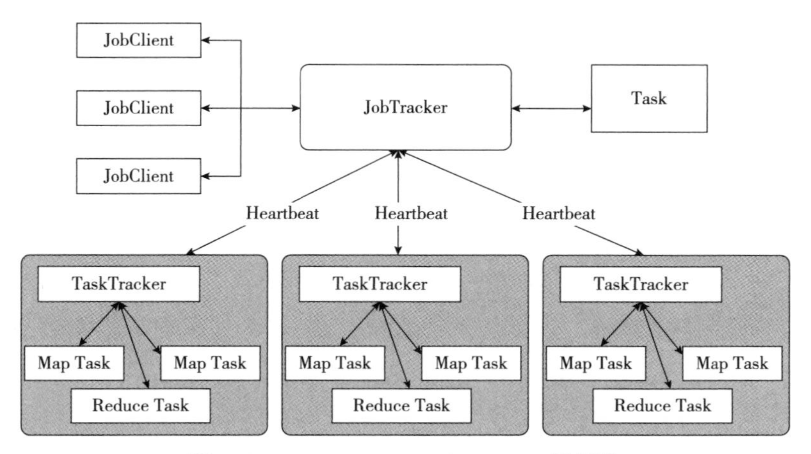

图 5-2　Hadoop MapReduce 1.0 的架构

5.2.2.1 JobClient

用户编写的 MapReduce 程序通过 JobClient 提交给 JobTracker。

5.2.2.2 JobTracker

JobTracker 主要负责资源监控和作业调度，并且监控所有 TaskTracker 与作业的健康情况，一旦有失败情况发生，则会将相应的任务分配到其他结点上执行。

5.2.2.3 TaskTracker

TaskTraker 会周期性地将本结点的资源使用情况和任务进度汇报给 JobTracker，与此同时，会接收 JobTracker 发送过来的命令并执行操作。

5.2.2.4 Task

Task 分为 Map Task 和 Reduce Task 两种，由 TaskTracker 启动，分别执行 Map 和 Reduce 任务。一般来讲，每个结点可以运行多个 Map 和 Reduce 任务。

MapReduce 设计的一个核心理念就是"计算向数据靠拢"，而不是传统计算模式的"数据向计算靠拢"。这是因为移动大量数据需要的网络传输开销太大，同时大大降低了数据处理的效率。因此，Hadoop MapReduce 框架和 HDFS 是运行在一组相同的结点上的（见图 5-3）。这种配置允许框架在那些已经存好数据的结点上高效地调度任务，可以使整个集群的网络带宽被非常高效地利用，从而减少了结点间数据的移动。

如图 5-3 所示，Hadoop MapReduce 框架由一个单独的 JobTracker 和每个集群结点都有的 TaskTracker 共同组成。JobTracker 负责调度构成一个作业的所有任务，这些任务分布在不同的 TaskTracker 上，JobTracker 监控它们的执行，并重新执行已经失败的任务。TaskTracker 仅负责执行由 JobTracker 指派的任务。

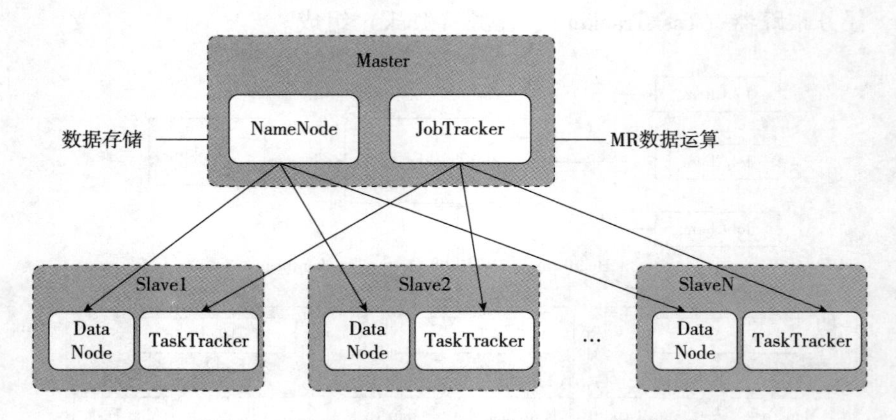

图 5-3 Hadoop MapReduce 与 HDFS 集群架构

应用程序需要指定 I/O 的路径，并通过实现合适的接口或抽象类提供 Map 和 Reduce 函数，再加上其他作业参数，就构成了作业配置（Job Configuration）。Hadoop 的 Client 提交作业（如 Jar 包、可执行程序等）和配置信息给 JobTracker，后者负责分发这些软件和配置信息给 TaskTracker，调度任务并监控它们的执行，同时提供状态和诊断信息给 JobClient。

5.2.3　Hadoop MapReduce 工作流程

MapReduce 是将输入进行分片，交给不同的 Map 任务进行处理，然后由 Reduce 任务合并成最终的结果。MapReduce 的实际处理过程可以分解为 Input、Map、Sort、Combine、Partition、Reduce、Output 等阶段，具体的工作流程如图 5-4 所示。

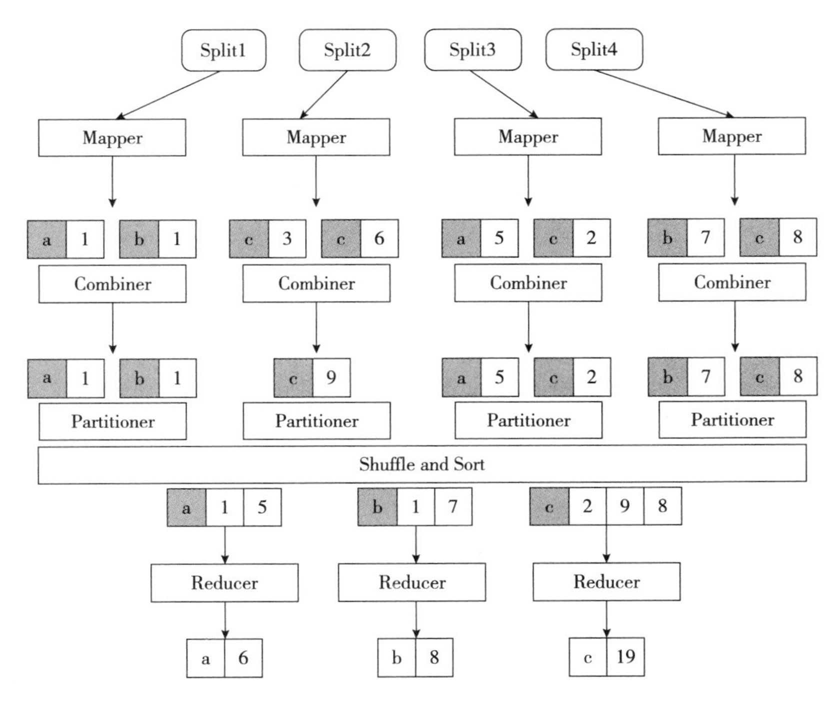

图 5-4　MapReduce 的工作流程

在 Input 阶段，框架根据数据的存储位置，把数据分成多个分片（Split），在多个结点上并行处理。Map 任务通常运行在数据存储的结点上，也就是说，框架是根据数据分片的位置来启动 Map 任务的，而不是把数据传输到 Map 任务的位置上。这样，计算和数据就在同一个结点上，从而不需要额外的数据传输开销。

在 Map 阶段，框架调用 Map 函数对输入的每一个 <key，value> 进行处理，也就是完成 Map<K1，V1>→List(<K2，V2>) 的映射操作。图 5-4 显示了找每个文件块中每个字母出现的次数，其中，K2 表示字母，V2 表示该字母出现的次数。

在 Sort 阶段，当 Map 任务结束以后，会生成许多 <K2，V2>形式的中间结果，框架会对这些中间结果按照键进行排序。图 5-4 就是按照字母顺序进行排序的。

在 Combine 阶段，框架对于在 Sort 阶段排序之后有相同键的中间结果进行合并。合并所使用的函数可以由用户进行定义，在图 5-4 中，就是把 K2 相同（也就是同一个字母）的 V2 值相加的。这样，在每一个 Map 任务的中间结果中，每一个字母只会出现一次。

在 Partition 阶段，框架将 Combine 后的中间结果按照键的取值范围划分为 R 份，分别发给 R 个运行 Reduce 任务的结点，并行执行。分发的原则是，首先必须保证同一个键的所有数据项发送给同一个 Reduce 任务，尽量保证每个 Reduce 任务所处理的数据量基本相同。在图 5-4 中，框架把字母 a、b、c 的键值对分别发给了 3 个 Reduce 任务。框架默认使用 Hash 函数进行分发，用户也可以提供自己的分发函数。

在 Reduce 阶段，每个 Reduce 任务对 Map 函数处理的结果按照用户定义的 Reduce 函数进行汇总计算，从而得到最后的结果。在图 5-4 中，Reduce 计算每个字母在整个文件中出现的次数。只有当所有 Map 处理过程全部结束以后，Reduce 过程才能开始。

在 Output 阶段，框架把 Reduce 处理的结果按照用户指定的输出数据格式写入 HDFS 中。

在 MapReduce 的整个处理过程中，不同的 Map 任务间不会进行任何通信，不同的 Reduce 任务间也不会发生任何信息交换。用户不能够从一个结点向另一个结点发送消息，所有的信息交换都是通过 MapReduce 框架实现的。

MapReduce 计算模型实现数据处理时，应用程序开发者只需要负责 Map 函数和 Reduce 函数的实现。MapReduce 计算模型之所以得到如此广泛的应用，就是因为应用开发者不需要处理分布式和并行编程中的各种复杂问题，如分布式存储、分布式通信、任务调度、容错处理、负载均衡、数据可靠等，这些问题都由 Hadoop MapReduce 框架负责处理，应用开发者只需负责完成 Map 函数与 Reduce 函数的实现即可。

5.2.4 MapReduce 的工作机制

本部分将对 Hadoop MapReduce 的工作机制进行介绍，主要从 MapReduce 的作业执行流程和 Shuffle 过程方面进行阐述。通过加深对 MapReduce 工作机制的了解，可以使程序开发者更合理地使用 MapReduce 解决实际问题。

5.2.4.1 Hadoop MapReduce 作业执行流程

整个 Hadoop MapReduce 的作业执行流程如图 5-5 所示，共分为 10 步。

（1）提交作业

客户端向 JobTracker 提交作业。用户需要将所有应该配置的参数根据需求配置好。作业提交之后，就会进入自动化执行。在这个过程中，用户只能监控程序的执行情况和强制中断作业，不能对作业的执行过程进行任何干预。提交作业的基本过程如下：

1）客户端通过 Runjob（）方法启动作业提交过程。

2）客户端通过 JobTracker 的 getNewJobId（）请求一个新的作业 ID。

3）客户端检查作业的输出说明，计算作业的输入分片等，如果有问题，就抛出异常，如果正常，则将运行作业所需的资源（如作业 Jar 文件、配置文件、计算所得的输入分片等）复制到一个以作业 ID 命名的目录中。

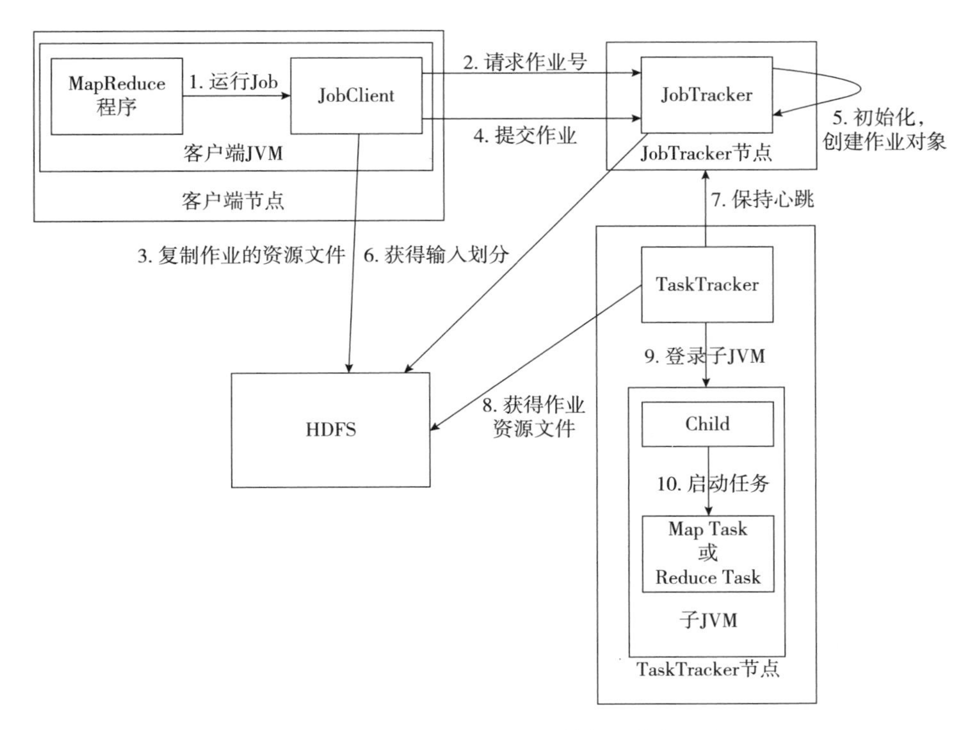

图 5-5　Hadoop MapReduce 的作业执行流程

4）通过调用 JobTracker 的 submitjob（）方法告知作业准备执行。

（2）*初始化作业*

JobTracker 在 JobTracker 端开始初始化工作，包括在其内存里建立一系列数据结构，来记录这个 Job 的运行情况。初始化作业的基本过程如下：

1）JobTracker 接收到对其 submitjob（）方法的调用后，就会把这个调用放入一个内部队列中，交由作业调度器进行调度。初始化主要是创建一个表示正在运行作业的对象，以便跟踪任务的状态和进程。

2）为了创建任务运行列表，作业调度器首先从 HDFS 中获取 JobClient 已计算好的输入分片信息，然后为每个分片创建一个 Map Task，并且创建 Reduce Task。

（3）*分配任务*

JobTracker 会向 HDFS 的 NameNode 询问有关数据在哪些文件中，这些文件分别散落在哪些结点中。JobTracker 需要按照就近运行原则分配任务。

TaskTracker 定期通过“心跳”与 JobTracker 进行通信，主要是告知 JobTracker 自身是否还存活，以及是否已经准备好运行新的任务等。JobTracker 接收到心跳信息后，如果有待分配的任务，就会为 TaskTracker 分配一个任务，并将分配信息封装在心跳通信的返回值中。

对于 Map 任务，JobTracker 通常会选取一个距离其输入分片最近的 TaskTracker；对于 Reduce 任务，JobTracker 则无法考虑数据的本地化。

(4) 执行任务

执行任务基本过程如下：

1) TaskTracker 分配到一个任务后，通过 HDFS 把作业的 Jar 文件复制到 TaskTracker 所在的文件系统，同时，TaskTracker 将应用程序所需要的全部文件从分布式缓存复制到本地磁盘。TaskTracker 为任务新建一个本地工作目录，并把 Jar 文件中的内容解压到这个文件夹中。

2) TaskTracker 启动一个新的 JVM 运行每个任务（包括 Map 任务和 Reduce 任务），这样，JobClient 的 MapReduce 就不会影响 TaskTracker 守护进程。任务的子进程每隔几秒便告知父进程它的进度，直到任务完成。

(5) 进程和状态的更新

一个作业和它的每个任务都有一个状态信息，包括作业或任务的运行状态，Map 任务和 Reduce 任务的进度，计数器值，状态消息或描述。任务运行时，对其进度保持追踪。

这些消息通过一定的时间间隔由 ChildJVM 向 TaskTracker 汇聚，然后向 JobTracker 汇聚。JobTracker 将形成一个表明所有运行作业及其任务状态的全局视图，用户可以通过 Web UI 进行查看。JobClient 通过每秒查询 JobTracker 获得最新状态，并且输出到控制台上。

(6) 作业的完成

当 JobTracker 接收到这次作业的最后一个任务已经完成时，它会将 Job 的状态改为 "successful"。当 JobClient 获取到作业的状态时，就知道该作业已经成功完成，然后 JobClient 打印信息告知用户作业已成功结束，最后从 Runjob（）方法返回。

5. 2. 4. 2 Hadoop MapReduce 的 Shuffle 阶段

Hadoop MapReduce 的 Shuffle 阶段是指从 Map 的输出开始，包括系统执行排序以及传送 Map 输出到 Reduce 作为输入的过程。排序阶段是指对 Map 端输出的 Key 进行排序的过程。不同的 Map 可能输出相同的 Key，相同的 Key 必须发送到同一个 Reduce 端处理。Shuffle 阶段可以分为 Map 端的 Shuffle 阶段和 Reduce 端的 Shuffle 阶段。Shuffle 阶段的工作过程，如图 5-6 所示。

(1) Map 端的 Shuffle 阶段

1) 每个输入分片会让一个 Map 任务处理，默认情况下，以 HDFS 的一个块的大小（默认为 64MB）为一个分片。Map 函数开始产生输出时，并不是简单地把数据写到磁盘中，因为频繁的磁盘操作会导致性能严重下降。它的处理过程是把数据写到内存中的一个缓冲区，并做一些预排序，以提升效率。

2) 每个 Map 任务都有一个用来写入输出数据的循环内存缓冲区（默认大小为 100MB），当缓冲区中的数据量达到一个特定阈值（默认是 80%）时，系统会启动一个后台线程，把缓冲区中的内容写到磁盘中（Spill 阶段）。在写磁盘过程中，Map 输出继续被写到缓冲区中，但如果在此期间缓冲区被填满，那么 Map 任务就会阻塞，直到写磁盘过程完成。

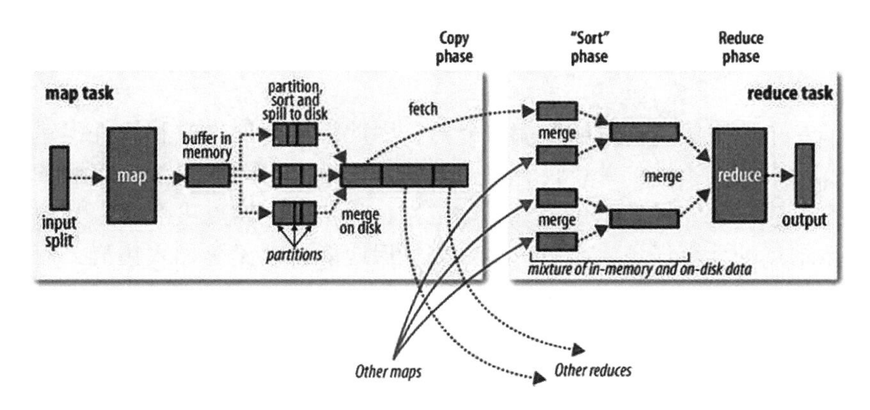

图 5-6　Hadoop MapReduce 的 Shuffle 阶段

3）在写磁盘前，线程首先根据数据最终要传递到的 Reduce 任务把数据划分成相应的分区（Partition）。在每个分区中，后台线程按 Key 进行排序，如果有一个 Combiner，便会在排序后的输出上运行。

4）一旦内存缓冲区达到溢出写的阈值，就会创建一个溢出写文件，因此在 Map 任务完成其最后一个输出记录后，便会有多个溢出写文件。在 Map 任务完成前，溢出写文件被合并成一个索引文件和数据文件，即多路归并排序（Sort 阶段）。

5）溢出写文件归并完毕后，Map 任务将删除所有的临时溢出写文件，并告知 TaskTracker 任务已完成，只要其中一个 Map 任务完成，Reduce 任务就会开始复制它的输出（Copy 阶段）。

6）Map 任务的输出文件放置在运行 Map 任务的 TaskTracker 的本地磁盘上，它是运行 Reduce 任务的 TaskTracker 所需要的输入数据。

（2）Reduce 端的 Shuffle 阶段

1）Reduce 进程启动一些数据复制线程，请求 Map 任务所在的 TaskTracker 以获取输出文件（Copy 阶段）。

2）将 Map 端复制过来的数据先放入内存缓冲区中，Merge 有三种形式，分别是内存到内存、内存到磁盘、磁盘到磁盘。默认情况下，第一种形式不启用；第二种形式一直在运行（Spill 阶段），直到结束；第三种形式生成最终的文件（Merge 阶段）。

3）最终文件可能存在于磁盘中，也可能存在于内存中，但默认情况下位于磁盘中。当 Reduce 的输入文件已定，整个 Shuffle 阶段就结束了，然后是 Reduce 执行，把结果放到 HDFS 中（Reduce 阶段）。

5.2.4.3　Hadoop MapReduce 的主要特点

MapReduce 在设计上的主要技术特点如下。

（1）向“外”横向扩展，而非向“上”纵向扩展

MapReduce 集群的构建完全选用价格便宜、易于扩展的低端商用服务器，而非价格昂贵、不易扩展的高端服务器。对于大规模数据处理，由于有大量数据存储的需要，因此基

于低端服务器的集群远比基于高端服务器的集群优越，这也是 MapReduce 并行计算集群会基于低端服务器实现的原因。

（2）失效被认为是常态

MapReduce 集群中使用大量的低端服务器，因此结点硬件失效和软件出错是常态，一个设计良好、具有高容错性的并行计算系统不能因为结点失效而影响计算服务的质量。任何结点失效都不应导致结果的不一致或不确定性，任何一个结点失效时，其他结点应能够无缝接管失效结点的计算任务，当失效结点恢复后应能自动无缝加入集群，而不需要管理员人工进行系统配置。

MapReduce 并行计算软件框架使用了多种有效的错误检测和恢复机制，如结点自动重启技术，使集群和计算框架具有对付结点失效的健壮性，能有效处理失效结点的检测和恢复。

（3）把处理向数据迁移

传统高性能计算系统通常有很多处理器结点与一些外存储器结点相连，如用存储区域网络连接的磁盘阵列，因此，处理大规模数据时，外存文件数据 I/O 访问会成为制约系统性能的瓶颈。为了减少大规模数据并行计算系统中的数据通信开销，不应把数据传送到处理结点，而应考虑将处理向数据靠拢和迁移。MapReduce 采用了数据/代码互定位的技术方法，计算结点首先尽量负责计算其本地存储的数据，以发挥数据本地化特点，仅当结点无法处理本地数据时，再采用就近原则寻找其他可用计算结点，并把数据传送到该可用计算结点。

（4）顺序处理数据，避免随机访问数据

大规模数据处理的特点决定了大量的数据记录难以全部存放在内存中，而通常只能放在外存中进行处理。由于磁盘的顺序访问远比随机访问快得多，因此 MapReduce 主要设计为面向顺序式大规模数据的磁盘访问处理。

为了实现高吞吐量的并行处理，MapReduce 可以利用集群中的大量数据存储节点同时访问数据，以此利用分布集群中大量结点上的磁盘集合提供高带宽的数据访问和传输。

（5）为应用开发者隐藏系统层细节

专业程序员之所以写程序困难，是因为程序员需要记住太多的编程细节，这对大脑记忆是一个巨大的认知负担，需要高度集中注意力，而并行程序编写有更多困难，如需要考虑多线程中诸如同步等复杂烦琐的细节。由于并发执行中的不可预测性，程序的调试查错十分困难，而且大规模数据处理时程序员需要考虑诸如数据分布存储管理、数据分发、数据通信和同步、计算结果收集等诸多细节问题。

MapReduce 提供了一种抽象机制，可将程序员与系统层细节隔离开来，程序员仅需描述需要计算什么，而具体怎么计算则交由系统的执行框架处理，这样程序员可从系统层细节中解放出来，致力于其应用本身计算问题的算法设计。

（6）平滑无缝的可扩展性

这里的可扩展性包括两层意义上的扩展性：数据扩展性和系统规模扩展性。理想的软件算法应能随着数据规模的扩大而表现出持续的有效性，性能上的下降程度应与数据规模扩大的倍数相当，在集群规模上，要求算法的计算性能应能随着结点数的增加而保持接近线性程度的增长。绝大多数现有的单机算法都达不到以上理想的要求，把中间结果数据维护在内存中的单机算法在大规模数据处理时会很快失效，从单机到基于大规模集群的并行计算从根本上需要完全不同的算法设计。然而，MapReduce 在很多情形下能实现以上理想的扩展性特征，对于很多计算问题，基于 MapReduce 的计算性能可随结点数目的增长保持近似于线性的增长。

5. 2. 5　MapReduce 实例分析：单词计数

单词计数是简单但也能体现 MapReduce 思想的程序之一，可以称为 MapReduce 版"Hello World"。单词计数的主要功能是统计一系列文本文件中每个单词出现的次数。本部分通过单词计数实例来阐述采用 MapReduce 解决实际问题的基本思路和具体实现过程。

5. 2. 5. 1　设计思路

首先，检查单词计数是否可以使用 MapReduce 进行处理。因为在单词计数程序任务中，不同单词的出现次数之间不存在相关性，相互独立，所以可以把不同的单词分发给不同的机器进行并行处理。因此，可以采用 MapReduce 实现单词计数的统计任务。

其次，确定 MapReduce 程序的设计思路。把文件内容分解成许多个单词，然后把所有相同的单词聚集到一起，计算出每个单词出现的次数。

最后，确定 MapReduce 程序的执行过程。把一个大的文件切分成许多个分片，将每个分片输入不同结点上形成不同的 Map 任务。每个 Map 任务分别负责完成从不同的文件块中解析出所有的单词。Map 函数的输入采用 <key，value> 方式，用文件的行号作为 key，文件的一行作为 value。Map 函数的输出以单词作为 key，1 作为 value，即 <单词，1> 表示该单词出现了 1 次。

Map 阶段结束以后，会输出许多 <单词，1> 形式的中间结果，然后 Sort 会把这些中间结果进行排序并把同一单词的出现次数合并成一个列表，得到 <key，List(value)>形式。例如，<Hello，<1，1，1，1，1>> 表明 Hello 单词在 5 个地方出现过。

如果用户事先定义了 Combine，那么 Combine 会把每个单词的 List(value) 值进行合并，得到 <key，value> 形式。例如，<Hello，5> 表明 Hello 单词出现过 5 次。如果用户事先没有定义 Combine，就不用进行合并操作。

在 Partition 阶段，会把 Combine 的结果分发给不同的 Reduce 任务。Reduce 任务接收到所有分配给自己的中间结果后，开始执行汇总计算工作，计算得到每个单词出现的次数并把结果输出到 HDFS 中。

5. 2. 5. 2　处理过程

下面通过实例对单词计数进行更详细的讲解。

(1) 将文件拆分成多个分片。该实例把文件拆分成两个分片，每个分片包含两行内容。在该作业中，有两个执行 Map 任务的结点和一个执行 Reduce 任务的结点。每个分片分配给一个 Map 结点，并将文件按行分割形成 <key，value> 对，如图 5-7 所示。这一步由 MapReduce 框架自动完成，其中 key 的值为行号。

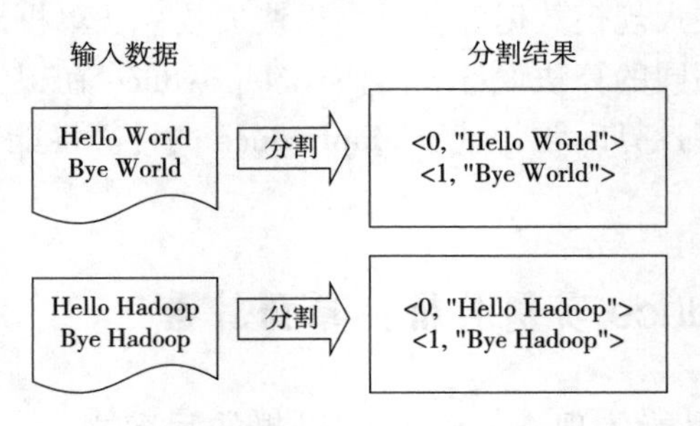

图 5-7 分割过程

（2）将分割好的 <key，value> 对交给用户定义的 Map 方法进行处理，生成新的 <key，value> 对，如图 5-8 所示。

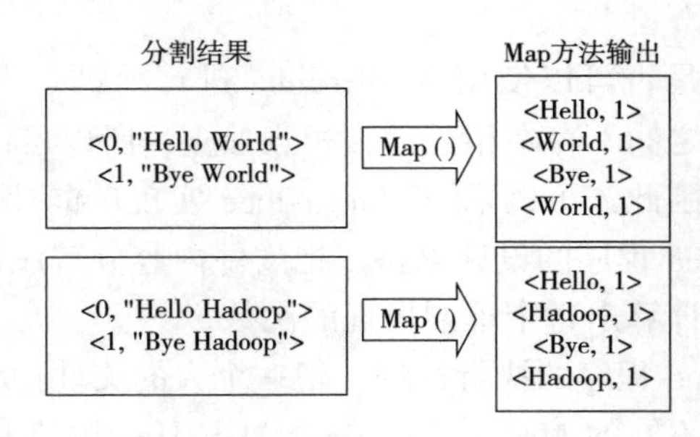

图 5-8 执行 Map 函数

（3）在实际应用中，每个输入分片在经过 Map 函数分解以后都会生成大量类似 <Hello，1> 的中间结果，为了减少网络传输开销，框架会把 Map 方法输出的 <key，value> 对按照 key 值进行排序，并执行 Combine 过程，将 key 值相同的 value 值累加，得到 Map 的最终输出结果，如图 5-9 所示。

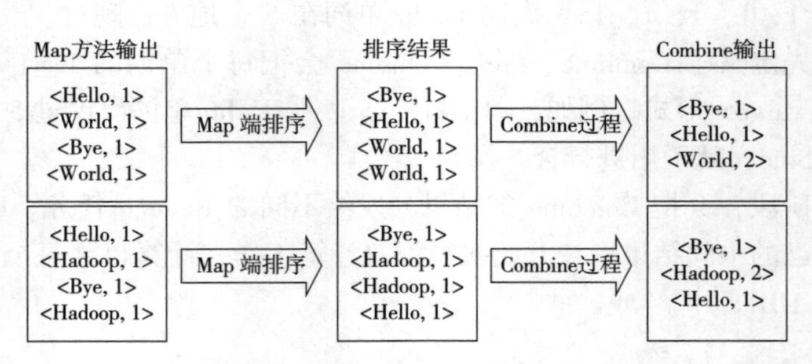

图 5-9 Map 端排序及 Combine 过程

（4）Reduce 先对从 Map 端接收的数据进行排序，再交由用户自定义的 Reduce 方法进行处理，得到新的 <key，value> 对，并作为结果输出，如图 5-10 所示。

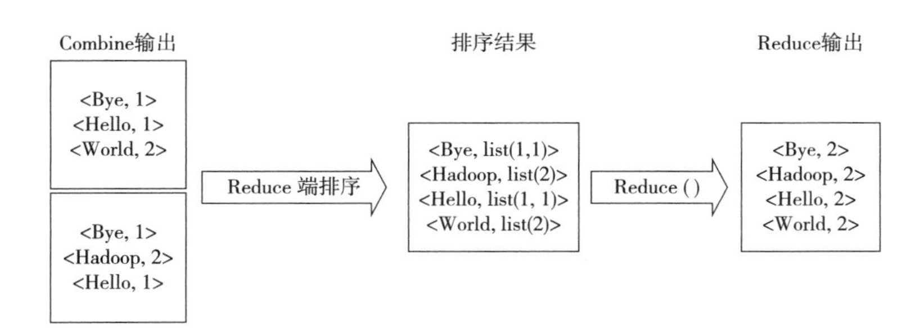

图 5-10　Reduce 端排序及输出结果

5.2.6　MapReduce 编程实践

本部分介绍如何编写基本的 MapReduce 程序实现数据分析。

5.2.6.1　任务准备

单词计数（WordCount）的任务是对一组输入文档中的单词分别进行计数。假设文件的量比较大，每个文档又包含大量的单词，则无法使用传统的线性程序进行处理，而这正是 MapReduce 可以发挥优势的地方。在上文已经介绍了用 MapReduce 实现单词计数的基本思路和具体执行过程，下面将介绍如何编写具体实现代码及如何运行程序。

首先，在本地创建三个文件：A、B 和 C。

文件 A 的内容如下：

```
Beutiful world
Hello world
```

文件 B 的内容如下：

```
Love world
One dream
```

文件 C 的内容如下：

```
Hello Hadoop
Hello Mike
Hello Tom
```

再使用 HDFS 命令创建一个 input 文件目录：

```
hadoop fs-mkdir input
```

然后，把 A、B 和 C 上传到 HDFS 中的 input 目录下：

```
hadoop fs-put A input
hadoop fs-put B input
hadoop fs-put C input
```

编写 MapReduce 程序的第一个任务就是编写 Map 程序。在单词计数任务中，Map 需要完成的任务是把输入的文本数据按单词进行拆分，然后以特定的键值对的形式进行输出。

5.2.6.2 编写 Map 程序

Hadoop MapReduce 框架已经在类 Mapper 中实现了 Map 任务的基本功能，为了实现 Map 任务，开发者只需要继承类 Mapper，并实现该类的 Map 函数。

为实现单词计数的 Map 任务，首先为类 Mapper 设定好输入类型和输出类型。这里，Map 函数的输入是 <key，value> 形式，其中，key 是输入文件中一行的行号，value 是该行号对应的一行内容。因此，Map 函数的输入类型为 <IntWritable，Text>。Map 函数的功能为完成文本分割工作，Map 函数的输出也是 <key，value> 形式，其中，key 是单词，value 为该单词出现的次数。因此，Map 函数的输出类型为 <Text，IntWritable>。以下是单词计数程序的 Map 任务的实现代码：

```
    public static class MyMapper extends Mapper<Object,Text,Text,IntWritable> {
    private static final IntWritable one = new IntWritable(1);
          private static Text label = new Text();
          public void map (Object key, Text value, Mapper < Object, Text, Text,
IntWritable>
          Context context)throws IOException,InterruptedException {
              StringTokenizer tokenizer = new StringTokenizer(value.toString());
              while(tokenizer.hasMoreTokens()){
                  label.set(tokenizer.nextToken());
                  context.write(label,one);
              }
          }
    }
```

在上述代码中，实现 Map 任务的类为 MyMapper。该类首先将需要输出的两个变量 one 和 label 进行初始化。

❖ 变量 one 的初始值直接设置为 1，表示某个单词在文本中出现过。

❖ Map 函数的前两个参数是函数的输入参数，value 为 Text 类型，是指每次读入文本的一行，key 为 Object 类型，指输入的行数据在文本中的行号。

StringTokenizer 类及自带的方法将 value 变量中文本的一行文字进行拆分，拆分后的单词放在 tokenizer 列表中。程序通过循环对每一个单词进行处理，把单词放在 label 中，把 one 作为单词计数。在函数的整个执行过程中，one 的值一直是 1。在该实例中，key 没有被明显地使用到。context 是 Map 函数的一种输出方式，通过使用该变量可以直接将中间结果存储在其中。

根据上述代码，Map 任务结束后，三个文件的输出结果如表 5-2 所示。

表 5-2　单词计数 Map 任务输出结果

文件名/Map	A/Map1	B/Map2	C/Map3
Map 任务输出结果	<"Beautiful", 1> <"world", 1> <"Hello", 1> <"world", 1>	<"Love", 1> <"world", 1> <"One", 1> <"dream", 1>	<"Hello", 1> <"Hadoop", 1> <"Hello", 1> <"Mike", 1> <"Hello", 1> <"Tom", 1>

5.2.6.3　编写 Reduce 程序

编写 MapReduce 程序的第二个任务就是编写 Reduce 程序。在单词计数任务中，Reduce 需要完成的任务是把输入结果中的数字序列进行求和，从而得到每个单词的出现次数。

在执行完 Map 函数之后，会进入 Shuffle 阶段，在这个阶段中，MapReduce 框架会自动将 Map 阶段的输出结果进行排序和分区，然后分发给相应的 Reduce 任务处理。经过 Map 端 Shuffle 阶段后的结果如表 5-3 所示。

表 5-3　单词计数 Map 端 Shuffle 阶段输出结果

文件名/Map	A/Map1	B/Map2	C/Map3
Map 端 Shuffle 阶段输出结果	<"Beautiful", 1> <"Hello", 1> <"world", <1, 1>>	<"dream", 1> <"Love", 1> <"One", 1> <"world", 1>	<"Mike", 1> <"Hadoop", 1> <"Hello", <1, 1, 1>> <"Tom", 1>

Reduce 端接收到各个 Map 端发来的数据后会进行合并，即把同一个 key，也就是同一单词的键值对进行合并，形成<key, <V1, V2, … Vn>> 形式的输出。经过 Reduce 端 Shuffle 阶段后的结果如表 5-4 所示。

表 5-4　单词计数 Reduce 端 Shuffle 阶段输出结果

Reduce 端 Shuffle 阶段输出结果	<"Beautiful", 1> <"dream", 1> <"Hadoop", 1> <"Hello", <1, 1, 1, 1>> <"Mike", 1> <"One", 1> <"world", <1, 1, 1>> <"Tom", 1>

Reduce 阶段需要对上述数据进行处理，从而得到每个单词的出现次数。从 Reduce 函数的输入已经可以理解 Reduce 函数需要完成的工作，就是首先对输入数据 value 中的数字序列进行求和。以下是单词计数程序的 Reduce 任务的实现代码：

```
public static class MyReducer extends Reducer<Text,IntWritable,Text,IntWritable> {

    private IntWritable count = new IntWritable ();
    public void reduce (Text key,Iterable<IntWritable> values,Reducer<Text,
IntWritable, Text,IntWritable> Context context) throws IOException, Interrupte-
dException {
        int sum = 0;
        for (IntWritable intWritable : values) {
            sum +=intWritable. get ();
        }
        count. set (sum);
        context. write (key, count);
    }
}
```

与 Map 任务实现相似，Reduce 任务也是继承 Hadoop 提供的类 Reducer 并实现其接口。Reduce 函数的输入、输出类型与 Map 函数的输出类型本质上相同。在 Reduce 函数的开始部分，首先设置 sum 参数用来记录每个单词的出现次数，然后遍历 value 列表，并对其中的数字进行累加，最后可以得到每个单词总的出现次数。在输出的时候，仍然使用 context 类型的变量存储信息。当 Reduce 阶段结束时，可以得到最终需要的结果，单词计数 Reduce 任务输出结果如下：

```
<"Beautiful",1>
<"dream",1>
<"Hadoop",1>
<"Hello",4>
<"Mike",1>
<"One",1>
<"world",3>
<"Tom", 1>
```

5.2.6.4 编写 main 函数

为了使用 MyMapper 和 MyReducer 类进行真正的数据处理，还需要在 main 函数中通过 Job 类设置 Hadoop MapReduce 程序运行时的环境变量，以下是具体代码：

```
public static void main (String[] args) throws Exception {
    Configuration conf =new Configuration ();
    String[] otherArgs = new GenericOptionsParser (conf,args). getRemainingArgs ();
    if (otherArgs. length ! = 2) {
        System. err. printIn ("Usage:wordcount <in> <out>");
```

```
        System.exit(2);
    }
    Job job = new Job (conf,"WordCount"); //设置环境参数
    job.setJarByClass (WordCount.class); //设置程序的类名
    job.setMapperClass(WordCount .MyMapper.class); //添加 Mapper 类
    job.setReducerClass(WordCount .MyReducer.class); //添加 Reducer 类
    job.setOutputKeyClass (Text.class); //设置输出 key 的类型
    job.setOutputValueClass (IntWritable.class); //设置输出 value 的类型
    FileInputFormat.addInputPath (job, new Path (otherArgs [0])); //设置输入文件路径
    FileOutputFormat.setOutputPath (job,new Path (otherArgs [1]));
    //设置输出文件路径
    System.exit(job.waitForCompletion(true)? 0 : 1);
}
```

对于以上代码，首先，检查参数是不是正确，如果不正确就提醒用户。其次，通过 Job 类设置环境参数，并设置整个程序的类名为 WordCount. class，并添加已经写好的 MyMapper 类和 MyReducer 类。再次，设置程序的输出类型，也就是 Reduce 函数的输出结果 <key，value> 中 key 和 value 各自的类型。最后，根据程序运行时的参数，设置输入、输出文件路径。

5.2.6.5　核心代码包

编写 MapReduce 程序需要引用 Hadoop 的以下多个核心组件包，它们实现了 Hadoop MapReduce 框架。

```
import java.io.IOException;
import java.util.StringTokenizer;
import org.apache.hadoop.conf.Configuration;
import org.apache.hadoop.fs.Path;
import org.apache.hadoop.io.IntWritable;
import org.apache.hadoop.io.Text;
import org.apache.hadoop.mapreduce.Job;
import org.apache.hadoop.mapreduce.Mapper;
import org.apache.hadoop.mapreduce.Reducer;
import org.apache.hadoop.mapreduce.lib.input.FileInputFormat;
import org.apache.hadoop.mapreduce.lib.output.FileOutputFormat;
import org.apache.hadoop.util.GenericOptionsParser;
public class WordCount {
public WordCount(){
}
public static void main(String[] args)throws Exception {
    Configuration conf = new Configuration();
    String[] otherArgs = new GenericOptionsParser(conf,args).getRemainingArgs();
```

```
    if (otherArgs. length ! = 2){
        System. err. printIn("Usage:wordcount <in> <out>");
        System. exit(2);
    }
    Job job = new Job (conf,"WordCount");
    job. setJarByClass (WordCount. class);
    job. setMapperClass(WordCount . MyMapper. class);
    job. setReducerClass(WordCount . MyReducer. class);
    job. setOutputKeyClass (Text. class);
    job. setOutputValueClass (IntWritable. class);
    FileInputFormat. addInputPath (job, new Path (otherArgs [0]));
    FileOutputFormat. setOutputPath (job,new Path (otherArgs [1]));
    System. exit(job. waitForCompletion(true)? 0 : 1);
}
public static class MyMapper extends Mapper<Object,Text,Text,IntWritable> {
private static final IntWritable one = new IntWritable(1);
    private static Text label = new Text();
    public void map(Object key,Text value,Mapper<Object,Text,Text,IntWritable>
    Context context)throws IOException,InterruptedException {
        StringTokenizer tokenizer = new StringTokenizer(value. toString());
        while(tokenizer. hasMoreTokens()){
            label. set(tokenizer. nextToken());
            context. write(label,one);
        }
    }
}
public static class MyReducer extends Reducer<Text,IntWritable,Text,IntWritable> {

    private IntWritable count = new IntWritable ();
    public void reduce(Text key,Iterable<IntWritable> values,Reducer<Text,
IntWritable, Text,IntWritable> Context context)throws IOException,
InterruptedException {
        int sum = 0;
        for (IntWritable intWritable : values){
            sum +=intWritable. get();
        }
        count. set(sum);
        context. write(key, count);
    }
  }
}
```

我们可能对程序开始处引用的许多外部包不太了解，其实它们大部分是 Hadoop 自己的组件，也被称为 Hadoop 的 API，这些核心组件包的基本功能如表 5-5 所示。

表 5-5　Hadoop MapReduce 核心组件包的基本功能

包	功能
org. apache. hadoop. conf	定义了系统参数的配置文件处理方法
org. apache. hadoop. fs	定义了抽象的文件系统 API
org. apache. hadoop. mapreduce	Hadoop MapReduce 框架的实现，包括任务的分发调度等
org. apache. hadoop. io	定义了通用的 I/O API，用于网络、数据库和文件数据对象进行读写操作

5. 2. 6. 6　运行代码

在运行代码前，需要先把当前工作目录设置为 /user/local/Hadoop。编译 WordCount 程序需要三个 Jar，为了简便起见，把这三个 Jar 添加到 CLASSPATH 中。

```
$export
CLASSPATH=/usr/local/hadoop/share/hadoop/common/hadoop-common-2.7.3.jar:
$CLASSPATH
$export
CLASSPATH=/usr/local/hadoop/share/hadoop/mapreduce/hadoop-mapreduce-2.7.3.
jar:$CLASSPATH
$export
CLASSPATH=/usr/local/hadoop/share/hadoop/common/lib/common-cli-1.2.jar:
$CLASSPATH
```

使用 JDK 包中的工具对代码进行编译。

```
$javac WordCount.java
```

编译之后，在文件目录下可以发现有三个“. class”文件，这是 Java 的可执行文件，将它们打包并命名为 wordcount. jar。

```
$jar-cvf wordcount.jar *.class
```

这样就得到了单词计数程序的 Jar 包。在运行程序前，需要启动 Hadoop 系统，包括启动 HDFS 和 MapReduce，然后可以运行程序了。

```
$./bin/Hadoop jar wordcount.jar WordCount input output
```

最后，可以运行下面的命令查看结果。

```
$./bin/Hadoop fs-cat output/*
```

5. 2. 7　新一代资源管理调度框架 YARN

MapReduce 的资源管理框架随着 Hadoop 的发展发生了变化。在第一代 Hadoop 1. 0 中，

MapReduce 1.0 不仅要完成分布式计算，还负责整个 Hadoop 集群的资源管理和调度。MapReduce 1.0 框架也具有多计算框架支持不足的缺点，针对这个缺点，Apache 社区提出了全新的资源管理框架 YARN。通过这个组件，我们可以在分布式存储（HDFS）的情况下，计算框架采取可插拔式的统一资源管理配置。

5.2.7.1 MapReduce 1.0 的缺陷

前面讲过，MapReduce 1.0 计算框架是主从架构，支撑 MapReduce 计算框架的是 JobTracker 和 TaskTracker 两类后台进程，JobTracker 是集群的主节点，负责任务调度和集群资源监控，并不参与具体的计算。一个 Hadoop 集群只有一个 JobTracker。TaskTracker 在集群中是从节点，主要负责汇报心跳信息和执行 JobTracker 的命令。一个集群可以有多个 TaskTracker，但一个节点只会有一个 TaskTracker。TaskTracker 会通过周期性的心跳信息向 JobTracker 汇报当前的健康状况和状态，心跳信息包括 TaskTracker 自身的计算资源信息、被占用的计算资源信息和正在运行的任务的状态信息。JobTracker 会根据各个 TaskTracker 发送过来的心跳信息综合考虑 TaskTracker 的资源剩余量、作业优先级、作业提交时间等因素，为 TaskTracker 分配合适的任务，包括启动任务、提交任务、结束任务、结束作业和重新初始化等。

MapReduce 1.0 这种架构设计具有一些很难克服的缺陷，具体如下：

（1）存在单点故障。由于 MapReduce 1.0 只有一个 JobTracker 负责整个作业的管理调度，一个 Hadoop 集群也只有一个 JobTracker，因此会存在单点故障的可能，必须运行在相对可靠的节点上。一旦 JobTracker 出错，整个集群所有正在运行的任务将全部失败。

（2）JobTracter 包揽任务过重，很容易出现故障。因此，业内普遍认为对 MapReduce 1.0 做集群时上限只能有 4000 个节点。

（3）容易出现内存溢出。在 TaskTracker 端，只是根据任务个数分配资源，不看每个任务消耗多少资源，这样很容易发生内存溢出的情况。

（4）资源划分不合理。在 MapReduce 1.0 中，任务分为两种，即 Map 任务（Map Task）和 Reduce 任务（Reduce Task）。一个 TaskTracker 能够启动的任务数量由 TaskTracker 配置的任务槽（slot）决定。槽是 Hadoop 的计算资源的表示模型，Hadoop 将各个节点上的多维度资源（CPU、内存等）抽象成一维度的槽，这样将多维度资源分配问题转换成一维度的槽分配问题。资源打包后分成很多槽，其中被设定为 Map 槽和 Reduce 槽，MapReduce 1.0 中这些槽即便一方是空闲，另一方也不能使用，这就降低了槽的使用率，导致资源浪费。

5.2.7.2 YARN

因为 MapReduce 1.0 的种种不足，如可靠性差、多计算框架支持不足、资源利用率低等，Apache 社区着手下一代 Hadoop 的开发，提出了一个通用的架构——统一资源管理和调度平台，此平台直接导致了 YARN 和 Mesos 的出现。

YARN 是一种新的 Hadoop 资源管理器，它是一个通用资源管理系统，可为上层应用提供统一的资源管理和调度，它的引入为集群利用率、资源统一管理和数据共享等方面带来了巨大好处。在 MapReduce 2.0 中，YARN 接管了所有资源管理调度的功能，同时兼容异构的计算框架，即在 YARN 上不仅可以部署批处理的 MapReduce 计算框架，还可以部署 Spark，支持流式计算和交互式计算框架等，如图 5-11 所示。

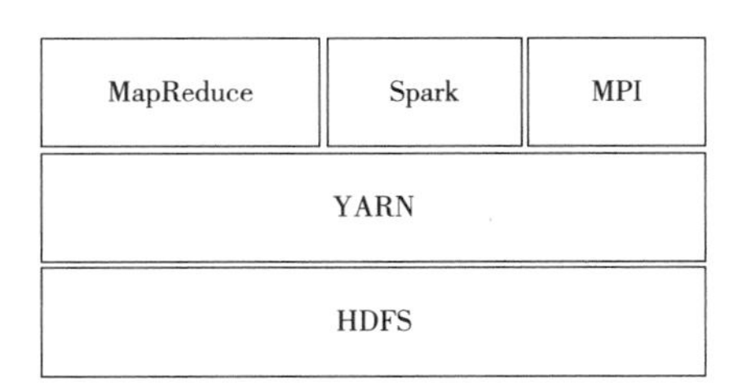

图 5-11　支持多种计算框架的 YARN

YARN 的架构也是主从架构，如图 5-12 所示。YARN 服务由 ResourceManager 和 NodeManager 两类进程组成，Container 是 YARN 的资源表示模型，任何计算类型的作业都可以在 Container 中。YARN 是双层调度模型，ResourceManager 是中央调度器，Application-Master 是 YARN 的二级调度器，运行在 Container 中。

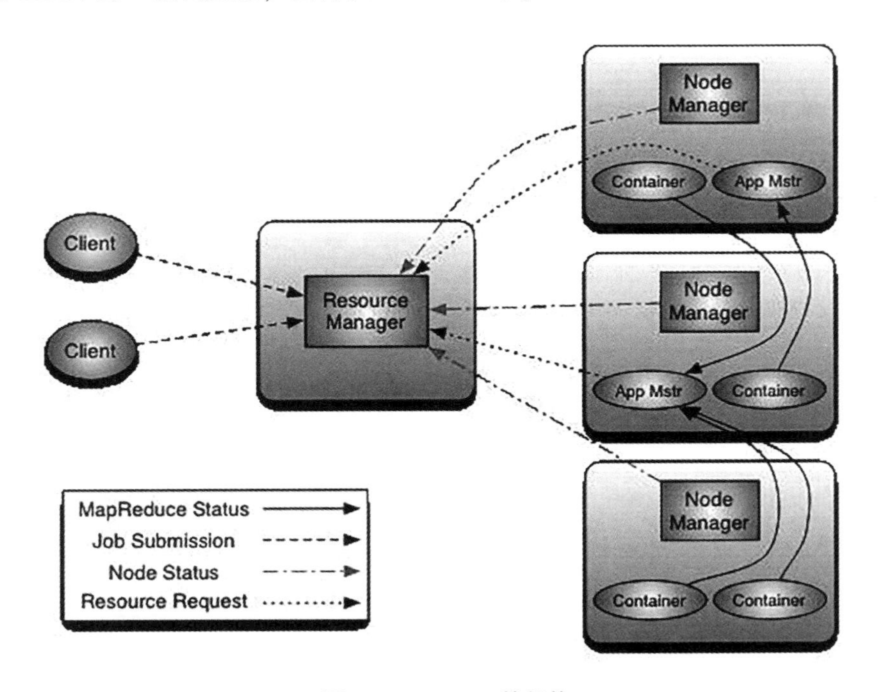

图 5-12　YARN 的架构

（1）ResourceManager

ResourceManager 是集群中所有资源的管理者，负责集群中所有资源的管理。它定期接收各个 NodeManager 的资源汇报信息并进行汇总，再根据资源使用情况将资源分配给各个应用的二级调度器 ApplicationMaster。

在 YARN 中，ResouceManager 的主要职责是资源调度，当多个作业同时提交时，ResourceManager 在多个竞争的作业之间权衡优先级并仲裁资源，当资源分配完成后，ResourceManager 不关心应用内部的资源分配，也不关注每个应用的状态，即 ResourceManager 针对每个应用只进行一次资源分配，这就大大减轻了 ResourceManager 的负荷，其扩展性大大增强。

（2）NodeManager

NodeManager 是 YARN 集群中的单个节点的代理，管理 YARN 集群中的单个计算节点，负责保持与 ResourceManager 同步，跟踪节点的健康状况；管理各个 Container 的生命周期，监控每个 Container 的资源使用情况；管理分布式缓存及各个 Container 生成的日志，提供不同的 YARN 应用可能需要的辅助服务。

（3）ApplicationMaster

ApplicationMaster 是 YARN 架构中比较特殊的组件，其生命周期随着应用的开始而开始，随着应用的结束而结束。它是集群中应用程序的进程。每个应用程序都有自己专属的 ApplicationMaster，不同计算框架如 MapReduce 和 Spark 的 ApplicationMaster 的实现也是不同的。它负责向 ResourceManager 申请资源，在对应的 NodeManager 上启动 Container 执行任务，同时在应用运行过程中不断监控这些任务的状态。

5.2.7.3 YARN 与 MapReduce 1.0 的比较

YARN 与 MapReduce 1.0 的简单对比如表 5-6 所示。

表 5-6 YARN 与 MapReduce 1.0 的对比

对比内容	MapReduce 1.0	YARN
调度机制	JobTracker 既负责资源管理又负责任务调度	第一层由 ResourceManager 分配资源，第二层由 ApllicationMaster 对框架的任务进行调度
资源表示模型	槽（slot），是静态的，启动后不可更改，资源利用率低	Container，可根据应用申请的大小决定，是动态改变的
可靠性	JobTracker 出现故障时，整个集群任务执行失败	ResourceManager 仅负责资源管理，当 ResourceManager 发生故障时，ApplicationMaster 正在执行的任务并不会停止，而且 ResourceManger 重启后会迅速获取集群节点的所有状态
扩展性	JobTracker 承担资源管理和作业调度功能，当同时提交的作业过多时，会增加 JobTracker 的负荷，使其成为整个集群的瓶颈，制约集群的扩展	ResourceManager 在应用程序申请完资源后，不再参与作业任务的调度，减少了 ResourceManager 的负担，可以扩展更多节点
支持的计算框架	MapReduce	支持 MapReduce、Spark 等各种类型的计算框架

5.3　快速计算 Spark

Spark 以其先进的设计理念，通过内存计算能极大地提高大数据处理速度。同时，Spark 还支持流式计算、SQL 查询、机器学习等，逐渐形成大数据处理一站式解决架构。

5.3.1　Spark 概述

Spark 是通用内存并行计算框架，由加利福尼亚大学伯克利分校的 AMP 实验室于 2009 年开发，并于 2010 年开源，2013 年成长为 Apache 旗下的大数据领域较为活跃的开源项目之一。

5.3.1.1　Spark 与 Hadoop

（1）Hadoop 的缺点

Hadoop 已经成为大数据技术的事实标准，Hadoop MapReduce 也非常适合于对大规模数据集合进行批处理操作，但其本身还存在一些缺陷。特别是 MapReduce 存在的延迟过高，无法胜任实时、快速计算需求的问题，使得需要进行多路计算和迭代算法的用例的作业过程并非十分高效。根据 Hadoop MapReduce 的工作流程，可以分析出 Hadoop MapRedcue 的一些缺点。

1）Hadoop MapRedue 的表达能力有限。所有计算都需要转换成 Map 和 Reduce 两个操作，不能适用于所有场景，对于复杂的数据处理过程难以描述。

2）磁盘 I/O 开销大。Hadoop MapReduce 要求每个步骤间的数据序列化到磁盘，因此 I/O 成本很高，导致交互分析和迭代算法开销很大，而几乎所有的最优化和机器学习都是迭代的。因此，Hadoop MapReduce 不适合于交互分析和机器学习。

3）计算延迟高。如果想要完成比较复杂的工作，就必须将一系列的 MapReduce 作业串联起来，然后顺序执行这些作业。但每一个作业都是高时延的，而且只有在前一个作业完成之后下一个作业才能启动。因此，Hadoop MapReduce 不能胜任比较复杂的、多阶段的计算服务。

（2）Spark 的优点

Spark 是借鉴 Hadoop MapReduce 技术发展而来，继承了其分布式并行计算的优点，并弥补了 MapReduce 明显的缺陷。Spark 使用 Scala 语言实现，它是一种面向对象的函数式编程语言，能够像操作本地集合对象一样轻松地操作分布式数据集。它具有运行速度快、易用性好、通用性强和随处运行等特点，具体优势如下：

1）Spark 提供了内存计算，把中间结果放到内存中，带来了更高的迭代运算效率。通过支持 DAG 的分布式并行计算的编程框架，Spark 减少了迭代过程中数据需要写入磁盘的需求，提高了处理效率。

2）Spark 为我们提供了一个全面、统一的架构，用于管理各种有着不同性质（文本数据、图表数据等）的数据集和数据源（批量数据或实时的流数据）的大数据处理的需求。Spark 使用函数式编程范式扩展了 MapReduce 模型以支持更多计算类型，可以涵盖广泛的工作流，这些工作流之前被实现为 Hadoop 之上的特殊系统。Spark 使用内存缓存提升性能，因此进行交互式分析足够快速，缓存同时提升了迭代算法的性能，这使得 Spark 非常适合于数据理论任务，特别是机器学习。

3）Spark 比 Hadoop 更加通用。Hadoop 只提供了 Map 和 Reduce 两种处理操作，而 Spark 提供的数据集操作类型更加丰富，从而可以支持更多类型的应用。Spark 的计算模式也属于 MapReduce 类型，但提供的操作不仅包括 Map 和 Reduce，还提供了包括 Map、Filter、FlatMap、Sample、GroupByKey、ReduceByKey、Union、Join、Cogroup、MapValues、Sort、PartionBy 等多种转换操作，以及 Count、Collect、Reduce、Lookup、Save 等行动操作。

4）Spark 基于 DAG 的任务调度执行机制比 Hadoop MapReduce 的迭代执行机制更优越。Spark 各个处理结点间的通信模型不再像 Hadoop 一样只有 Shuffle 一种模式，程序开发者可以使用 DAG 开发复杂的多步数据管道，控制中间结果的存储、分区等。

图 5-13 对 Hadoop 和 Spark 的执行流程进行了对比，可以看出，Hadoop 不适合于做迭代计算，因为每次迭代都需要从磁盘中读入数据，向磁盘写中间结果，而且每个任务都需要从磁盘中读入数据，处理的结果也要写入磁盘，磁盘 I/O 开销很大。而 Spark 将数据载入内存后，后面的迭代都可以直接使用内存中的中间结果做计算，从而避免了从磁盘中频繁读取数据。

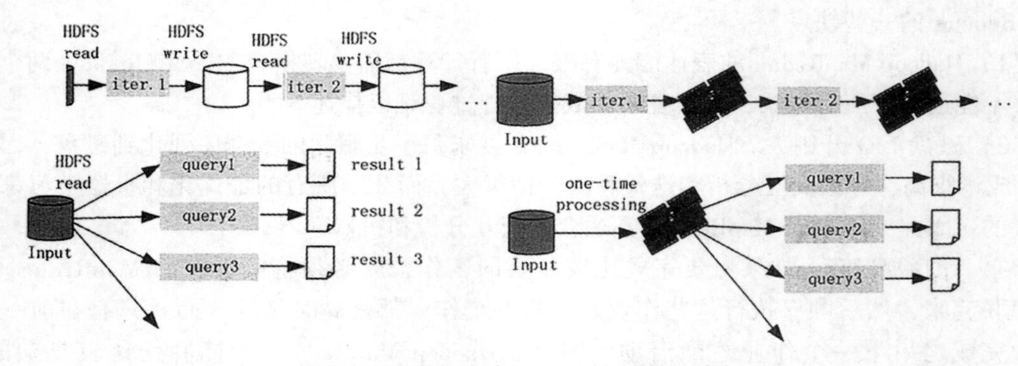

图 5-13　Hadoop 与 Spark 执行流程对比

对于多维度随机查询也是一样。在对 HDFS 同一批数据做成百上千维度查询时，Hadoop 每做一个独立的查询，都要从磁盘中读取这个数据，而 Spark 只需从磁盘中读取一次就可以针对保留在内存中的中间结果进行反复查询。

Spark 在 2014 年打破了 Hadoop 保持的基准排序（Sort Benchmark）纪录，使用 206 个结点在 23 分钟的时间里完成了 100TB 数据的排序，而 Hadoop 则是使用了 2000 个结点在 72 分钟才完成相同数据的排序。也就是说，Spark 只使用了 10%的计算资源，就获得了 Hadoop 3 倍的速度。

5.3.1.2　Spark 的适用场景

（1）大数据处理场景的类型

1）复杂的批量处理：偏重点是处理海量数据的能力，对处理速度可忍受，通常的时间可能是数十分钟到数小时。

2）基于历史数据的交互式查询：通常的时间在数十秒到数十分钟。

3）基于实时数据流的数据处理：通常在数百毫秒到数秒。

目前对以上三种场景需求都有比较成熟的处理框架。第一种情况可以用 Hadoop 的 MapReduce 技术进行批量海量数据处理。第二种情况可以用 Impala 进行交互式查询。第三种情况可以用 Storm 分布式处理框架处理实时流式数据。以上三者都是比较独立的，所以维护成本比较高，而 Spark 能够一站式满足以上需求。

（2）Spark 的适应场景

1）Spark 是基于内存的迭代计算框架，适用于需要多次操作特定数据集的应用场合。需要反复操作的次数越多，所需读取的数据量越大，受益越大；数据量小但计算密集度较大的场合，受益相对较小。

2）Spark 适用于数据量不是特别大但要求实时统计分析的场景。

3）由于 RDD（Resilient Distributed Dataset）的特性，Spark 不适用于那种异步细粒度更新状态的应用。例如，Web 服务的存储，或增量的 Web 爬虫和索引，就是不适合增量修改的应用模型。

5.3.2　Spark 生态系统

Spark 生态系统是由加利福尼亚伯克利分校的 AMP 实验室打造的，是一个力图在算法（Algorithms）、机器（Machines）、人（People）之间通过大规模集成来展现大数据应用的平台。AMP 实验室运用大数据、云计算、通信等各种资源及各种灵活的技术方案，对海量不透明的数据进行甄别并转化为有用的信息，以供人们更好地理解世界。该生态圈已经涉及机器学习、数据挖掘、数据库、信息检索、自然语言处理和语音识别等多个领域。

如图 5-14 所示，Spark 生态圈以 Spark Core 为核心，从 HDFS、Amazon S3 和 HBase 等持久层读取数据，以 Mesos、YARN 和自身携带的 Standalone 为 Cluster Manager 调度 Job 完成 Spark 应用程序的计算，这些应用程序可以来自不同的组件。如 Spark Shell/Spark Submit 的批处理，Spark Streaming 的实时处理应用，Spark SQL 的即席查询，MLlib 的机器学习，GraphX 的图计算和 SparkR 的数学计算等。

5.3.2.1　Spark Core

Spark Core 是整个生态系统的核心组件，是一个分布式大数据处理框架。它提供了资源调度管理，通过内存计算、DAG 等机制，保证快速地分布式计算，并引入了 RDD 的抽象，保证数据的高容错性。下面总结 Spark 的内核架构。

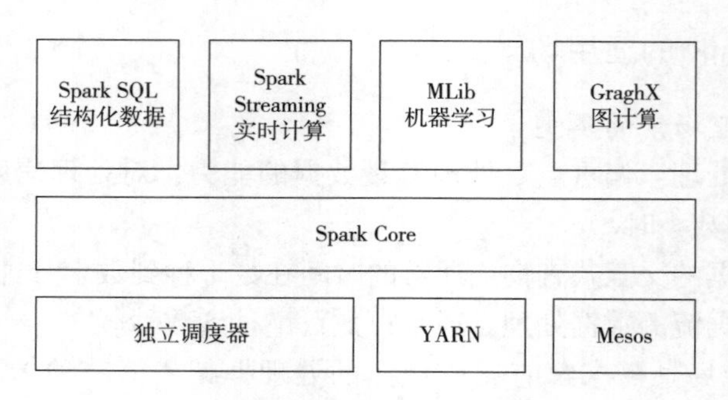

图 5-14 Spark 生态圈

（1）提供了 DAG 的分布式并行计算框架，并提供 cache 机制支持多次迭代计算或者数据共享，大大减少了迭代计算之间读取数据的开销，这对于需要进行多次迭代的数据挖掘和分析的性能提升有很大帮助。

（2）在 Spark 中引入 RDD 的抽象，它是分布在一组结点中的只读对象集合，这些集合是弹性的，如果数据集的一部分丢失，则可以根据血缘关系（Lineage）对它们进行重建，保证了数据的高容错性。

（3）移动计算而非移动数据，RDD 分区可以就近读取 HDFS 中的数据块到各个结点内存中进行计算。

（4）使用多线程池模型能减少任务启动开销。

（5）采用容错的、高可伸缩性的 Akka 作为通信框架。

5.3.2.2 Spark Streaming

Spark Streaming 是一个对实时数据流进行高吞吐、容错处理的流式处理系统，可以对多种数据源（如 Kafka、Flume、Twitter、Zero 和 TCP 套接字）进行类似 map、reduce 和 join 的复杂操作，并将结果保存到外部文件系统、数据库中，或应用到实时仪表盘上。

Spark Streaming 的核心思想是将流式计算分解成一系列短小的批处理作业，这里的批处理引擎是 Spark Core。也就是把 Spark Streaming 的输入数据按照设定的时间片（如 1 秒）分成一段一段的数据，每一段数据都转换成 Spark 中 RDD，然后将 Spark Streaming 中对 DStream 的转换操作变为对 Spark 中的 RDD 的转换操作，将 RDD 经过操作变成的中间结果保存在内存中。根据业务的需求，整个流式计算可以对中间结果进行叠加，或者将中间结果存储到外部设备。本书会在后文对 Spark Streaming 做详细介绍。

5.3.2.3 Spark SQL

Spark SQL 的前身是 Shark，即 Hive on Spark，本质是通过 HiveQL 进行解析，把 HiveQL 翻译成 Spark 上对应的 RDD 操作，然后通过 Hive 的元数据信息获取数据库里的表信息，最后由 Shark 获取并放到 Spark 上运算。

Spark SQL 允许开发人员直接处理 RDD，以及查询存储在 Hive、HBase 上的外部数据。Spark SQL 的一个重要特点是其能够统一处理关系表和 RDD，使得开发人员可以轻松地使用 SQL 命令进行外部查询，同时进行更复杂的数据分析。

5.3.2.4　Spark MLlib

Spark MLlib 实现了一些常见的机器学习算法和实用程序，包括分类、回归、聚类、协同过滤、降维及底层优化，并且该算法可以进行扩充。Spark MLlib 降低了机器学习的门槛，开发人员只要具备一定的理论知识就能进行机器学习的工作。本教程将在后面的数据挖掘中对 Spark MLlib 做进一步介绍。

5.3.2.5　Spark GraphX

Spark GraphX 是分布式图计算框架。它提供了对图的抽象 Graph，Graph 由顶点、边及边权值三种结构组成。对 Graph 的所有操作最终都会转换成 RDD 操作来完成，即对图的计算在逻辑上等价于一系列的 RDD 转换过程。与其他分布式图计算框架相比，Spark GraphX 最大的贡献是在 Spark 上提供了一站式数据解决方案，可以方便且高效地完成图计算的一整套流水作业。目前，GraphX 已经封装了最短路径、网页排名、连接组件、三角关系统计等算法的实现，用户可自行选择使用。

需要说明的是，无论是 Spark Streaming、Spark SQL、Spark MLlib，还是 Spark GraphX，都可以使用 Spark Core 的 API 处理问题，它们的方法几乎是通用的，处理的数据可以共享，从而可以完成不同应用之间数据的无缝集成。

5.3.3　Spark RDD 概念

Spark 的核心建立在统一的抽象弹性分布式数据集（RDD）之上，这使得 Spark 的各个组件可以无缝地进行集成，能够在同一个应用程序中完成大数据处理。本部分将对 RDD 的基本概念及与 RDD 相关的概念做基本介绍。

5.3.3.1　RDD 的基本概念

RDD 是 Spark 提供的最重要的抽象概念，它是一种有容错机制的特殊数据集合，可以分布在集群的结点上，以函数式操作集合的方式进行各种并行操作。DAG 是“Directed A-cyclic Graph”，中文名“有向无环图”。“有向”指的是有方向，准确地说应该是同一个方向；“无环”指构不成闭环，可反映 RDD 之间的依赖关系。

通俗点讲，可以将 RDD 理解为一个分布式对象集合，本质上是一个只读的分区记录集合。每个 RDD 可以分成多个分区，而每个分区就是一个数据集片段。一个 RDD 的不同分区可以保存到集群中的不同结点上，从而可以在集群中的不同结点上进行并行计算。

图 5-15 展示了 RDD 的分区及分区与工作结点（Worker Node）的分布关系。

RDD 具有容错机制，并且只读、不能修改，可以执行确定的转换操作创建新的 RDD。具体来讲，RDD 具有以下四个属性。

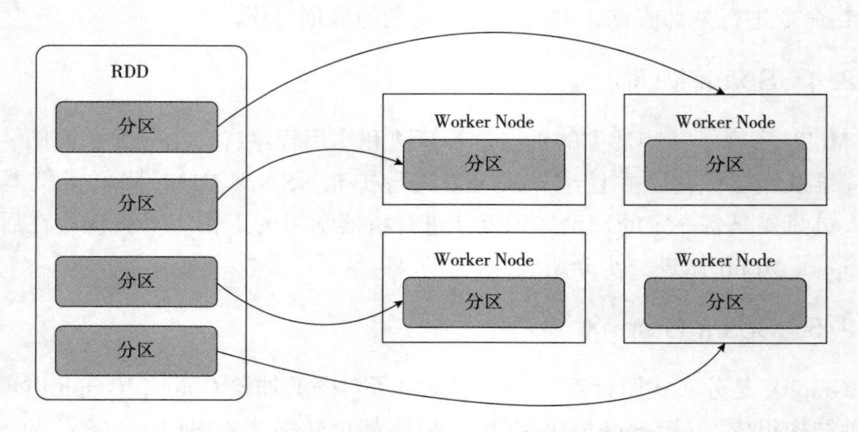

图 5-15 RDD 分区及分区与工作节点的分布关系

- 只读，即不能修改，只能通过转换操作生成新的 RDD。
- 分布式，即可以分布在多台机器上进行并行处理。
- 弹性，即当计算过程中内存不够时，它会和磁盘进行数据交换。
- 基于内存，即可以全部或部分缓存在内存中，在多次计算间重用。

RDD 实质上是一种更为通用的迭代并行计算框架，用户可以显示控制计算的中间结果，然后将其自由运用于之后的计算。

在大数据实际应用开发中存在许多迭代算法，如机器学习、图算法等，以及交互式数据挖掘工具。这些应用场景的共同之处是在不同计算阶段之间会重复用中间结果，即一个阶段的输出结果会作为下一个阶段的输入。RDD 正是为了满足这种需求而设计的。虽然 MapReduce 具有自动容错、负载平衡和可拓展性的优点，但其最大的缺点是每次执行时都需要从磁盘读取数据，并且要将计算中间结果写回磁盘，使得在迭代计算时要进行大量的 I/O 操作，开销较大。

通过使用 RDD，用户不必担心底层数据的分布式特性，只需要将具体的应用逻辑表达为一系列转换处理，就可以实现管道化，从而避免了中间结果的存储，大大降低了数据复制、磁盘 I/O 和数据序列化的开销。

5.3.3.2 RDD 基本操作

RDD 的操作分为转化（Transformation）操作和行动（Action）操作。转化操作是从一个 RDD 产生一个新的 RDD，而行动操作是进行实际的计算。

RDD 的操作是惰性的，当 RDD 执行转化操作的时候，实际计算并没有被执行，只有当 RDD 执行行动操作时才会触发计算任务提交，从而执行相应的计算操作。

（1）构建操作

Spark 里的计算都是通过操作 RDD 完成的，学习 RDD 的第一个问题是如何构建 RDD，构建 RDD 的方式从数据来源角度分为两类：第一类是从内存中直接读取数据，第二类是从文件系统中读取数据。文件系统的种类很多，常见的就是 HDFS 及本地文件系统。

第一类方式是从内存里构造 RDD，需要使用 makeRDD 方法，代码如下所示：

```
val rdd01 = sc.makeRDD(List(1,2,3,4,5,6))
```

这个语句创建了一个由“1，2，3，4，5，6”六个元素组成的 RDD。

第二类方式是通过文件系统构造 RDD，代码如下所示：

```
val rdd:RDD[String] == sc.textFile("file:///D:/sparkdata.txt",1)
```

这里例子使用的是本地文件系统，因此文件路径协议前缀是 file：//。

(2) 转换操作

RDD 的转换操作是返回新的 RDD 的操作。转换出来的 RDD 是惰性求值的，只有在行动操作中用到这些 RDD 时才会被计算。对于行动之前的所有转换操作，Spark 只是记录 RDD 相互之间的依赖关系，而不会触发真正的计算。表 5-7 描述了常用的几个 RDD 转换操作。

表 5-7　常用的 RDD 转换操作

操作	含义
filter（func）	筛选出满足函数 func 的元素，返回值是新的 RDD
map（func）	将函数 func 应用于 RDD 的每个元素，返回值是新的 RDD
flatMap（func）	将函数 func 应用于 RDD 的每个元素，将元素数据进行拆分，变成迭代器，返回值是新的 RDD
distinct（）	将 RDD 里的元素进行去重操作
union（）	生成包含两个 RDD 所有元素的新的 RDD
intersection（）	求出两个 RDD 的共同元素
reduceByKey（func，[n]）	当一个类型为 <K，V> 键值对的 RDD 被调用的时候，返回类型为键值对的新 RDD，其中每个键的值 V 都是使用聚合函数 func 汇总的。可以通过配置 n 设置不同的并行任务数

下面举例介绍，设当前 rdd1＝{1，2，3，3}，rdd2＝{3，4，5}：

- rdd1. filter（x=>x！=1）结果为{2，3，3}。
- rdd1. map（x=>x+l）结果为{2，3，4，4}。
- rdd1. flatMap（x=>x. to（3））结果为{1，2，3，2，3，3，3}。
- rdd1. distinct（）结果为（1，2，3）。
- rdd1. union（rdd2）结果为{1，2，3，3，3，4，5}。
- rdd1. intersection（rdd2）结果为{3}。

(3) 行动操作

行动操作用于执行计算并按指定的方式输出结果。行动操作接受 RDD，但返回非 RDD，即输出一个值或者结果。在 RDD 执行过程中，真正的计算发生在行动操作。表 5-8 描述了常用的 RDD 行动操作。

表 5-8 常用的 RDD 行动操作

操作	含义
count（）	返回 RDD 里元素的个数
collect（）	返回 RDD 中的所有元素
countByValue（）	各元素在 RDD 中的出现次数
take（n）	从 RDD 中返回数据集中的前 n 个元素
reduce（func）	通过函数 func 并行整合所有 RDD 中数据，如求和操作
foreach（func）	对 RDD 的每个元素都使用特定函数

下面举例介绍，设当前 rdd=｛1，2，3，3｝：

1）rdd. count（）结果为 4。

2）rdd. collect（）结果为｛1，2，3，3｝。

3）rdd. countByValue（）结果为｛（1，1），（2，1），（3，2）｝。

4）rdd. take（2）结果为｛1，2｝。

5）rdd. reduce（（x，y）=>x+y）结果为 9。

6）rdd1. foreach（x=>println（x））结果为打印每一个元素。

5.3.3.3 RDD 血缘关系

RDD 的重要特性之一是血缘关系，它描述了一个 RDD 如何从父 RDD 计算得来。如果某个 RDD 丢失了，则可以根据血缘关系从父 RDD 计算得来。

图 5-16 给出了一个 RDD 执行过程的实例。系统从输入逻辑上生成了 A 和 C 两个 RDD，经过一系列转换操作，逻辑上生成了 F 这个 RDD。Spark 记录了 RDD 之间的生成和依赖关系。当 F 进行行动操作时，Spark 才会根据 RDD 的依赖关系生成 DAG，并从起点开始真正的计算。

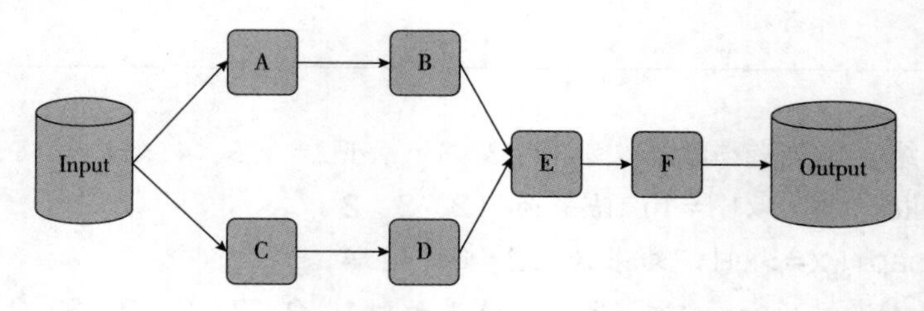

图 5-16 RDD 血缘关系

上述一系列处理称为一个血缘关系（Lineage），即 DAG 拓扑排序的结果。在血缘关系中，下一代的 RDD 依赖于上一代的 RDD。例如，在图 5-16 中，B 依赖于 A，D 依赖于 C，而 E 依赖于 B 和 D。

5.3.3.4 RDD 依赖类型

根据不同的转换操作，RDD 血缘关系的依赖分为窄依赖和宽依赖。窄依赖指父 RDD

的每个分区都只被子 RDD 的一个分区所使用。宽依赖指父 RDD 的每个分区都被多个子 RDD 的分区所依赖。map、filter、union 等操作是窄依赖，而 groupByKey、reduceByKey 等操作是宽依赖，如图 5-17 所示。

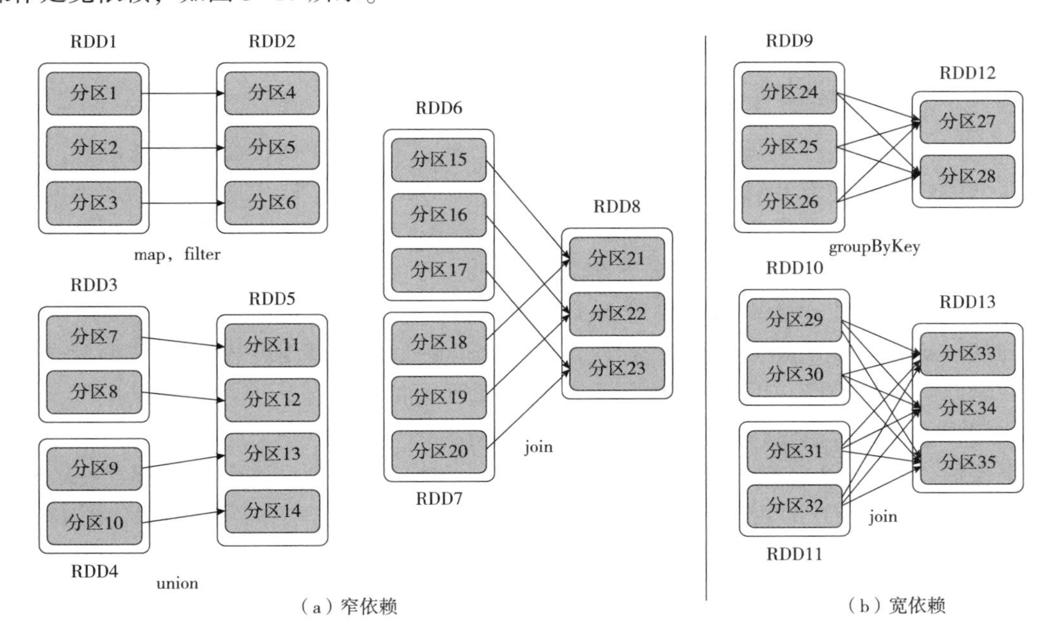

图 5-17　窄依赖和宽依赖的区别

如图 5-17 所示，join 操作有两种情况，如果 join 操作中使用的每个 Partition 仅仅和固定的 Partition 进行 join，则该 join 操作是窄依赖，其他情况下的 join 操作是宽依赖。

因此，可得出一个结论，窄依赖不仅包含一对一的窄依赖，还包含一对固定个数的窄依赖，也就是说，对父 RDD 依赖的 Partition 不会随着 RDD 数据规模的改变而改变。

（1）窄依赖

1）子 RDD 的每个分区依赖于常数个父分区，即与数据规模无关。

2）输入输出一对一的算子，且结果 RDD 的分区结构不变，如 map、flatMap。

3）输入输出一对一的算子，但结果 RDD 的分区结构发生了变化，如 union。

4）从输入中选择部分元素的算子，如 filter、distinct、subtract、sample。

（2）宽依赖

1）子 RDD 的每个分区依赖于所有父 RDD 分区。

2）对单个 RDD 基于 Key 进行重组和 reduce，如 groupByKey、reduceByKey。

3）对两个 RDD 基于 Key 进行 join 和重组，如 join。

Spark 的这种依赖关系设计，使其具有了天生的容错性，大大加快了 Spark 的执行速度。RDD 通过血缘关系记住了它是如何从其他 RDD 中演变过来的。当这个 RDD 的部分分区数据丢失时，它可以通过血缘关系获取足够的信息来重新运算和恢复丢失的数据分区，从而带来性能的提升。

相对而言，窄依赖的失败恢复更为高效，它只需要根据父 RDD 分区重新计算丢失的分区即可，而不需要重新计算父 RDD 的所有分区。而对于宽依赖讲，单个结点失效，即使只是 RDD 的一个分区失效，也需要重新计算父 RDD 的所有分区，开销较大。宽依赖操作就像是将父 RDD 中所有分区的记录进行了“洗牌”，数据被打散，然后在子 RDD 中进行重组。

5.3.3.5 阶段划分

用户提交的计算任务是一个由 RDD 构成的 DAG，如果 RDD 的转换是宽依赖，那么这个宽依赖转换就将该 DAG 分为不同的阶段。由于宽依赖会带来“洗牌”，因此不同的阶段是不能并行计算的，后面阶段的 RDD 的计算需要等待前面阶段的 RDD 的所有分区全部计算完毕以后才能进行。这点类似于在 MapReduce 中 Reduce 阶段的计算必须等待所有 Map 任务完成后才能开始一样。在对 Job 中的所有操作划分阶段时，一般会按照倒序进行，即从 Action 开始，遇到窄依赖操作，则划分到同一个执行阶段，遇到宽依赖操作，则划分一个新的执行阶段。后面的阶段需要等待前面所有的阶段执行完后才可以执行，这样阶段之间根据依赖关系就构成了一个大粒度的 DAG。

下面通过图 5-18 详细解释一下阶段划分。在 Spark 应用中，整个执行流程在逻辑上运算之间会形成 DAG。如图 5-18 所示，从 HDFS 中读入数据生成 3 个不同的 RDD（A、C 和 E），通过一系列转换操作后得到新的 RDD（G），并把结果保存到 HDFS 中。可以看到，这幅 DAG 中只有 join 操作是一个宽依赖，Spark 会以此为边界将其前后划分成不同的阶段。同时应注意到，在阶段 2 中，从 map 到 union 都是窄依赖，这两步操作可以形成一个流水线操作，通过 map 操作生成的分区可以不用等待整个 RDD 计算结束，而是继续进行 union 操作，这样大大提高了计算的效率。

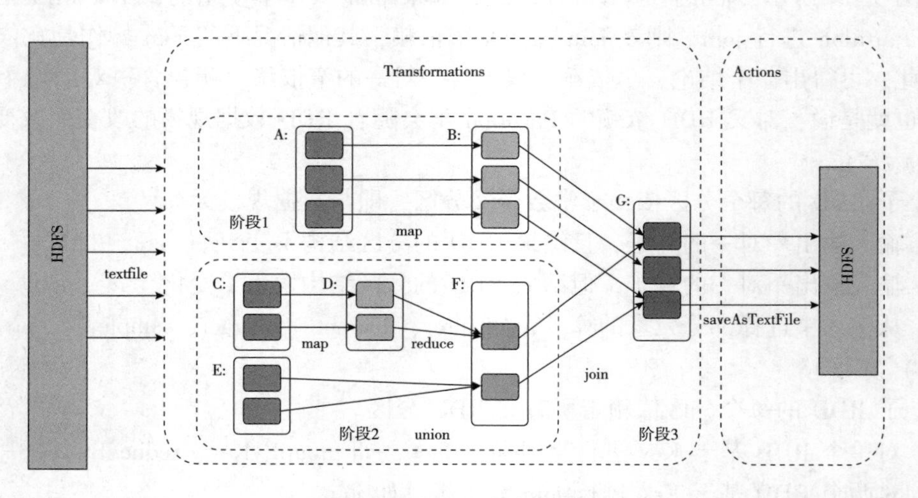

图 5-18 DAG 阶级划分

Spark 根据 RDD 之间不同的依赖关系被切分形成不同的阶段，一个阶段包含一系列函数进行流水线执行。把一个 DAG 图划分成多个阶段以后，每个阶段都代表了一组由关联的、相互之间没有宽依赖关系的任务组成的任务集合。在运行的时候，Spark 会把每个任务集合提交给任务调度器进行处理。

5.3.4 Spark 总体架构和运行流程

5.3.4.1 Spark 总体架构

Spark 运行架构如图 5-19 所示，包括集群资源管理器（Cluster Manager）、多个运行作业任务的工作结点（Worker Node）、每个应用的任务控制结点（Driver）和每个工作结点上负责具体任务的执行进程（Executor）。

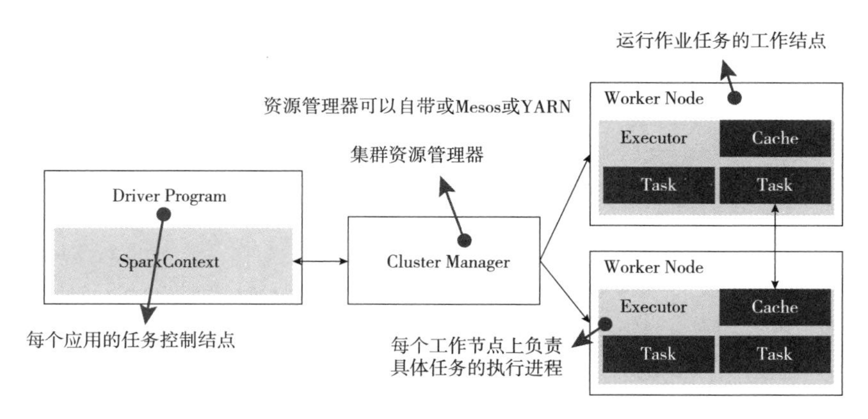

图 5-19　Spark 运行架构

Driver Program 是运行 Spark Applicaion 的 main（）函数，它会创建 SparkContext。SparkContext 负责和 Cluster Manager 通信，进行资源申请、任务分配和监控等。

Cluster Manager 负责申请和管理在 Worker Node 上运行应用所需的资源，目前包括 Spark 原生的 Cluster Manager、Mesos Cluster Manager 和 Hadoop YARN Cluster Manager。

Executor 是 Application 运行在 Worker Node 上的一个进程，负责运行任务，并且负责将数据存在内存或者磁盘中，每个 Application 都有各自独立的一批 Executor。每个 Executor 则包含了一定数量的资源来运行分配给它的任务。

每个 Worker Node 上的 Executor 服务于不同的 Application，它们之间是不可以共享数据的。与 MapReduce 计算框架相比，Spark 采用的 Executor 具有两大优势。一是 Executor 利用多线程执行具体任务，相比于 MapReduce 的进程模型，它使用的资源和启动开销要小很多。二是 Executor 中有一个 BlockManager 存储模块，会将内存和磁盘共同作为存储设备，当需要多轮迭代计算时，可以将中间结果存储到这个存储模块里，供下次需要时直接使用，而不需要从磁盘中读取，从而有效减少 I/O 开销，而且在交互式查询场景下，可以预先将数据缓存到 BlockManager 存储模块上，从而提高读写 I/O 性能。

5.3.4.2 Spark 运行流程

（1）Spark 运行基本流程如图 5-20 所示，具体步骤如下：

1）构建 Spark Application 的运行环境（启动 SparkContext），SparkContext 向 Cluster

Manager 注册，并申请运行 Executor 资源。

2）Cluster Manager 为 Executor 分配资源并启动 Executor 进程，Executor 运行情况将随着“心跳”发送到 Cluster Manager 上。

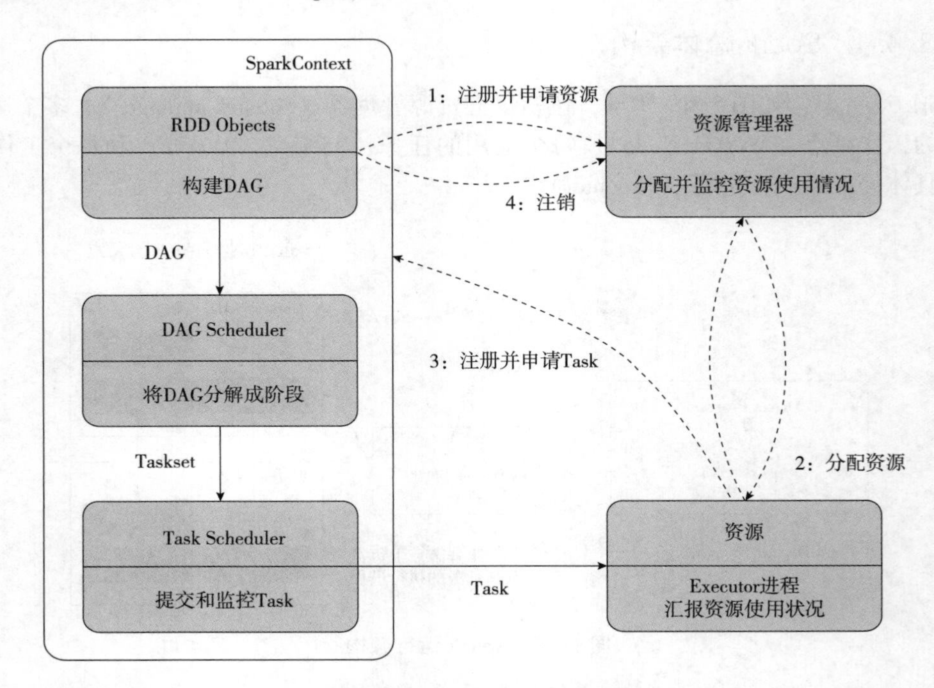

图 5-20　Spark 运行基本流程

3）SparkContext 构建 DAG，将 DAG 图分解成多个阶段，并把每个阶段的任务集（TaskSet）发送给任务调度器（Task Scheduler）。Executor 向 SparkContext 申请任务，Task Scheduler 将任务发放给 Executor，同时 SparkContext 将应用程序代码发放给 Executor。

4）Task 在 Executor 上运行，把执行结果反馈给 Task Scheduler，然后反馈给 DAG Scheduler。运行完毕后写入数据，SparkContext 向 ClusterManager 注销并释放所有资源。

DAG Scheduler 决定运行 Task 的理想位置，并把这些信息传递给下层的 Task Scheduler。DAG Scheduler 把一个 Spark 作业转换成阶段的 DAG，根据 RDD 和阶段之间的关系找出开销最小的调度方法，然后把阶段以 TaskSet 的形式提交给 Task Scheduler。此外，DAG Scheduler 还处理由于 Shuffle 数据丢失导致的失败，这有可能需要重新提交运行之前的阶段。

Task Scheduler 维护所有 TaskSet，当 Executor 向 Driver 发送“心跳”时，Task Scheduler 会根据其资源剩余情况分配相应的 Task。另外，Task Scheduler 还维护着所有 Task 的运行状态，重试失败的 Task。

（2）总体而言，Spark 运行机制具有以下五个特点。

1）每个 Application 拥有专属的 Executor 进程，该进程在 Application 运行期间一直驻留，并以多线程方式运行任务。这种 Application 隔离机制具有天然优势，无论在调度方面（每个 Driver 调度它自己的任务），还是在运行方面（来自不同 Application 的 Task 运行在不同的 JVM 中)。同时，Executor 进程以多线程的方式运行任务，减少了多进程频繁的启动开销，使得任务执行非常高效、可靠。当然，这也意味着 Spark Application 不能跨应用程序共享数据，除非将数据写入外部存储系统。

2）Spark 与 Cluster Manager 无关，只要能够获取 Executor 进程并保持相互通信即可。

3）提交 SparkContext 的 JobClient 应该靠近 Worker Node，最好是在同一个机架里，因为在 Spark Application 运行过程中，SparkContext 和 Executor 间有大量的信息交换。

4）Task 采用了数据本地性和推测执行的优化机制。数据本地性指尽量将计算移到数据所在的结点上进行，移动计算比移动数据的网络开销要小得多。同时，Spark 采用了延时调度机制，可以在更大程度上优化执行过程。

5）Executor 上的存储模块（BlockManager），可以把内存和磁盘共同作为存储设备。在处理迭代计算任务时，不需要把中间结果写入分布式文件系统，而是直接存放在该存储系统中，后续的迭代可以直接读取中间结果，避免了读写磁盘。在交互式查询情况下，也可以把相关数据提前缓存到该存储系统中，以提高查询性能。

5.3.5　Spark 编程实践

本部分将介绍如何实际动手进行 RDD 的转换与操作，以及如何编写、编译、打包和运行 Spark 应用程序。

5.3.5.1　启动 Spark Shell

Spark 的交互式脚本是一种学习 API 的简单途径，也是实时、交互式分析数据集的有力工具。Spark 包含多种运行模式，可使用单机模式，也可以使用分布式模式。为简单起见，这里采用单机模式运行 Spark。

Spark Shell 支持 Scala 和 Python，这里选择使用 Scala 进行编程实践，因为了解 Scala 有助于更好地掌握 Spark，无论采用哪种模式，只要启动完成后，就初始化了一个 SparkContext（SC）对象，同时创建了一个 SparkSQL 对象用于 SparkSQL 操作。进入 Scala 的交互界面中，就可以进行 RDD 的转换和行动操作。

执行如下命令启动 Spark Shell：

```
$./bin./spark-shell
```

5.3.5.2　Spark Shell 使用

如果在本地文件系统中，有文件名为 home/hadoop/SparkData/WordCount/abc，其包含的内容如下：

```
hello world
hello Hadoop
hello My name is mike I love spark programming
```

下面我们基于该文件进行 Spark Shell 操作。

（1）利用本地文件系统的一个文本文件创建一个新 RDD

```
scala>var textFile = sc.textFile("file://home/Hadoop/SparkData/WordCount/abc");
//通过 file:前缀指定读取本地文件
```

（2）执行动作操作，计算文档中有多少行

```
scala>textFile.count()//RDD 中有多少行
res1:Long =3
```

返回结果表明文档中有“3”行。

（3）执行动作操作，获取文档中的第一行内容

```
scala>textFile.first()  //返回 RDD 第一行的内容
rest3:string=hello world
```

返回结果表明文档的第一行内容是“hello world”。

（4）转换操作将一个 RDD 转换成一个新的 RDD，获取包含“hello”的行的个数

```
scala>var LinesWithhello = textFile.filter(line => line.contains("hello"))
scala> LinesWithhello.count()    //返回有多少行含 hello
res4:Long = 3
```

这段代码首先通过转换操作 filter 形成一个只包括含有“hello”行的 RDD，然后通过 count 计算有多少行。实际上，借助于强大的链式操作，Spark 可以连续进行运算，一个操作的输出直接作为另一个操作的输入，不需要采用临时变量（LinesWithhello）存储中间结果，这样不仅可以使 Spark 代码更加简洁，而且优化了计算过程。上述两条代码可合并为如下一行代码：

```
scala > var LinesCountWithhello = textFile.filter (line => line.contains("hello")).count()
res4:Long = 3
```

从上面代码可以看出，Spark 基于整个操作链，仅储存、计算所需的数据，大大提升了运行效率。

（5）Spark Shell 的 WordCount 实现

对于单词统计的 WordCount 实现，可以首先使用 flatMap（）将每一行的文本内容通过空格进行划分，然后使用 map（）将单词映射为（K，V）的键值对，其中，K 为单词，V 为 1，最后使用 reduceByKey（）将相同单词的计数进行相加，最终得到该单词总的出现次数。具体实现命令如下：

```
scala> val file = sc.textFile ("file://home/hendoop/SparkData/WordCount/abc"));
scala>val countSc=file.flatMap(line=>line.split("")).map(word=>
(word,1)).reduceByKey((x,y)=> x+y)
scala> countSc.collect()  // 输出单词统计结果
res5:Array[(String,Int)]=Array((hello,3),(world,1),(Hadoop,1),(My,1),(is,1),(love,1),(I,1),(mike,1),(spark,1),(name,1),(programming,1))
```

上面的代码中首先使用 SparkContext 类中的 textFile（）读取本地文件，其次使用 flatMap（）方法将文件内容按照空格拆分单词，再次使用 map（word=>（word，1））将拆分的单词形成 <单词，1> 键值对，最后使用 ReduceByKey（）方法对单词的频度进行统计，reduceByKey 会寻找相同 key 的数据，当找到这样的两条记录时会对其 value（分别记为 x，y）做（x，y）=> x+y 的处理，即只保留求和之后的数据作为 value。反复执行这个操作直至每个 key 只留下一条记录，并由 collect 运行作业得出结果。Collect 属于“行动”类型的操作，这时才会执行真正的计算，Spark 会把计算打散成多个任务并分发到不同的机器上并行执行。

5.3.5.3　用 Java 编写 Spark 独立应用程序

在 Spark shell 中进行交互式编程时，可以采用 Scala 和 Python 语言，主要是为了方便对代码进行调试，等到代码调试好后，就可选择将代码打包成独立的 Spark 应用程序，然后提交到 Spark 中运行。Java 语言当前较为流行，如果使用 Java 进行 Spark 应用开发，需要将其代码编译打包后提交 Spark 运行。下面讲解使用 Maven 编译打包 Java 程序。

（1）安装 Maven

Maven 是对 Java 语言进行编译的一个工具，需要下载安装。手动安装 maven，可以访问 maven 官方下载 apache-maven-3.3.9-bin.zip。选择安装目录为 /usr/local/maven。

```
sudo unzip ~/下载/apache-maven-3.3.9-bin.zip-d /usr/local
cd /usr/local
sudo mv apache-maven-3.3.9/ ./maven
sudo chown-R hadoop ./maven
```

（2）编写 Java 应用程序代码

在终端执行以下命令创建一个文件夹 sparkapp2，作为应用程序根目录：

```
cd~#进入用户主文件夹
mkdir-p ./sparkapp2/src/main/java
```

使用 vim ./sparkapp2/src/main/java/SimpleApp.java 建立一个名为 SimpleApp.java 的文件，代码如下：

```
/***SimpleApp.java ***/
import org.apache.spark.api.java.*;
import org.apache.spark.api.java.function.Function;

public class SimpleApp {
    public static void main(String[] args)  {
        String logFile ="file:///usr/local/spark/README.md"; // Should be some
file on your system
        JavaSparkContext sc = new JavaSparkContext("local","Simple App",
"file:///usr/local/spark/",new String[] {"target/simple-project-1.0.jar"});
```

```
        JavaRDD<String> logData = sc.textFile(logFile).cache();
        long numAs = logData.filter(new Function<String, Boolean>(){
            public Boolean call(String s){
                return s.contains ("a");
            }
        }).count();

        long numBs = logData.filter(new Function<String,Boolean>(){
           public Boolean call(String s){
                return s.contains("b");
           }
        }).count();
        System.out.printIn ("Lines with a:"+ numAs +",lines with b:"+ numBs);
    }
}
```

该程序依赖 Spark Java API，因此我们需要通过 maven 进行编译打包。在 ./sparkapp2 中新建文件 pom. xml（vim ./sparkapp2/pom. xml），并声明该独立应用程序的信息及其与 Spark 的依赖关系，代码如下：

```
<project>
    <groupId>edu.berkeley</groupId>
    <artifactId>simple-project</artifactId>
    <modelVersion>4.0.0</modelVersion>
    <name>Simple Project</name>
    <packaging>jar</packaging>
    <version>1.0</version>
    <repositories>
        <repository>
            <id>Akka repository</id>
            <url>http://repo.akka.io/releases</url>
        </repository>
    </repositories>
    <dependencies>
        <dependency><! --Spark dependency-->
            <groupId>org.apache.spark<groupId>
            <artifactId>spark-core_2.11</artifactId>
            <version>2.1.0</version>
        </dependency>
    </dependencies>
</project>
```

(3) 使用 maven 打包 Java 程序

为了保证 maven 能够正常运行，先执行以下命令检查整个应用程序的文件结构：

```
cd ~/sparkapp2
find
```

文件结构如图 5-21 所示。

```
./pom.xml
./src
./src/main
./src/main/java
./src/main/java/SimpleApp.java
```

图 5-21　SimpleApp. java 的文件结构

然后，可以通过以下代码将这整个应用程序打包成 Jar：

```
/usr/local/maven/bin/mvn package
```

如果运行以上命令后出现类似如图 5-22 所示的图示信息，说明 Jar 包生成成功：

```
[INFO] ------------------------------------------
[INFO] BUILD SUCCESS
[INFO] ------------------------------------------
[INFO] Total time: 10.847 s
[INFO] Finished at: 2020-01-07T16:33:33+08:00
[INFO] Final Memory: 30M/132M
[INFO] ------------------------------------------
```

图 5-22　打包应用程序时的屏幕信息

(4) 通过 spark-submit 运行程序

最后，可以将生成的 Jar 包通过 spark-submit 提交到 Spark 中运行，命令如下：

```
/usr/local/spark/bin/spark-submit --class "SimpleApp" ~/sparkapp2/target/
simple-
    project-1.0.jar 2>&1 | grep "Line with a"
```

得到的结果如下：

```
Lines with a:65,Lines with b: 28
```

5.4　交互式计算 Hive

Hive 是基于 Hadoop 的数据仓库，可对存储在 HDFS 上的文件中的数据集进行数据整理、特殊查询和分析处理，提供了类似于 SQL 语言的查询语言——HiveQL。Hive 把 HiveQL 语句转换成 MapReduce 任务后，采用交互式处理的方式对海量数据进行处理。

5.4.1 Hive 概述

Hive 是基于 Hadoop 构建的一套数据仓库分析系统，它提供了丰富的 SQL 查询方式来分析存储在 Hadoop 分布式文件系统中的数据：可以将结构化的数据文件映射为一张数据库表，并提供完整的 SQL 查询功能；可以将 SQL 语句转换为 MapReduce 任务运行，使不熟悉 MapReduce 的用户可以很方便地利用 SQL 语言查询、汇总和分析数据。而 MapReduce 开发人员可以把自己写的 map 和 reducer 作为插件来支持 Hive 做更复杂的数据分析。它与关系型数据库的 SQL 略有不同，但支持了绝大多数的语句，如 DDL、DML 以及常见的聚合函数、连接查询、条件查询。它还提供了一系列的工具进行数据提取、转化、加载，用来存储、查询和分析存储在 Hadoop 中的大规模数据集，也可以实现对 map 和 reduce 函数的定制，为数据操作提供了良好的伸缩性和可扩展性。

5.4.2 Hive 的体系架构

Hive 建立在 Hadoop 的分布式文件系统（HDFS）和 MapReduce 系统之上，如图 5-23 所示。

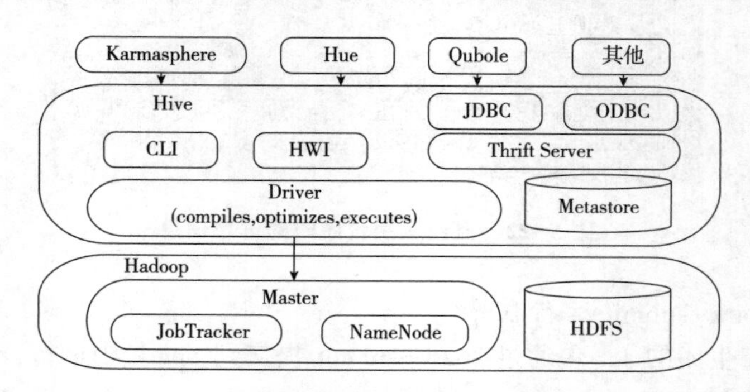

图 5-23 Hive 的体系架构

Hive 体系架构的组件可以分为两大类：服务端组件和客户端组件。

5.4.2.1 服务端组件

（1）Driver 组件

该组件将用户的 HiveQL 语句进行解析、编译优化，生成执行计划，然后调用底层的 MapReduce 计算框架。Hive 驱动程序把元数据存储在数据库中。

（2）Metastore 组件

该组件存储 Hive 的元数据。Hive 支持把 Metastore 服务独立出来，安装到远程的服务器集群中，从而解耦 Hive 服务和 Metastore 服务，保证 Hive 运行的可靠性。

（3）Thrift 服务

Thrift 服务用来进行可扩展且跨语言的服务的开发，Hive 集成了该服务，能让不同的编程语言调用 Hive 的接口。

5.4.2.2　客户端组件

（1）CLI（Command Line Interface）命令行接口

架构图的最上面包括一个命令行接口（CLI），可以在 Linux 终端窗口向 Hive 驱动程序直接发出查询或管理命令。

（2）Thrift 客户端

Hive 架构的许多客户端接口是建立在 Thrift 客户端之上，包括 JDBC 和 ODBC 接口。

（3）WEB GUI

客户端提供了通过网页的方式访问 Hive 所提供的服务。这个接口对应 Hive 的 HWI 组件（Hive Web Interface）。

5.4.3　Hive 的数据类型

Hive 支持基本数据类型和复杂类型，基本类型包括数值型、Boolean、字符串、时间戳。复杂类型包括数组、Map 和 Struct 等。这些类型的名称都是保留字。

5.4.3.1　Hive 的基本数据类型

（1）整数类型

Hive 有 4 种带符号的整数类型，即 TINYINT、SMALLINT、INT、BIGINT，分别对应 Java 中的 byte、short、int、long，字节长度分别为 1、2、4、8 字节。

（2）小数类型

浮点类型包括 float 和 double 两种，分别为 32 位和 64 位浮点数。DECIMAL 表示任意精度的小数，通常在货币当中使用。

（3）文本类型

Hive 有 3 种类型用于存储字文本。STRING 存储变长的文本，对长度没有限制。VARCHAR 与 STRING 类似，但长度上只允许在 1~65355。CHAR 则用固定长度存储数据。

（4）Boolean

Boolean 表示为二元的 true 或 false。

（5）二进制

BINARY 用于存储变长的二进制数据。

需要注意的是，所有的这些 Hive 基本数据类型都是对 Java 中接口的实现，因此这些类型的具体行为细节和 Java 中对应的类型完全一致。例如，STRING 类型实现的是 Java 中的 String，float 类型实现的是 Java 中的 float 等。

5.4.3.2　Hive 的复杂数据类型

（1）ARRAY 和 MAP

ARRAY 和 MAP 类型对应于 Java 中的数组和映射表。数组是有序的同类型的集，声明格式为 ARRAY<data_type>，元素访问通过 0 开始的下标，如 arrays［1］访问第二个元素。

MAP 是键值对集合，key 必须为基本类型，value 可以是任何类型。MAP 通过 MAP<primitive_type，data_type>来声明。Map 的元素访问使用 [ ]，如 map ['key1']。

（2）STRUCT

STRUCT 是封装一组有名字的字段，其类型可以是任意的基本类型，元素的访问使用点号。例如，如果列 Name 的类型是 STRUCT {first STRING，last STRING}，那么第一个元素可以通过 Name. first 访问。

（3）UNION

UNION 是异类的数据类型的集合。在给定的任何一个时间点，UNION 类型可以保存指定数据类型中的任意一种。UNION 类型声明语法为 UNION TYPE<data_type，data_type，…>。

大多数的关系型数据库并不支持 Hive 复杂数据类型，因为使用它们会趋向于破坏标准格式。例如，在传统数据模型中，structs 可能需要由多个不同的表拼装而成，表间需要适当地使用外键进行连接。破坏标准格式所带来的一个实际问题是会增大数据冗余的风险，进而导致消耗不必要的磁盘空间，还有可能造成数据不一致，因为当数据发生改变时，冗余的拷贝数据可能无法相应地同步。然而，在大数据系统中，不遵循标准格式的一个好处是可以提供更高吞吐量的数据。当处理的数据数量级是 TB 或者 PB 时，以最少的"头部寻址"从磁盘上扫描数据时是非常必要的。按数据集进行封装的话，可以通过减少寻址次数来提高查询的速度。而如果根据外键关系关联的话，则需要进行磁盘间的寻址操作，这会有非常高的性能消耗。

5. 4. 4 Hive 的存储模型

Hive 的数据由两部分组成：数据文件和元数据。数据文件存储于 Hadoop 文件系统中。元数据存储在关系型数据库中，元数据包括表名、列名、表分区名以及数据在 HDFS 上的存储位置等。Hive 包含四种数据存储模型：内部表（Managed Table），外部表（External Table），分区（Partition），桶（Bucket）。

5. 4. 4. 1 内部表

Hive 的内部表与关系数据库中的 Table 在概念上是类似的。每一个 Table 在 Hive 中都有一个相应的目录存储数据。这个目录在 hive-site. xml 中设置。设定数据仓库目录，所有的 Table 数据（不包括外部表）都保存在这个目录中。删除表时，元数据与数据都会被删除。

5. 4. 4. 2 外部表

Hive 的外部表指向已经在 HDFS 中存在的数据，可以创建分区。它和内部表在元数据的组织上是相同的，而实际数据的存储则有较大的差异。内部表的创建过程和数据加载过程可以分别独立完成，也可以在同一个语句中完成。在加载数据的过程中，实际数据会被移动到数据仓库目录中，之后对数据的访问将会直接在数据仓库目录中完成。删除表时，表中的数据和元数据会被同时删除。而外部表只有一个过程，加载数据和创建表同时完成（CREATE EXTERNAL TABLE …LOCATION），实际数据存储在 LOCATION 后面指定的 HDFS 路径中，并不会移动到数据仓库目录中。当删除一个外部表时，仅删除该链接，也就是外部表对应的元数据，外部表所指向的数据不会被删除。

5.4.4.3　分区

分区对应于数据库中分区列的密集索引，但 Hive 中分区的组织方式和数据库中的有很大不同。在 Hive 中，表中的一个分区对应于表下的一个目录，所有分区的数据都存储在对应的目录中。例如，pvs 表中包含 ds 和 city 两个分区，则对应于 ds = 20090801，ctry = US 的 HDFS 子目录为/wh/pvs/ds = 20090801/ctry = US，而对应于 ds = 20090801，ctry = CA 的 HDFS 子目录为/wh/pvs/ds = 20090801/ctry = CA。

5.4.4.4　桶

桶是将表的列通过 Hash 算法进一步分解成不同的文件存储。它对指定列计算 hash，根据 hash 值切分数据，目的是并行，每一个桶对应一个文件。例如，将 user 列分散至 32 个桶，首先对 user 列的值计算 hash，对应 hash 值为 0 的 HDFS 目录为/wh/pvs/ds = 20090801/ctry = US/part-00000，hash 值为 20 的 HDFS 目录为/wh/pvs/ds = 20090801/ctry = US/part-00020。如果想应用很多的 Map 任务，这是不错的选择。

5.4.5　Hive 的操作

针对不同的上层应用，Hive 可提供不同的操作接口。下面主要介绍 Hive 的交互式操作和 Hive 的编程。

5.4.5.1　Hive 的交互式操作

HiveQL 是 Hive 的查询语言，和 SQL 语言比较类似，对 Hive 的交互式操作都是通过编写 HiveQL 语句实现的，接下来介绍一下 Hive 中常用的基本操作。

（1）创建数据库、表、视图

1）创建数据库 student。

```
hive> create database student;
```

创建数据库 student，因为 student 已经存在，所以会抛出异常。加上 if not exists 关键字，则不会抛出异常：

```
hive> create database if not exists student;
```

2）创建表。

在 student 数据库中，创建表 usr，含三个属性，即 id、name、age：

```
hive> use student;
hive>create table if not exists usr(id bigint,name string,age int);
```

在 Hive 数据库中，创建表 usr，含三个属性，即 id、name、age，存储路径为“/usr/local/hive/warehouse/ student /usr”。

```
hive>create table if not exists student.usr(id bigint,name string,age int)
    >location"/usr/local/hive/warehouse/student/usr";
```

3）在 student 数据库中，创建外部表 usr，含三个属性，即 id、name、age，可以读取路径“/usr/local/data”下以“,”分隔的数据。

```
hive>create external table if not exists student.usr(id bigint,name string,
age int)
    >row format delimited fields terminated by ','Location"/usr/local/data";
```

4）在 student 数据库中，创建分区表 usr，含三个属性，即 id、name、age，还存在分区字段 sex。

```
hive>create table student.usr(id bigint,name string,age int) partition by
(sex boolean);
```

5）在 student 数据库中，创建分区表 usr1，它通过复制表 usr 得到。

```
hive> use student;
hive>create table if not exists usr1 like usr;
```

6）创建视图。

创建视图 little_usr，只包含 usr 表中 id、age 属性：

```
hive>create view little_usr as select id,age from usr;
```

（2）drop：删除数据库、表、视图

1）删除数据库。

删除数据库 student，如果不存在会出现警告：

```
hive> drop database student;
```

删除数据库 student，因为有 if not exists 关键字，即使不存在也不会抛出异常：

```
hive>drop database if not exists student;
```

删除数据库 student，加上 cascade 关键字，可以删除当前数据库和该数据库中的表：

```
hive> drop database if not exists student cascade;
```

2）删除表。删除表 usr，如果是内部表，元数据和实际数据都会被删除，而如果是外部表，只删 除元数据，不删除实际数据。

```
hive> drop table if exists usr;
```

3）删除视图。

```
hive> drop view if exists little_usr;
```

(3) alter：修改数据库、表、视图

1）修改数据库。为 student 数据库设置 dbproperties 键值对属性值来描述数据库属性信息：

```
hive> alter database student set dbproperties("edited-by"="lily");
```

2）修改表。

重命名表 usr 为 user：

```
hive> alter table usr rename to user;
```

为表 usr 增加新分区：

```
hive> alter table usr add if not exists partition(age=10);
hive> alter table usr add if not exists partition(age=20);
```

删除表 usr 中分区：

```
hive> alter table usr drop if exists partition(age=10);
```

把表 usr 中列名 name 修改为 username，并把该列置于 age 列后：

```
hive>alter table usr change name username string after age;
```

在对表 usr 分区字段之前增加一个新列 sex：

```
hive>alter table usr add columns(sex boolean);
```

3）修改视图。

修改 little_usr 视图元数据中的 tblproperties 属性信息：

```
hive> alter view little_usr set tabproperties("create_at"="refer to times-
tamp");
```

(4) show：查看数据库、表、视图

1）查看数据库。

查看 student，中包含的所有数据库：

```
hive> show databases;
```

查看 student，中以 h 开头的所有数据库：

```
hive>show databases like"h. *";
```

2）查看表和视图。

查看数据库 student，中所有表和视图：

```
hive> use student,;
hive> show tables;
```

查看数据库 student 中以 u 开头的所有表和视图：

```
hive> show tables in student like "u. *";
```

(5) describe：描述数据库、表、视图

1）描述数据库。

查看数据库 student，的基本信息，包括数据库中文件位置信息等：

```
hive> describe database student,;
```

查看数据库 student，的详细信息，包括数据库的基本信息及属性信息等：

```
hive>describe database extended student,;
```

2）描述表和视图。

查看表 usr 和视图 little_usr 的基本信息，包括列信息等：

```
hive> describe student.usr;
hive> describe student.little_usr;
```

查看表 usr 和视图 little_usr 的详细信息，包括列信息、位置信息、属性信息等：

```
hive> describe extended student.usr;
hive> describe extended student.little_usr;
```

查看表 usr 中列 id 的信息：

```
hive> describe extended student.usr.id;
```

（6）load：向表中装载数据

把目录“/usr/local/data”下数据文件中的数据装载进 usr 表，并覆盖原有数据：

```
hive> load data local inpath "/usr/local/data" overwrite into table usr;
```

把目录“/usr/local/data”下数据文件中的数据装载进 usr 表，但不覆盖原有数据：

```
hive> load data local inpath "/usr/local/data" into table usr;
```

把分布式文件系统目录“hdfs：//master_ server/usr/local/data”下数据文件中的数据装载进 usr 表，并覆盖原有数据：

```
hive> load data inpath "hdfs://master_server/usr/local/data" overwrite into
table usr;
```

（7）select：查询表中数据

该命令和 SQL 语句完全相同，这里不再赘述。

（8）insert：向表中插入数据或从表中导出数据

向表 usr1 中插入来自 usr 表的数据，并覆盖原有数据：

```
hive> insert overwrite table usr1 select *from usr where age=10;
```

向表 usr1 中插入来自 usr 表的数据，并追加在原有数据后：

```
hive> insert into table usr1 select *from usr where age=10;
```

5.4.5.2 Hive 编程实例：WordCount

现在我们通过一个实例，即单词统计，以全面学习一下 Hive 的具体使用。首先需要创建一个需要分析的输入数据文件，然后编写 HiveQL 语句实现 WordCount 算法，在 Linux 中实现步骤如下：

1）创建 input 目录，其中 input 为输入目录。命令如下：

```
$cd /usr/local/hadoop
$mkdir input
```

2）在 input 文件夹中创建两个测试文件 file1. txt 和 file2. txt。命令如下：

```
$cd/usr/local/hadoop/input
$echo"hello world"> file1.txt
$echo"hello hadoop"> file2.txt
```

3）进入 hive 命令行界面，编写 HiveQL 语句实现 WordCount 算法。命令如下：

```
$hive
hive> create table docs(line string);
hive> load data inpath 'input'overwrite into table docs;
hive> create table word_count as
      select word,count(1)as count from
      (select explode(split(line,''))as word from docs)w
      group by word
      order by word;
```

执行完成后，用 select 语句查看运行结果，如图 5-24 所示：

```
OK
Time taken: 2.662 seconds
hive> select * from word_count;
OK
hadoop  1
hello   2
world   1
Time taken: 0.043 seconds, Fetched: 3 row(s)
```

图 5-24　WordCount 算法统计结果查询

单词统计算法是较能体现 MapReduce 思想的算法之一，因此，这里以 WordCount 实例为例，简单比较一下其在 MapReduce 中编程实现和在 Hive 中编程实现的不同点。首先，采用 Hive 实现 WordCount 算法需要编写较少的代码量。在 MapReduce 中，WordCount 类由 63 行 Java 代码编写而成，而在 Hive 中只需编写 7 行代码。其次，在 MapReduce 的实现中，需要进行编译，生成 Jar 文件执行算法，而在 Hive 中不需要，虽然 HiveQL 语句的最终实现需要转换为 MapReduce 任务执行，但这些都是由 Hive 框架自动完成的，用户不需要了解具体实现细节。

由以上可知，采用 Hive 实现数据处理与分析最大的优势是，对于非程序员来说，不用学习编写复杂的 Java MapReduce 代码，只需要用户学习使用简单的 HiveQL 就可以进行交互式处理，而这对于有 SQL 基础的用户而言是非常容易的。

本章小结

本章介绍了大数据处理与计算的相关技术，大数据包括静态数据和动态数据（流数据），静态数据适合采用批处理计算方式或交互式方式计算，动态数据需要进行实时流计算。本章从三种计算模式入手，分别介绍了大数据处理的不同架构及其特点，具体内容包括大数据计算模式概述、批处理并行计算 MapReduce、新一代资源管理调度框架 YARN、大数据快速计算 Spark、流计算 Spark Streaming、交互式计算 Hive 等技术的原理及相关实践，并且对各种技术的优缺点进行了对比，有助于全面加深对大数据计算架构的了解和掌握。

思考题

1. 大数据的计算处理模式有哪几类？各有何特点？
2. MapReduce 的基本思想包括了三个层面，简单描述它们。
3. Hadoop MapReduce 的主要技术特点有哪些？
4. 为什么要“计算向数据靠拢”，Hadoop MapReduce 是如何实现这一理念的？
5. Hadoop 的主要缺陷是什么？Spark 的主要优势是什么？
6. Spark 的主要应用场景有哪些？
7. 什么是 RDD？它有哪些主要属性？
8. 什么是 Spark Streaming？请描述它的系统架构，并进行解释。
9. 什么是 Hive？它的交互式处理指的是什么？

第6章 数据挖掘

随着大数据库的建立和海量数据的不断涌现，人类已进入一个崭新的数据时代，数据库中存储的数据量急剧膨胀，必然对强有力的数据挖掘工具和分析方法有迫切需求，即需要从海量数据库和大量繁杂信息中提取有价值的知识，以便进一步提高数据的价值和利用率。由此产生了一个新的研究方向：数据挖掘。本章将通过原理、算法和工具的阐述，让人们更好地理解数据挖掘的思想本质和处理流程，具体内容包括数据挖掘的概念、数据挖掘的对象与价值类型、数据挖掘常用的算法（包括分类和预测、聚类分析、关联分析）、数据挖掘常用的工具（包括 Spark MLlib、RapidMiner、华为 MLS）等。

6.1 数据挖掘的概念

数据挖掘是指从大量的、不完全的、有噪声的、模糊的、随机的实际数据中，提取出蕴含在其中的、人们事先不知道的，但具有潜在有用性的信息和知识的过程。与之相似的概念称为知识发现（Knowledge Discovery in Databases，KDD），是用数据库管理系统来存储数据，用机器学习的方法分析数据，挖掘大量数据背后隐藏的知识。用来进行数据挖掘和知识发现的数据源必须是真实的和大量的，并且可能不完整和包括一些干扰数据项。发现的信息和知识必须是用户感兴趣和有用的。一般来讲，数据挖掘的结果并不要求是完全准确的知识，而是发现一种大的趋势。

在数据挖掘的知识发现中，实际上，所有挖掘和发现的知识都是相对的，是有特定前提和约束条件的，是面向特定领域的，同时能够易于被用户理解，最好能用自然语言表达和展现所发现的结果。

数据挖掘其实是一类深层次的数据分析方法。数据分析的存在本身已经有很多年的历史，只是在过去，数据收集和分析的目的是科学研究。另外，由于当时计算能力的限制，对大量数据进行分析的复杂数据分析方法受到了很大限制。现在，由于各行业业务自动化的实现，商业领域产生了大量的业务数据，这些数据不再是为了分析的目的而收集的，而是用于纯商业运作。分析这些数据也不再单纯是研究的需要，更主要是为商业决策提供真正有价值的信息，进而获得利润。但所有企业面临的一个共同问题是，企业数据量非常大，而其中真正有价值的信息却很少，对大量的数据进行深层分析，进而获得有利于商业运作、提高竞争力的信息，就像从矿石中淘金一样，数据挖掘也正因此而得名。

从大量数据中找出对人们有用的信息的整个过程，是知识挖掘的过程，而数据挖掘只是其中的一个步骤。在进行数据挖掘之前，首先要对数据做采集、预处理及存储等数据准备工作，然后使用数据挖掘技术提取有用的信息。

整个知识挖掘过程由如下四个步骤组成。

（1）数据准备（Data Preparation），即对采集到的数据做预处理，包括清除无效数据及与目标无关的数据，并对来自多个不同数据源的数据做集成，且将数据转换为易于挖掘和分析的格式进行存储。

（2）数据挖掘（Data Mining），即利用有效的算法和工具挖掘出潜在的知识和规则。

（3）模式评估（Pattern Evaluation），即根据一定的评估标准从挖掘出的结果中筛选出满足条件的知识。

（4）知识表示（Knowledge Presentation），即利用各种易于理解的方式展示所挖掘出的知识价值。

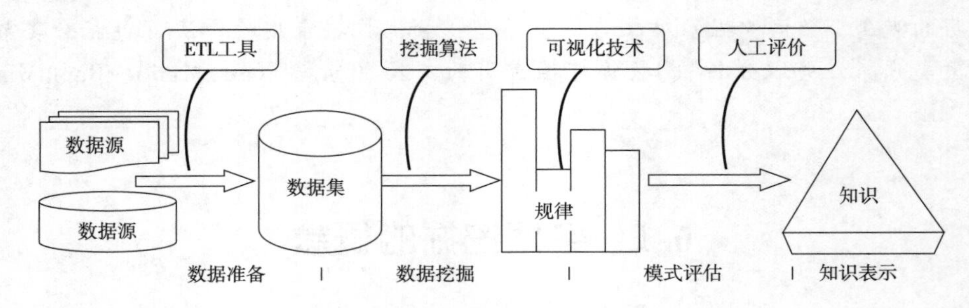

图 6-1　知识发现全过程

从图 6-1 可以看出，虽然数据挖掘只是整个知识发现过程中的一个重要步骤，但由于目前计算机信息研究领域中，人们习惯于用“数据挖掘”默认表示整个知识发现的过程，因此数据挖掘也是指从数据库、数据仓库或其他信息资源库中发现有用的知识，以找到其中蕴含的数据规律。

典型的例子如表 6-1 所示，分析天体运行数据后得到的价值即为开普勒第三定律：绕以太阳为焦点的椭圆轨道运行的所有行星，其各自椭圆轨道半长轴的立方与周期的平方之比是一个常量。

表 6-1　开普勒第三定律

行星	周期 T（年）	平均距离 a	$\frac{T^2}{a^3}$
水星	0.241	0.39	0.98
金星	0.615	0.72	1.01

续表

行星	周期 T（年）	平均距离 a	$\frac{T^2}{a^3}$
地球	1.00	1.00	1.00
火星	1.88	1.52	1.01
木星	11.8	5.20	0.99
土星	29.5	9.54	1.00
天王星	84.0	19.18	1.00
海王星	165	30.06	1.00

数据挖掘系统（Data Mining System，DMS）是指从存放在数据库、数据仓库或其他信息库中的大量数据中挖掘出有用知识的系统。图 6-2 是典型的数据挖掘系统，主要包括六个方面的组件。

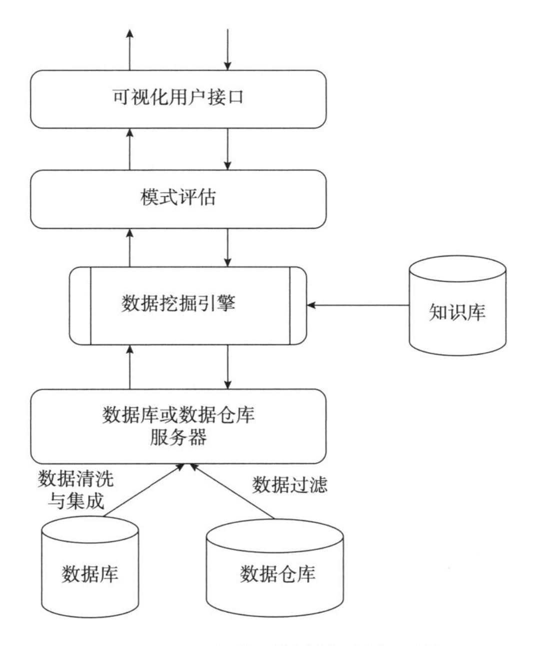

图 6-2　一个典型的数据挖掘系统

❖　数据库、数据仓库，即数据挖掘对象，可以有一个或多个。一般需要对采集到的数据进行数据清洗与集成操作，这是一个数据预处理过程。

❖　数据库或数据仓库服务器。它负责根据用户的数据挖掘请求读取相关数据。

❖　知识库存放数据挖掘的领域知识。它用于指导数据挖掘的分析过程，或者用于协助评估挖掘结果。例如，用户定义的阈值就是一种简单的领域知识。

❖　数据挖掘引擎。它包含一组挖掘功能模块，如关联分析、分类分析、聚类分析等。数据挖掘引擎是数据挖掘系统中至关重要的一个组件。

❖ 模式评估，即根据所定制的挖掘目标，与数据挖掘相结合，从数据挖掘的结果中获取有用的信息。数据挖掘选用的挖掘算法影响两者的耦合程度，数据挖掘算法与模式评估的耦合度越强，其挖掘效率越高。

❖ 可视化用户接口。它提供用户与数据挖掘系统之间的交互界面，用户可通过可视化接口提交挖掘需求或任务给数据挖掘系统，数据挖掘系统向用户展示数据挖掘结果。

数据挖掘作为一个新兴的多学科交叉应用领域，在各行各业的决策支持活动中扮演着越来越重要的角色，其中包括高性能计算、机器学习、数据库、神经网络、数理统计、模式识别、可视化等许多应用领域的大量技术，如图 6-3 所示。这些技术促进了数据挖掘技术的发展。

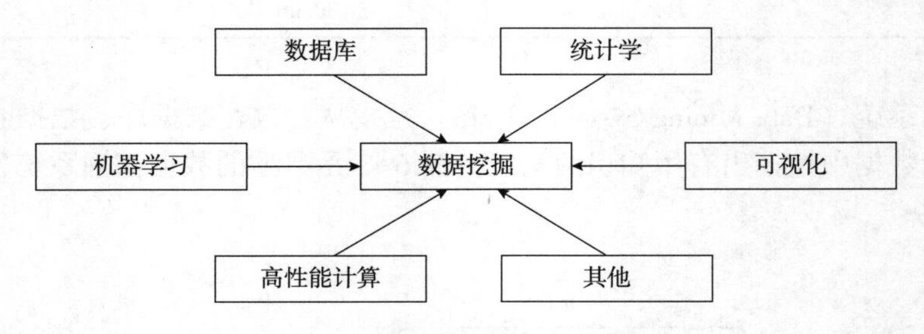

图 6-3　数据挖掘常用的技术

数据挖掘的对象都是大规模数据，所使用的算法具备高效能和可扩展性。通过数据挖掘，系统可发现有用的知识、规律、规则等，并用可视化的方式呈现给用户查看。所挖掘出的信息可用于决策支持、过程监控、行为预测等。因此，数据挖掘是信息领域最重要、最有前途的一门交叉学科。

6.2　数据挖掘的对象与价值类型

6.2.1　数据挖掘的对象

数据挖掘的对象可以是任何类型的数据源：可以是关系数据库，此类包含结构化数据的数据源；可以是数据仓库、文本、多媒体数据、空间数据、时序数据、Web 数据，此类包含半结构化数据甚至异构性数据的数据源。

6.2.1.1　关系型数据库

数据库系统也被称为数据库管理系统（DataBase Management System，DBMS），是用于创建、使用和维护数据库的大型软件，以确保数据的一致性、安全性和完整性。

关系型数据库是表的集合，每个表有唯一的名字和一组属性，并可存放大量的记录。用户可提出问题，将其转化为 SQL 语句进行各种操作。关系型数据库是数据挖掘最流行、最丰富的数据源，是数据挖掘研究的主要对象。

6.2.1.2　数据仓库

数据仓库一般用多维数据库结构建模，每个维度对应一组属性。数据集市是数据仓库的一个子集。

构造数据仓库涉及数据清理和数据集成，可看作数据挖掘的一个重要预处理步骤。此外，数据仓库提供联机分析处理（OLAP）工具，用于各种粒度的多维数据分析，有利于有效地数据挖掘。进一步地，许多其他数据挖掘功能，如分类、预测、关联、聚集，都可以与 OLAP 操作集成，数据仓库通过数据清洗、数据集成、数据变换、数据装入并定期对数据刷新，可加强多个抽象层上的交互知识挖掘。因此，数据仓库已经成为数据分析和联机数据分析处理日趋重要的平台，并将为数据挖掘提供有效的手段。

6.2.1.3　面向对象数据库

面向对象数据库是基于面向对象程序设计的，其将一个实体看作一个对象，如每个顾客、商品都可以当作一个对象，一个对象的相关属性和行为都被封装在一个单元中。具有公共特性的对象可以归入一个类。每个对象都是这个类的一个实例。类可以生成子类，子类可以继承父类的公共特性，又可以有自身的特性。面向对象数据库是把面向对象的方法和数据库技术结合起来，以使数据库系统的分析、设计最大限度地与人们对客观世界的认识相一致。以上可综述为：面向对象数据库 = 面向对象系统+数据库能力。面向对象数据库是为了满足新的数据库应用需要而产生的新一代数据库系统。

除了关系型数据库、数据仓库、面向对象数据库的数据以外，还有许多其他类型数据。这些数据具有各种各样的形式和结构，有很多不相同的语义，如图 6-4 所示。

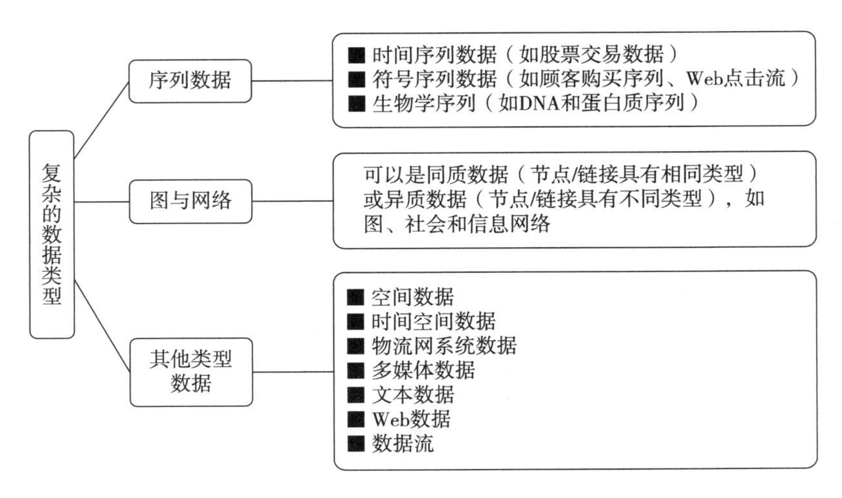

图 6-4　数据挖掘的数据类型对象

6.2.2 数据挖掘的价值类型

数据挖掘就是在海量的数据对象中找到有价值的数据，为企业经营决策提供依据。价值通常包括相关性、趋势和特征。

6.2.2.1 相关性

相关性分析是指对两个或多个具备相关性的变量元素进行分析，从而衡量两个变量因素的相关密切程度。元素之间需要存在一定的联系或者概率才可以进行相关性分析。相关性不等于因果性，所涵盖的范围和领域几乎覆盖了我们所见到的各个方面。相关性分析用于确定数据之间的变化情况，即其中一个属性或几个属性的变化是否会对其他属性造成影响，影响有多大。图 6-5 是四种常见的相关性示例。

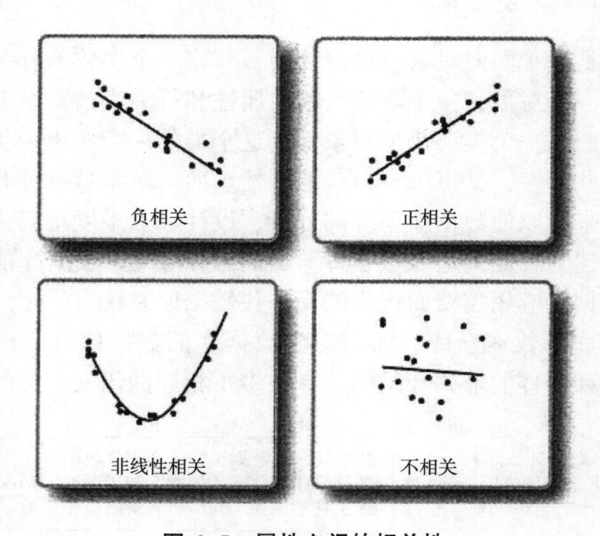

图 6-5 属性之间的相关性

6.2.2.2 趋势

趋势分析指将实际达到的结果与不同时期财务报表中同类指标的历史数据进行比较，从而确定财务状况、经营成果和现金流量的变化趋势和变化规律的一种分析方法。可以通过折线图预测数据的走向和趋势，也可以通过环比、同比的方式对比较的结果进行说明，如图 6-6 所示。

6.2.2.3 特征

特征分析指根据具体分析的内容寻找主要对象的特征。例如，互联网类数据挖掘是找出用户的各方面特征对用户进行画像，并根据不同的用户给用户群打相应的标签，如图 6-7 所示。

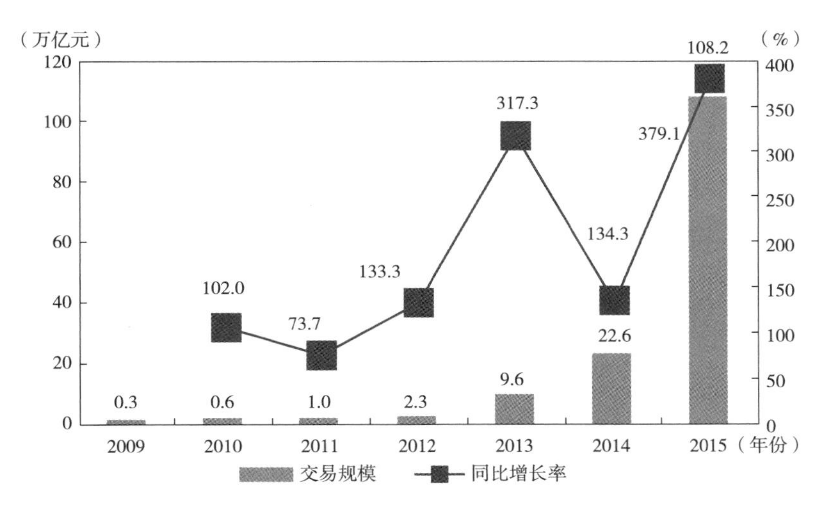

图 6-6 发展趋势

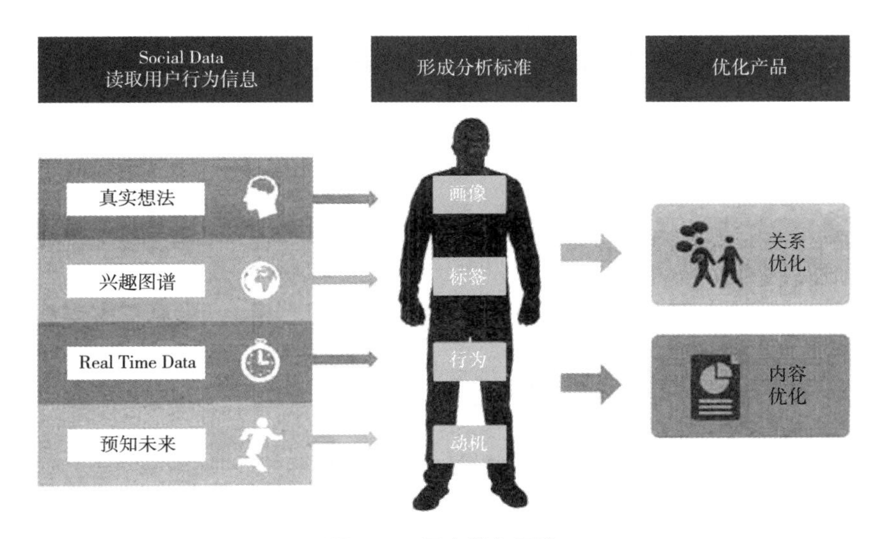

图 6-7 用户特征画像

6.3 数据挖掘常用的算法

6.3.1 数据挖掘算法的概念

算法（Algorithm）是数学处理的灵魂和核心，也是实现现实事务数学化、公式化和逻辑化处理的桥梁，可以说，算法是信息时代联通现实社会和虚拟世界的“立交桥”。数据算法是数字化解决方案准确而完整的描述，其代表着用系统的方法描述解决问题的策略与机制。它具体包括把符合算法要求的数据按照一定的数据结构方式进行准备、完整输入并存储，经过综合算法指令的步步实现后，在确认每个步骤合理完成后进行最后的结果输出和展现。

传统的数据算法叫作数据分析，数据分析的目的在于对已有的数据进行描述性分析，重点在于发现数据隐含的规律，进行商业分析和处理；大数据时代的算法叫作数据科学，数据科学在于深入挖掘隐藏在数据内部深层次的信息，并以此为基础创造数据产品并提供商业预测和推断。目前，较为成熟、流行的数据科学算法便是机器学习（Machine Learning）。

传统的数据算法和现在大数据时代的数据算法是有很大区别的，数据的数量、类型、采集方式、存储方式、应用场景等各个方面都出现了很大的变化。随着时代的发展，数据算法的目的和方式都在深刻地变化着，数据科学算法主要应用于数据未来预测，如图 6-8 所示。

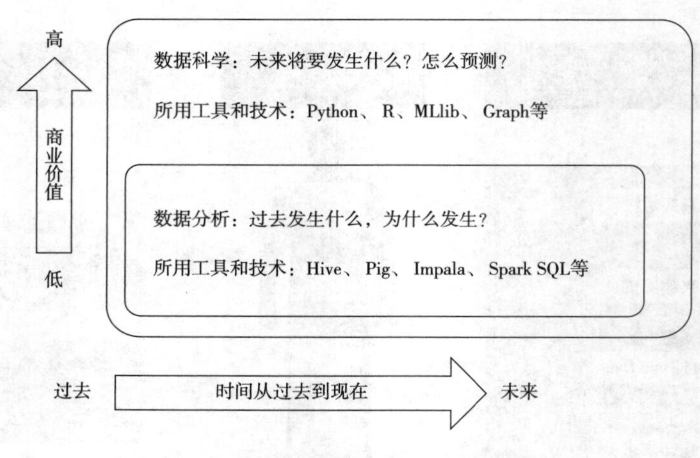

图 6-8 数据分析与数据科学等

6.3.2 数据科学算法的类型

在大数据挖掘中，我们的目标是如何用有一个（或多个）简单而有效的算法或算法组合来提取有价值的信息，而不是追求算法模型的完美。常用的大数据挖掘算法一般有两大类，即有监督的学习和无监督的学习，如图 6-9 所示。

有监督的学习基于归纳的学习，是通过对大量已知分类或输出结果的数据进行训练，建立分类或预测模型，用来分类未知实例或预测输出结果的未来值。无监督的学习是在学习训练之前，对没有预定义好分类的实例按照某种相似性度量方法，计算实例间的相似程度，并将最为相似的实例聚类在一组，解释每组的含义，从中发现聚类的意义。

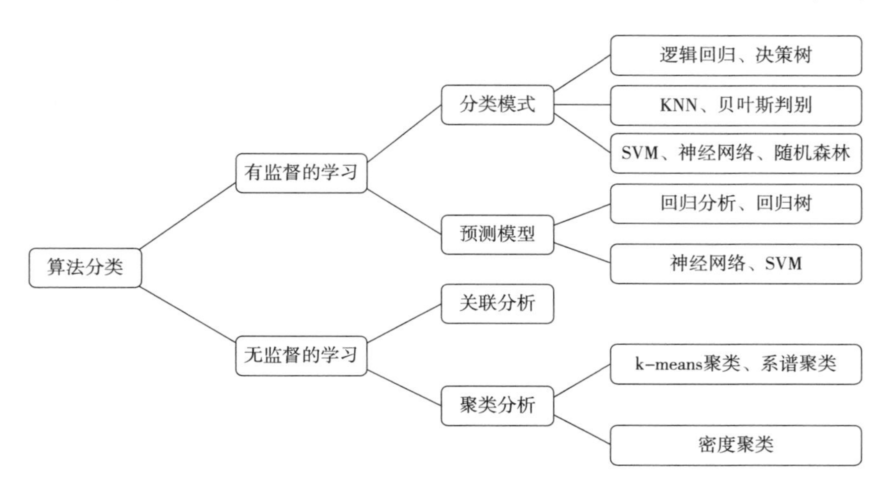

图 6-9　常用数据科学算法的类型

6.3.3　分类和预测

分类和预测是使用数据进行预测的两种方式，可用来确定未来的结果。分类用于预测数据对象的离散类别，需要预测的属性值是离散的、无序的。预测是用于预测数据对象的连续取值，需要预测的属性值是连续的、有序的。例如，在体育比赛中，根据比赛双方的历史数据来判断比赛结果属于“胜”类还是“负”类，这是数据挖掘中的分类任务。而分析未来比赛结果中双方的所得分数就是数据挖掘中的预测任务。

本部分将对常用的分类与预测方法进行介绍，其中有些算法是只能用来进行分类或者预测的，但有些算法既可以用来进行分类，又可以进行预测。

6.3.3.1　分类的基本概念

分类算法反映的是如何找出同类事物共同性质的特征型知识和不同事物之间的差异性特征知识。分类是通过有指导的学习训练建立分类模型，并使用模型对未知分类的实例进行分类。分类输出属性是离散的、无序的。

分类技术在很多领域都有应用。当前，市场营销很重要的特点是强调客户细分。采用数据挖掘中的分类技术，可以将客户分成不同的类别。例如，可以通过客户分类构造一个分类模型对银行贷款进行风险评估，设计呼叫中心时可以把客户分为呼叫频繁的客户、偶然大量呼叫的客户、稳定呼叫的客户、其他等帮助呼叫中心寻找出这些不同类别客户之间的特征，这样的分类模型可以让用户了解不同行为类别客户的分布特征。其他分类应用还有文献检索和搜索引擎中的自动文本分类技术，以及安全领域基于分类技术的入侵检测等。

分类是通过对已有数据集（训练集）的学习，得到一个目标函数 f（模型），以把每个属性集 X 映射到目标属性 y（类）上（y 必须是离散的）。分类过程是一个两步的过程：第一步是模型建立阶段，或者称为训练阶段；第二步是评估阶段。

（1）训练阶段

训练阶段的目的是描述预先定义的数据类或概念集的分类模型。该阶段需要从已知的数据集中选取一部分数据作为建立模型的训练集，而把剩余的部分作为检验集。通常会从已知数据集中选取 2/3 的数据项作为训练集，1/3 的数据项作为检验集。

训练数据集由一组数据元组构成，假定每个数据元组都已经属于一个事先指定的类别。训练阶段可以看成学习一个映射函数的过程，对于一个给定元组 x，可以通过该映射函数预测其类别标记，该映射函数就是通过训练数据集所得到的模型（或者称为分类器），如图 6-10 所示。该模型可以表示为分类规则、决策树或数学公式等形式。

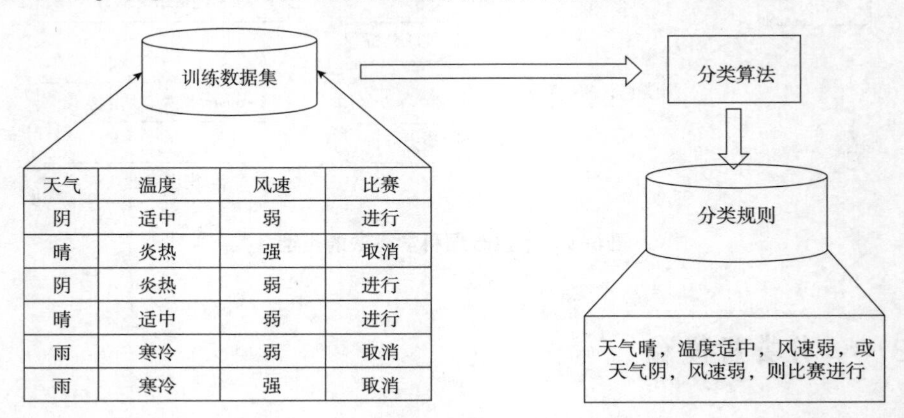

图 6-10　分类算法的训练阶段

（2）评估阶段

在评估阶段，需要使用第一阶段建立的模型对检验集数据元组进行分类，从而评估分类模型的预测准确率，如图 6-11 所示。分类器的准确率是在给定测试数据集上正确分类的检验元组所占的百分比。如果认为分类器的准确率可以接受，则使用该分类器对类别标记未知的数据元组进行分类。

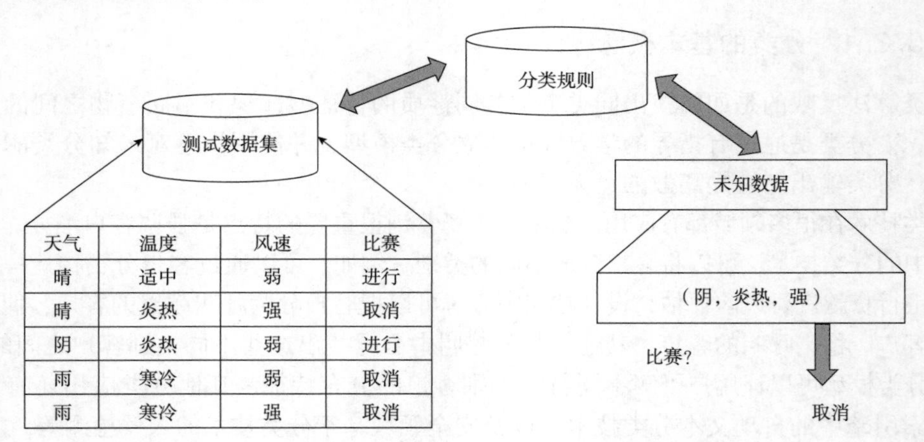

图 6-11　分类算法的评估阶段

6.3.3.2　预测的基本概念

预测模型与分类模型类似，可以看作一个映射或者函数 $y=f(x)$，其中，x 是输入元组，输出 y 是连续的或有序的值。与分类算法不同的是，预测算法所需要预测的属性值是连续的、有序的，分类所需要预测的属性值是离散的、无序的。

数据挖掘的预测算法与分类算法一样，是一个两步的过程。测试数据集与训练数据集在预测任务中也应该是独立的。预测的准确率是通过 y 的预测值与实际已知值的差而评估的。

预测与分类的区别是，分类是用来预测数据对象的类标记，而预测是估计某些空缺或未知值。例如，预测明天上证指数的收盘价格是上涨还是下跌是分类，但如果预测明天上证指数的收盘价格是多少就是预测。

6.3.3.3　决策树算法

决策树（Decision Tree，DT）分类法是一种简单且广泛使用的分类技术。决策树是一个树状预测模型，它是由结点和有向边组成的层次结构，树中包含三种结点：根结点、内部结点和叶子结点。决策树只有一个根结点，是全体训练数据的集合。树中的一个内部结点表示一个特征属性上的测试，对应的分支表示这个特征属性在某个值域上的输出。一个叶子结点存放一个类别，也就是说，带有分类标签的数据集合即为实例所属的分类。

（1）决策树案例

使用决策树进行决策的过程是，从根结点开始，测试待分类项中相应的特征属性，并按照其值选择输出分支，直到到达叶子结点，将叶子结点存放的类别作为决策结果。

图 6-12 是预测一个人是否会购买电脑的决策树。利用这棵树，可以对新记录进行分类。从根结点（年龄）开始，如果某个人的年龄为中年，就直接判断这个人会买电脑；如果是青少年，则需要进一步判断是否学生；如果是老年，则需要进一步判断其信用等级。

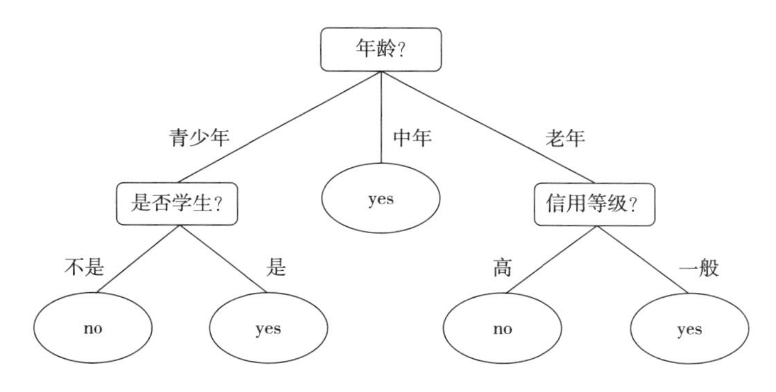

图 6-12　预测一个人是否会购买电脑的决策树

假设客户甲具备以下 4 个属性：年龄 20 岁，低收入，是学生，信用一般。通过决策树的根结点判断年龄，判断结果为客户甲是青少年，符合左边分支；再判断客户甲是否学生，判断结果为用户甲是学生，符合右边分支；最终用户甲落在“yes”的叶子结点上。因此，预测客户甲会购买电脑。

（2）决策树的建立

决策树算法有很多，如 ID3、C4.5、CART 等。这些算法均采用自上而下的贪婪算法建立决策树，每个内部结点都选择分类效果最好的属性来分裂结点，可以分成两个或者更多的子结点，继续此过程直到这棵决策树能够将全部的训练数据准确地进行分类，或所有属性都被用到为止。

1）特征选择。

按照贪婪算法建立决策树时，首先需要进行特征选择，即使用哪个属性作为判断结点。选择一个合适的特征作为判断结点，可以加快分类的速度，减少决策树的深度。特征选择的目标是使得分类后的数据集比较纯。如何衡量一个数据集的纯度，这里就需要引入数据纯度概念——信息增益。

信息是个很抽象的概念。人们常常说信息很多，或者信息较少，但却很难说清楚信息到底有多少。1948 年，信息论之父 Shannon 提出了“信息熵”的概念，由此解决了对信息的量化度量问题。通俗讲，可以把信息熵理解成某种特定信息出现的概率。信息熵表示信息的不确定度，当各种特定信息出现的概率均匀分布时，不确定度最大，此时熵最大。反之，当其中的某个特定信息出现的概率远远大于其他特定信息的时候，不确定度最小，此时熵就很小。因此，在建立决策树的时候，希望选择的特征能够使分类后数据集的信息熵尽可能变小，也就是不确定性尽量变小。当选择某个特征对数据集进行分类时，分类后数据集的信息熵会比分类前的小，其差值表示为信息增益。信息增益可以衡量某个特征对分类结果的影响大小。

ID3 算法使用信息增益作为属性选择度量方法，也就是说，针对每个可以用来作为树结点的特征，计算如果采用该特征作为树结点的信息增益，则应选择信息增益最大的特征作为下一个树结点。

2）剪枝。

在分类模型建立的过程中，很容易出现过拟合的现象。过拟合是指在模型学习训练中，训练样本达到非常高的逼近精度，但对检验样本的逼近误差随着训练次数增多呈现出先下降后上升的现象（见图 6-13）。图 6-13 中，实线表示在训练数据集上的预测精度，而虚线表示在测试集上的预测精度。可以看出，随着树的增长，决策树在训练集上的精度基本是单调上升的，在测试集上的精度呈现先上升后下降的趋势。因此，过拟合时训练误差很小，但检验误差很大，不利于实际应用。

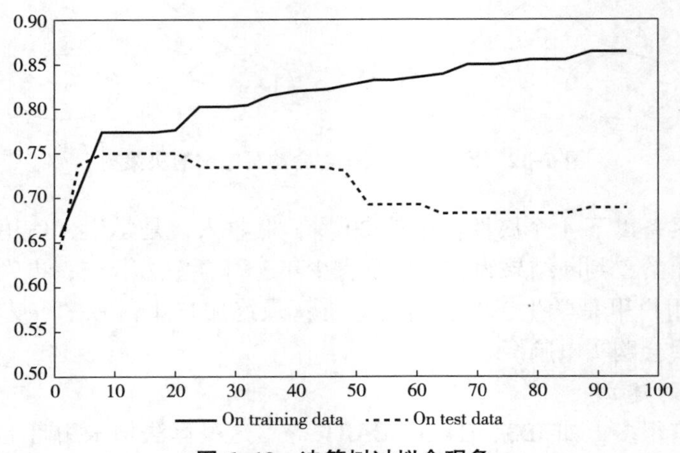

图 6-13　决策树过拟合现象

决策树的过拟合现象可以通过剪枝进行一定的修复。剪枝分为预先剪枝和后剪枝两种。预先剪枝是指，在决策树生长过程中，使用一定条件加以限制，使得在产生完全拟合的决策树之前停止生长。预先剪枝的判断方法也有很多。例如，信息增益小于一定阈值的时候通过剪枝使决策树停止生长，但如何确定一个合适的阈值则需要一定的依据，阈值太高会导致模型拟合不足，阈值太低导致模型过拟合。后剪枝是指，在决策树生长完成之后，按照自底向上的方式修剪决策树。后剪枝有两种方式：一种是用新的叶子结点替换子树，该结点的预测类由子树数据集中的多数类决定；另一种是用子树中最常使用的分支代替子树。

预先剪枝可能会过早地终止决策树的生长，而后剪枝一般能够产生更好的效果。但后剪枝在子树被剪掉后，决策树生长过程中的一部分计算就被浪费了。

(3) 决策树算法优缺点

1) 优点。

决策树方法易于理解和实现，不需要使用者了解很多背景知识。它能直接体现数据的特点，只要通过解释，人们都有能力去理解它所表达的意义。

对决策树方法，数据的准备往往很简单或者是不必要的，可以在相对较短的时间内对大型数据源做出可行且效果良好的预测结果；易于通过静态测试对模型进行评测，可以测定模型可信度；如果给定一个观察的模型，系统能很容易地根据所产生的决策树方法推出相应的逻辑表达式。

2) 缺点。

- 对连续性的字段比较难预测。
- 对有时间顺序的数据，需要很多预处理的工作。
- 当类别太多时，错误结果可能会增加得比较快。
- 一般来说，算法分类的时候，只是根据一个字段分类。
- 决策树的成功应用可能依赖于所拥有的建模数据。

6.3.3.4 朴素贝叶斯算法

朴素贝叶斯（Naive Bayes）算法是一种十分简单的分类算法。它的基础思想是，对于给出的待分类项，求解在此项出现的条件下各类别出现的概率，哪个最大就认为此待分类项属于哪个类别。

(1) 贝叶斯公式

朴素贝叶斯分类算法的核心是贝叶斯公式，即 $P(B|A)=P(A|B)P(B)/P(A)$。换个表达形式会更清晰一些，即 P(类别|特征)=P(特征|类别)P(类别)/P(特征)。

假定 X 是一个待分类的数据元组，由 n 个属性描述，H 是一个假设，如果 X 属于 C 类，则分类问题中计算概率 $P(H|X)$ 的含义是，已知元组 X 的每个元素对应的属性值，求出 X 属于 C 类的概率。

例如，X 的属性值为年龄=25 岁，收入=5000 元，H 对应的假设是 X 会买电脑。

- $P(H|X)$：表示在已知某客户信息年龄=25 岁，收入=5000 元的条件下，该客户会买电脑的概率。

❖ P(H)：表示对于任何给定的客户信息，该客户会购买电脑的概率。

❖ P(X|H)：表示已知客户会买电脑，那么该客户的属性值为年龄=25 岁，收入=5000 元的概率。

❖ P(X)：表示在所有的客户信息集合中，客户的属性值为年龄=25 岁，收入=5000 元的概率。

(2) 工作原理

朴素贝叶斯算法是一种十分简单的分类算法，叫它朴素贝叶斯分类是因为这种方法的思想真的很朴素，朴素贝叶斯的思想基础是：对于给出的待分类项，求解在此项出现的条件下各个类别出现的概率，哪个最大就认为此待分类项属于哪个类别。

假设某个体有 n 项特征（Feature），为 F_1，F_2，…，F_n。现有 m 个类别（Category），为 C_1，C_2，…，C_m。贝叶斯分类器就是计算出概率最大的那个分类，也就是求下面这个算式的最大值：

P(C|F1，F2，…，Fn)= P(F1，F2，…，Fn|C)P(C)/P(F1，F2，…，Fn)

由于 P（F1，F2，…，Fn）对于所有的类别都是相同的，可以省略，问题就变成了求P(F1，F2，…，Fn|C)P(C) 的最大值。

朴素贝叶斯分类器则更进一步，假设所有特征都彼此独立，因此：

P(F1，F2，…，Fn|C)P(C)= P(F1|C)P(F2|C)… P(Fn|C)P(C)

式中等号右边的每一项都可以从统计资料中得到，由此可以计算出每个类别对应的概率，从而找出最大概率的类。

虽然“所有特征彼此独立”这个假设，在现实中不太可能成立，但它可以大大简化计算，而且有研究表明其对分类结果的准确性影响不大。例如，某医院早上收了 6 个门诊病人，情况如表 6-2 所示。

表 6-2 门诊病人情况

症状	职业	疾病
咳嗽	护士	感冒
咳嗽	农民	咽炎
头痛	建筑工人	脑震荡
头痛	建筑工人	感冒
咳嗽	教师	感冒
头痛	个体	脑震荡

现在来了第七个病人，是一个咳嗽的建筑工人，请问他患上感冒的概率有多大？

根据贝叶斯定理 P(A|B)= P(B|A)P(A)/ P(B) 可得：

P(感冒|咳嗽×建筑工人)= P(咳嗽×建筑工人|感冒)× P(感冒)/ P(咳嗽×建筑工人)

假定“咳嗽”和“建筑工人”这两个特征是独立的，因此，上面的等式就变成了：

P(感冒|咳嗽×建筑工人)= P(咳嗽|感冒)× P(建筑工人|感冒)× P(感冒)/P(咳嗽)×

P(建筑工人)

这可以计算得到：

P(感冒|咳嗽×建筑工人)= 0.66 × 0.33 × 0.5 / 0.5 × 0.33 = 0.66

因此，这个咳嗽的建筑工人有66%的概率是得了感冒。同理，可以计算这个病人患上咽炎或脑震荡的概率。比较这几个概率可以知道他最可能得什么病。这是贝叶斯算法的基本原理：在统计资料的基础上，依据某些特征，计算各个类别的概率，从而实现分类。

应用朴素贝叶斯算法进行分类主要分成两个阶段：第一阶段是贝叶斯分类器的学习阶段，即从样本数据中构造分类器；第二阶段是贝叶斯分类器的推理阶段，即计算类结点的条件概率，对分类数据进行分类。这两个阶段的时间复杂性均取决于特征值间的依赖程度，因而在实际应用中，往往需要对贝叶斯分类器进行简化。根据对特征值间不同关联程度的假设，可以得到各种贝叶斯分类器，Naive Bayes、TAN、BAN、GBN 是其中较典型、研究较深入的贝叶斯分类器。

(3) 算法优缺点

朴素贝叶斯算法的主要优点算法逻辑简单，易于实现，同时分类过程的时空开销小，只涉及二维存储。

理论上，朴素贝叶斯算法与其他分类方法相比，具有最小的误差率。但实际上并非总是如此，这是因为朴素贝叶斯模型假设属性之间相互独立，这个假设在实际应用中往往不成立，在属性个数比较多或者属性之间相关性较大时，分类效果不好，而在属性相关性较小时，朴素贝叶斯算法的性能最为良好。

6.3.3.5　回归分析

回归分析是用一群变量预测另一个变量的方法。通俗点讲，就是根据几件事情的相关程度来预测另一件事情发生的概率。回归分析的目的是找到一个联系输入变量和输出变量的最优模型。

(1) 线性回归

线性回归是世界上知名的建模方法之一。在线性回归中，数据使用线性预测函数来建模，并且未知的模型参数也是通过数据估计的。这些模型叫作线性模型。在线性模型中，因变量是连续型的，自变量可以是连续型或离散型的，回归线是线性的。

1) 一元线性回归。

回归分析的目的是找到一个联系输入变量和输出变量的最优模型。更确切地讲，回归分析是确定变量 Y 与一个或多个变量 X 之间相互关系的过程。Y 通常叫作响应输出或因变量，X 叫作输入、回归量、解释变量或自变量。线性回归最适合用直线（回归线）去建立因变量 Y 和一个或多个自变量 X 之间的关系，如图 6-14 所示，可以用公式表示：

$$Y = a + b \times X + e$$

式中，a 为截距，b 为回归线的斜率，e 是误差项。

要找到回归线，就是要确定回归系数 a 和 b。假定变量 Y 的方差是一个常量，可以用最小二乘法计算这些系数，使实际数据点和估计回归直线之间的误差最小，只有把误差做到最小时得出的参数，才是我们最需要的参数。这些残差平方和常常被称为回归直线的误差平方和，用 SSE 表示：

$$\mathrm{SSE} = \sum_{i=1}^{m} e_i^2 = \sum_{i=1}^{m} (y_i - y'_i)^2 = \sum_{i=1}^{2} (y_i - \alpha - \beta x_i)^2$$

如图 6-15 所示，回归直线的误差平方和是所有样本中的 y_i 值与回归线上点的 y_i 的差的平方的总和。

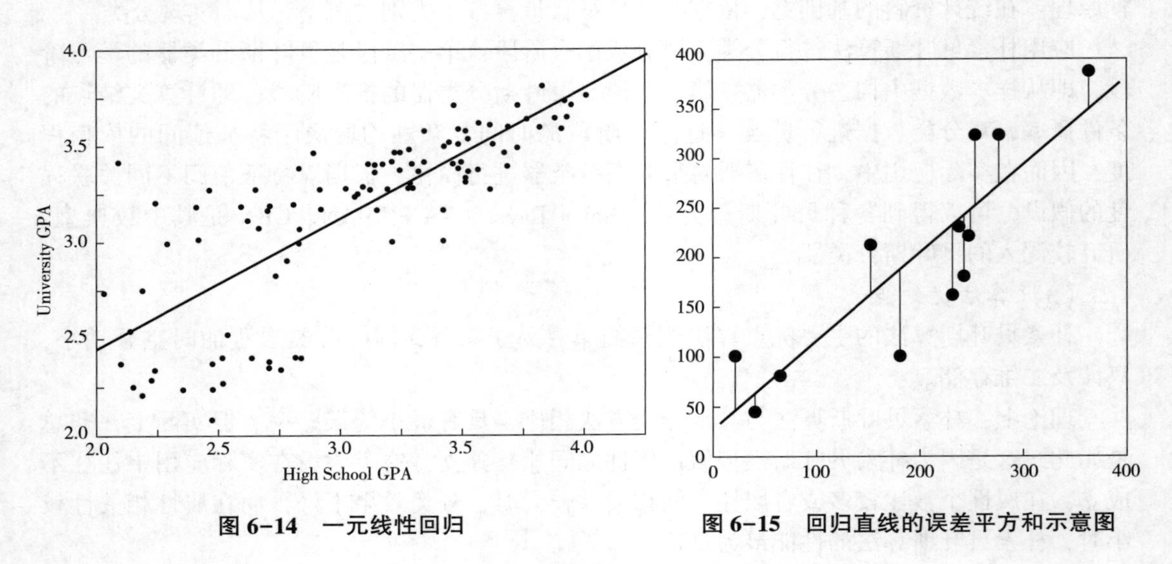

图 6-14　一元线性回归　　图 6-15　回归直线的误差平方和示意图

2）多元线性回归。

多元线性回归是一元线性回归的扩展，涉及多个预测变量。响应变量 Y 的建模是几个预测变量的线性函数，可通过一个属性的线性组合来进行预测，其基本的形式如下：

$$f(x) = w_1x_1 + w_2x_2 + w_3x_3 + \cdots + w_dx_d + b$$

线性回归模型的解释性很强，模型的权值向量十分直观地表达了样本中每个属性在预测中的重要度。例如，要预测今天是否会下雨，并且已经基于历史数据学习到了模型中的权重向量和截距 b，则可以综合考虑各个属性来判断今天是否会下雨：

$$f(x) = 0.4x_1 + 0.4x_2 + 0.2x_3 + 1$$

式中，x_1表示风力，x_2表示湿度，x_3表示空气质量。

在训练模型时，要让预测值尽量逼近真实值，做到误差最小，而均方误差是表达这种误差的一种方法，所以求解多元线性回归模型就是求解使均方误差最小化时对应的参数。

3）线性回归的优缺点。

线性回归是回归任务常用的算法之一。它最简单的形式是用一个连续的超平面来拟合数据集。例如，当仅有两个变量时用一条直线进行拟合。如果数据集内的变量存在线性关系，则拟合程度相当高。

线性回归的理解和解释都非常直观，还能通过正则化避免过拟合。此外，线性回归模型很容易通过随机梯度下降法更新数据模型。然而，线性回归在处理非线性关系时非常糟糕，在识别复杂的模式上也不够灵活，而添加正确的相互作用项或多项式又极为棘手且耗时。

(2) 逻辑回归

逻辑回归用来找到事件成功或事件失败的概率。首先明确一点，只有当目标变量是分类变量时，才会考虑使用逻辑回归方法，并且主要用于两种分类问题。

1）逻辑回归举例。

医生希望通过肿瘤的大小 x_1、长度 x_2、种类 x_3 等特征判断病人的肿瘤是恶性肿瘤还是良性肿瘤，这时目标变量 y 就是分类变量（0 表示良性肿瘤，1 表示恶性肿瘤）。线性回归是通过一些 x 与 y 之间的线性关系而进行预测的，但此时由于 y 是分类变量，它的取值只能是 0、1，而不能是负无穷到正无穷，所以引入 sigmoid 函数，即 $\sum(z) = \frac{1}{1+e^{z}}$。此时 x 的输入可以是负无穷到正无穷，输出 y 位于［0，1］，并且当 x=0 时，y 的值为 0.5，如图 6-16（a）所示。

x=0 时，y=0.5，这是决策边界。当要确定肿瘤是良性还是恶性时，其实是找出能够分开这两类样本的边界，也就是决策边界，如图 6-16（b）所示。

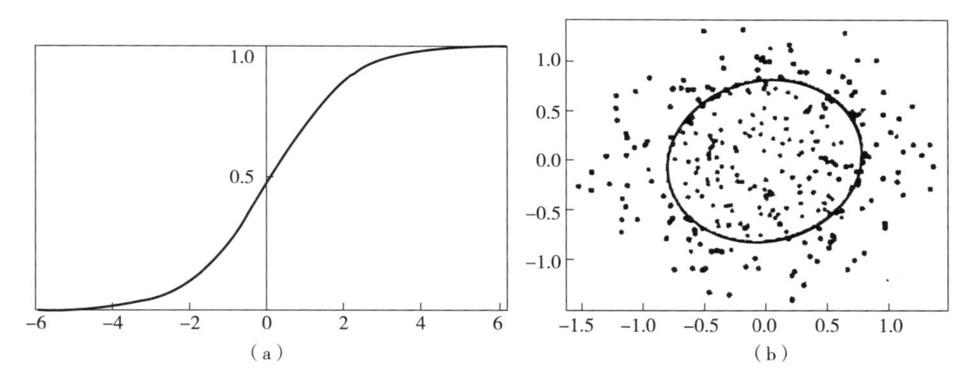

图 6-16　sigmoid 函数曲线图和决策边界示意图

2）逻辑回归函数。

在分类情形下，经过学习之后的逻辑回归分类器其实就是一组权值（$w_0 + w_1 + w_2 + \cdots + w_m$）。当测试样本集中的测试数据来到时，将这一组权值按照与测试数据线性加和的方式求出一个 z 值，即 $z = w_0 + w_1 \times x_1 + w_2 \times x_2 + \cdots + w_m \times x_m$，其中，$x_1$，$x_2$，…，$x_m$ 是样本数据的各个特征，维度为 m。然后按照 sigmoid 函数的形式求出 $\sum(z)$，即 $\sum(z) = \frac{1}{1+e^{z}}$。逻辑回归函数的意义如图 6-17 所示。

由于 sigmoid 函数的定义域是（-inf，inf），而值域为（0，1），因此最基本的逻辑回归分类器适合对二分目标进行分类，其方法是利用 sigmoid 函数的特殊数学性质，将结果映射到（0，1）中，设定一个概率阈值（不一定是 0.5），大于这个阈值则分类为 1，小于阈值则分类为 0。

3）逻辑回归的优缺点。

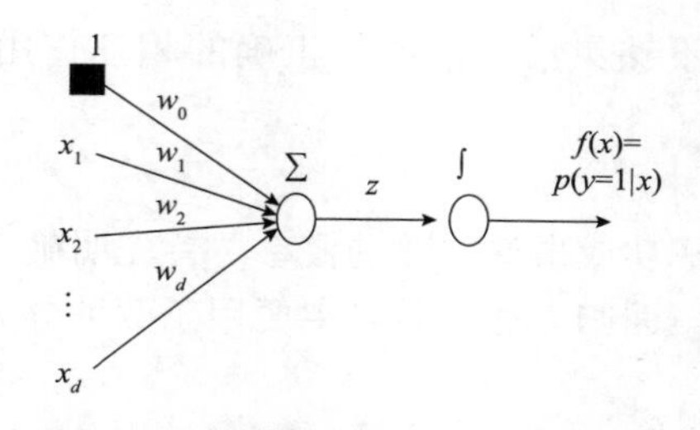

图 6-17　逻辑回归函数的意义示意图

注：$f(x)=p(y=1|x, w)=g(w^{T}x)$。

逻辑回归特别适合用于分类场景，尤其因变量是二分类的场景，如垃圾邮件判断、是否患某种疾病、广告是否点击等。逻辑回归的优点是，模型比线性回归更简单，容易理解，并且实现起来比较方便，特别是大规模线性分类时。

逻辑回归的缺点是需要大样本量，因为常用的最大似然估计在低样本量的情况下不如最小二乘法有效。逻辑回归对模型中自变量的多重共线性较为敏感，需要对自变量进行相关性分析，剔除线性相关的变量，以防止过拟合和欠拟合。

6.3.4　聚类分析

聚类分析是指将数据对象的集合分组为由类似对象组成的多个类的分析过程。

6.3.4.1　基本概念

聚类（Clustering）是一种寻找数据之间内在结构的技术。聚类把全体数据实例组织成一些相似组，这些相似组被称作簇。处于相同簇中的数据实例彼此相同，处于不同簇中的实例彼此不同。聚类技术通常被称为无监督学习，与监督学习不同的是，在簇中表示数据类别的分类或者分组信息是没有的。

数据之间的相似性是通过定义一个距离或者相似性系数来判别的。图 6-18 是按照数据对象之间的距离进行聚类的示例，距离相近的数据对象被划分为一个簇。

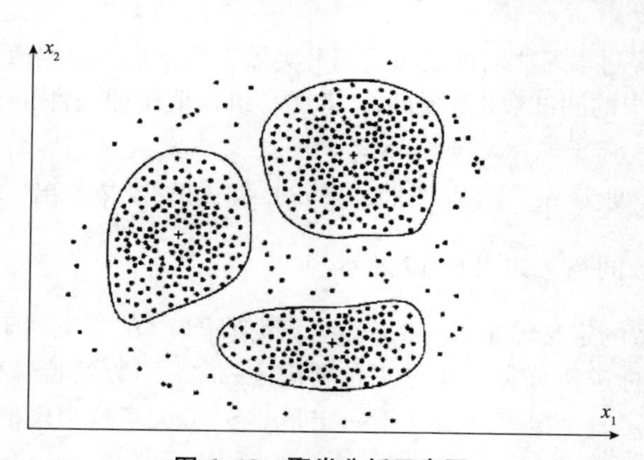

图 6-18　聚类分析示意图

聚类分析可以应用在数据预处理过程中，对于复杂结构的多维数据可以通过聚类分析的方法对数据进行聚集，使复杂结构数据标准化。聚类分析还可以用来发现数据项之间的依赖关系，从而去除或合并有密切依赖关系的数据项。聚类分析也可以为某些数据挖掘方法（如关联规则、粗糙集方法）提供预处理功能。

聚类分析除了可以用于数据分割（Data Segmentation），也可以用于离群点检测（Outlier Detection）。离群点指与普通点相对应的异常点，这些异常点往往值得注意。

在商业上，聚类分析是细分市场的有效工具，被用来发现不同的客户群，并且它通过对不同的客户群特征的刻画，被用于研究消费者行为，寻找新的潜在市场。在生物上，聚类分析被用来对动植物和基因进行分类，以获取对种群固有结构的认识。在保险行业中，聚类分析可以通过平均消费来鉴定汽车保险单持有者的分组，同时可以根据住宅类型、价值、地理位置来鉴定城市的房产分组。在互联网应用上，聚类分析被用来在网上进行文档归类。在电子商务上，聚类分析通过分组聚类出具有相似浏览行为的客户，并分析客户的共同特征，从而帮助电子商务企业了解自己的客户，向客户提供更合适的服务。

6.3.4.2　聚类分析方法的类别

目前存在大量的聚类算法，算法的选择取决于数据的类型、聚类的目的和具体应用。聚类算法主要分为五大类：基于划分的聚类方法、基于层次的聚类方法、基于密度的聚类方法、基于网格的聚类方法和基于模型的聚类方法。

（1）基于划分的聚类方法

基于划分的聚类方法是一种自顶向下的方法，对于给定的 n 个数据对象的数据集 D，将数据对象组织成 k（k≤n）个分区，其中，每个分区代表一个簇。图 6-18 就是基于划分的聚类方法的示意图。

基于划分的聚类方法中，最经典的是 k-平均（k-means）算法和 k-中心（k-medoids）算法，很多算法都是由这两个算法改进而来的。

基于划分的聚类方法的优点是收敛速度快，缺点是要求类别数目 k 可以合理地估计，并且，初始中心的选择和噪声会对聚类结果产生很大影响。

（2）基于层次的聚类方法

基于层次的聚类方法指对给定的数据进行层次分解，直到满足某种条件为止。该算法根据层次分解的顺序分为自底向上法和自顶向下法，即凝聚式层次聚类算法和分裂式层次聚类算法。

1）自底向上法。首先，每个数据对象都是一个簇，计算数据对象之间的距离，每次将距离最近的点合并到同一个簇。其次，计算簇与簇之间的距离，将距离最近的簇合并为一个大簇。不停地合并，直到合成了一个簇，或者达到某个终止条件为止。簇与簇的距离的计算方法有最短距离法、中间距离法、类平均法等，其中，最短距离法是将簇与簇的距离定义为簇与簇之间数据对象的最短距离。自底向上法的代表算法是 AGNES（Agglomerative Nesing）算法。

2）自顶向下法。该方法指一开始所有个体都属于一个簇，然后逐渐细分为更小的簇，直到最终每个数据对象都在不同的簇中，或者达到某个终止条件为止。自顶向下法的代表算法是 DIANA（Divisive Analysis）算法。

图 6-19 是基于层次的聚类算法的示意图，上方显示的是 AGNES 算法的步骤，下方显示的是 DIANA 算法的步骤。这两种方法没有优劣之分，只是在实际应用的时候应根据数据特点及想要的簇的个数，考虑哪种方法更快。

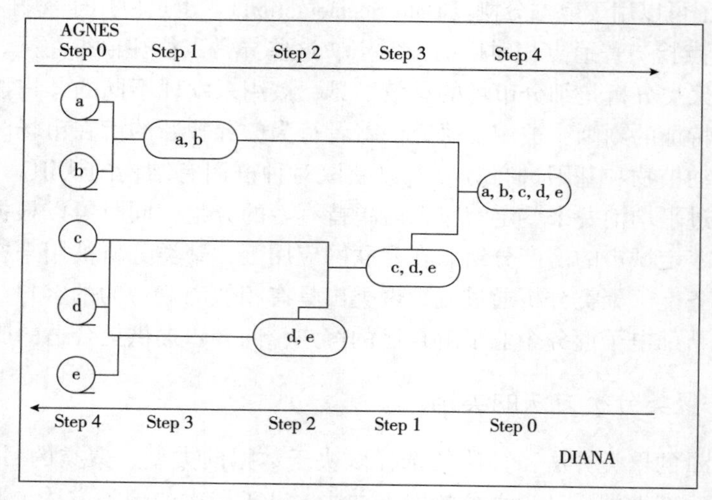

图 6-19　层次聚类算法示意图

基于层次的聚类算法的主要优点包括：距离和规则的相似度容易定义，限制少，不需要预先制定簇的个数，可以发现簇的层次关系。基于层次的聚类算法的主要缺点包括：计算复杂度太高，奇异值会产生很大影响，算法很可能聚类成链状。

（3）基于密度的聚类方法

基于密度的聚类方法的主要目标是寻找被低密度区域分离的高密度区域。与基于距离的聚类算法不同的是，基于距离的聚类算法的聚类结果是球状的簇，而基于密度的聚类算法可以形成任意形状的簇。

基于密度的聚类方法是从数据对象分布区域的密度着手的。如果给定类中的数据对象在给定的范围区域中，则数据对象的密度超过某一阈值后会继续聚类。这种方法通过连接密度较大的区域，能够形成不同形状的簇，而且可以消除孤立点和噪声对聚类质量的影响，以及发现任意形状的簇，如图 6-20 所示。基于密度的聚类方法中具有代表性的是 DBSAN 算法、OPTICS 算法和 DENCLUE 算法。

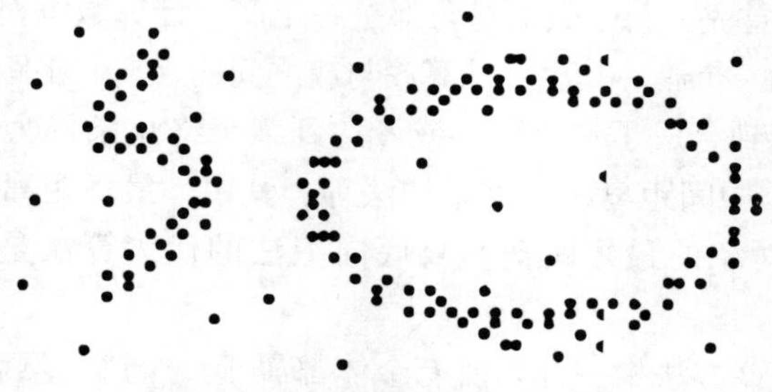

图 6-20　密度聚类算法示意图

(4) 基于网格的聚类方法

基于网格的聚类方法将空间量化为有限数目的单元，可以形成一个网格结构，所有聚类都在网格上进行。它的基本思想是将每个属性的可能值分割成许多相邻的区间，并创建网格单元的集合。每个对象落入一个网格单元，网格单元对应的属性空间包含该对象的值，如图 6-21 所示。

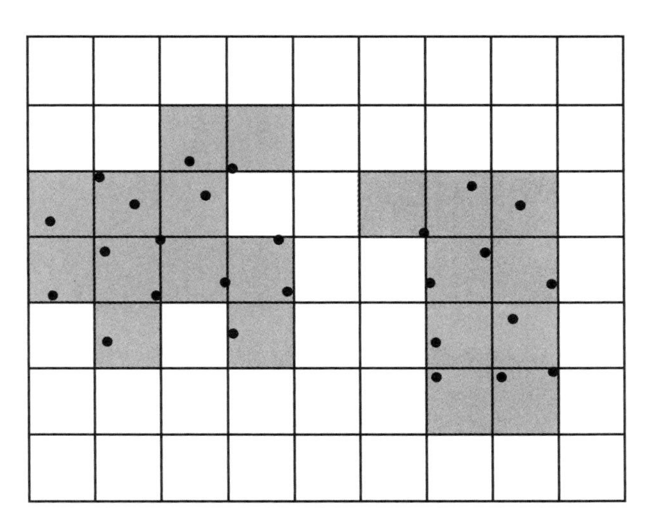

图 6-21　基于网格的聚类方法示意图

基于网格的聚类方法的主要优点是处理速度快，其处理时间独立于数据对象数，仅依赖于量化空间中的每一维的单元数。这类方法的缺点是只能发现边界是水平或垂直的簇，而不能检测到斜边界。另外，在处理高维数据时，网格单元的数目会随着属性维数的增长而呈指数级增长。

(5) 基于模型的聚类方法

基于模型的聚类方法是试图优化给定的数据和某些数学模型之间的适应性的。该方法给每个簇假定了一个模型，然后寻找数据对给定模型的最佳拟合。假定的模型可能是代表数据对象在空间分布情况的密度函数或者其他函数。这种方法的基本原理是假定目标数据集是由一系列潜在的概率分布所决定。

图 6-22 对基于划分的聚类方法和基于模型的聚类方法进行了对比。左侧给出的结果是基于距离的聚类方法，核心原则是将距离近的点聚在一起。右侧给出的是基于概率分布模型的聚类方法，这里采用的概率分布模型是有一定弧度的椭圆。图 6-22 中标出了两个实心的点，这两点的距离很近，在基于距离的聚类方法中，它们聚在一个簇中，但基于概率分布模型的聚类方法则将它们分在不同的簇中，这是为了满足特定的概率分布模型。

在基于模型的聚类方法中，簇的数目是基于标准的统计数字而自动决定的，噪声或孤立点也是通过统计数字分析的。基于模型的聚类方法试图优化给定的数据和某些数据模型之间的适应性。

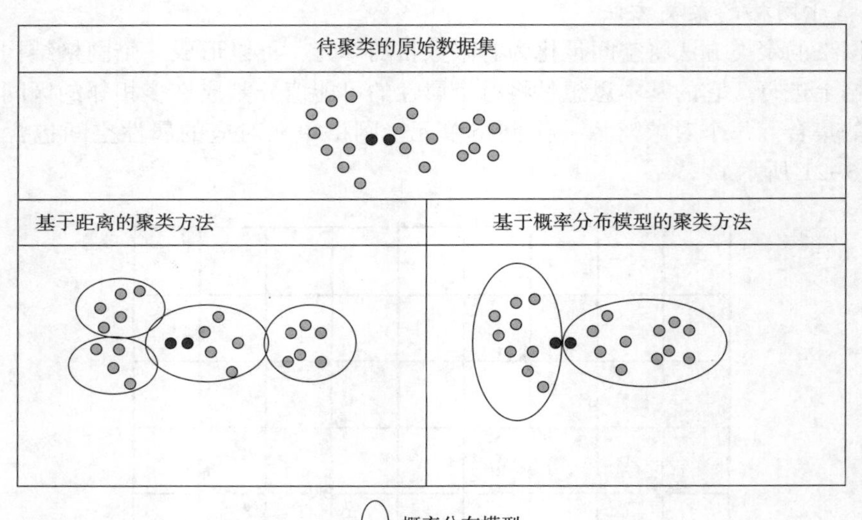

图 6-22　聚类方法对比示意图

6.3.4.3　K-means 聚类算法

K-means 算法是一种基于划分的聚类算法，它以 K 为参数，把 n 个数据对象分成 K 个簇，使簇内具有较高的相似度，而簇间的相似度较低。

K-means 聚类算法的整个流程是：首先从聚类分析对象中随机选出 K 个对象作为类簇的质心（初始参数的 K 代表聚类分析结果的类簇数），对剩余的每个对象则根据它们分别到 K 个质心的距离，将它们指定到最相似的簇（因为 K-means 是利用距离量化相似度的，所以这里可以理解为“将它们指定到离最近距离的质心所属类簇”），然后重新计算质心位置。以上过程不断反复，直到准则函数收敛为止。通常采用平方误差准则。

K-means 算法的优点是能够处理大型数据集，结果簇相当紧凑，并且簇和簇之间明显分离。K-means 算法也是一种经典算法，该算法简单有效，易于理解和实现。它的计算复杂度为 O（tkn），其中，t 为迭代次数，k 为聚类数，n 为样本数。它的缺点表现在五个方面：

1）该算法必须事先给定类簇数和质点。类簇数和质点的初始值设定往往对聚类分析的算法影响较大。

2）通常在获得一个局部最优值时停止。

3）只适合对数值型数据进行聚类分析。

4）只适用于聚类分析结果为凸形的数据集，不适合于发现非凸面形状的类簇或者大小差别很大的簇。

5）对“噪声”和孤立点数据敏感，少量该类数据会对质点的计算产生极大的影响。

6.3.5 关联分析

关联分析是指从大量数据中发现项集之间有趣的关联和相关联系。关联分析的一个典型例子是购物篮分析。在大数据时代，关联分析是常见的数据挖掘任务之一。

6.3.5.1 概述

关联分析是一种简单、实用的分析技术，指发现存在于大量数据集中的关联性或相关性，从而描述一个事物中某些属性同时出现的规律和模式。关联分析可从大量数据中发现事物、特征或者数据之间的，频繁出现的相互依赖关系和关联关系。这些关联并不总是事先知道的，而是通过数据集中数据的关联分析而得。

关联分析对商业决策具有重要的价值，常用于实体商店或电商的跨品类推荐、购物车联合营销、货架布局陈列、联合促销、市场营销等，以达到关联项销量提升、改善用户体验、减少上货员与用户投入时间、寻找高潜用户的目的。

通过对数据集进行关联分析可得出如“由于某些事件的发生而引起另外一些事件的发生”之类的规则。例如，“67% 的顾客在购买啤酒的同时也会购买尿布”，因此通过合理的啤酒和尿布的货架摆放或捆绑销售可提高超市的服务质量和效益。“Java 语言”课程优秀的同学，在学习“大数据技术”时为优秀的可能性达 88%，那么就可以通过强化“Java 语言”的学习来提升教学效果。

关联分析的一个典型例子是购物篮分析。通过发现顾客放入其购物篮中的不同商品间的联系，可以分析顾客的购买习惯；通过了解哪些商品频繁地被顾客同时购买，可以帮助零售商制定营销策略。其他的应用还包括价目表设计、商品促销、商品的排放和基于购买模式的顾客划分等，如洗发水与护发素的套装，以及牛奶与面包相邻摆放，购买该产品的用户又买了其他商品。

除了上面提到的一些商品间存在的关联现象以外，在医学方面，研究人员希望能够从已有的成千上万份病历中找到患某种疾病的病人的共同特征，从而寻找出更好的预防措施。另外，通过对用户银行信用卡账单的分析也可以得知用户的消费方式，这有助于对相应的商品进行市场推广。关联分析的数据挖掘方法已经涉及了人们生活的很多方面，其为企业的生产和营销及人们的生活提供了极大的帮助。

6.3.5.2 基本概念

通过频繁项集挖掘可以发现大型事务或关系数据集中事物与事物之间有趣的关联，进而分析顾客的购买习惯和帮助商家进行决策。例如，表 6-3 是某超市的四名顾客的交易信息。

通过对这个交易数据集进行关联分析可以找出关联规则，即 {尿布} → {啤酒}。它代表的意义是，购买了尿布的顾客会购买啤酒。这个关系不是必然的，但可能性很大，这已经足够用来辅助商家调整尿布和啤酒的摆放位置了。例如，通过将两者摆放在相近的位置，或进行捆绑促销能提高销售量。

表 6-3　关联分析样本数据集

序号	商品名
t001	可乐，鸡蛋，面包
t002	可乐，尿布，啤酒
t003	可乐，尿布，啤酒，面包
t004	尿布，啤酒

关联分析常用的一些基本概念如下。

1）事务。一条交易称为一个事务。例如，表 6-3 包含了 4 个事务。

2）项。交易的每一个物品称为一个项，如尿布、啤酒等。

3）项集。包含零个或多个项的集合被称为项集，如｛啤酒，尿布｝、｛啤酒，可乐，面包｝。

4）k-项集。包含 k 个项的项集称为 k-项集。例如，｛可乐，啤酒，面包｝叫作 3-项集。

5）支持度计数。一个项集出现在多少个事务中，它的支持度计数就是多少。例如，｛尿布，啤酒｝出现在事务 t002、t003 和 t004 中，因此它的支持度计数是 3。

6）支持度。支持度为支持度计数除以总的事务数。例如，上例中总的事务数为 4，｛尿布，啤酒｝的支持度计数为 3，因此对｛尿布，啤酒｝的支持度为 75%，说明有 75% 的人同时买了尿布和啤酒。

7）频繁项集。支持度大于或等于某个阈值的项集即为频繁项集。例如，阈值设为 50% 时，因为｛尿布，啤酒｝的支持度是 75%，所以它是频繁项集。

8）前件、后件。对于规则“｛A｝→｛B｝”，｛A｝叫作前件，｛B｝叫作后件。

9）置信度。对于规则｛A｝→｛B｝，它的置信度为｛A，B｝的支持度计数除以｛A｝的支持度计数。例如，规则｛尿布｝→｛啤酒｝的置信度为 3/3，即 100%，说明买了尿布的人 100% 也买了啤酒。

10）强关联规则。大于或等于最小支持度阈值和最小置信度阈值的规则称为强关联规则。通常意义上说的关联规则指强关联规则。关联分析的最终目标是找出强关联规则。

6.3.5.3　关联分析步骤

一般来说，对于一个给定的交易事务数据集，关联分析是指通过用户指定最小支持度和最小置信度而寻求强关联规则的过程。关联分析一般分为两大步：发现频繁项集和发现关联规则。

(1) 发现频繁项集

发现频繁项集指通过用户给定的最小支持度，寻找所有频繁项集，即找出不少于用户设定的最小支持度的项目子集。事实上，这些频繁项集可能具有包含关系。例如，项集｛尿布，啤酒，可乐｝就包含了项集｛尿布，啤酒｝。一般地，只需关心那些不被其他频繁项集所包含的所谓最大频繁项集的集合。可以发现，所有的频繁项集是形成关联规则的基础。

由于事务数据集产生的频繁项集的数量可能非常大，因此，从中找出可以推导出其他所有的频繁项集的、较小的、具有代表性的项集将是非常有用的。

❖　闭项集。如果项集 X 是闭的，而且它的直接超集都不具有和它相同的支持度计数，则 X 是闭项集。

❖　频繁闭项集。如果项集 X 是闭的，并且它的支持度大于或等于最小支持度阈值，则 X 是频繁闭项集。

❖　最大频繁项集。如果项集 X 是频繁项集，并且它的直接超集都不是频繁的，则 X 为最大频繁项集。

最大频繁项集都是闭的，因为任何最大频繁项集都不可能与它的直接超集具有相同的支持度计数。最大频繁项集有效地提供了频繁项集的紧凑表示。换句话说，最大频繁项集形成了可以导出所有频繁项集的最小项集的集合。

（2）发现关联规则

发现关联规则指通过用户给定的最小置信度，在每个最大频繁项集中寻找置信度不小于用户设定的最小置信度的关联规则。

相对于第一步讲，第二步的任务相对简单，因为它只需要在已经找出的频繁项集的基础上列出所有可能的关联规则。由于所有的关联规则都是在频繁项集的基础上产生的，已经满足了支持度阈值的要求，因此第二步只需考虑置信度阈值的要求，即只有那些大于用户给定的最小置信度的规则才会被留下来。

支持度和置信度只是两个参考值而已，并不是绝对的，也就是说，假如一条关联规则的支持度和置信度都很高，不代表这个规则之间就一定存在某种关联。

6.3.5.4　Apriori 关联分析算法

Apriori 算法是挖掘产生关联规则所需频繁项集的基本算法，也是著名的关联分析算法之一。

（1）Apriori 算法过程

Apriori 算法使用了逐层搜索的迭代方法，即用 k-项集探索（k+1）-项集。为提高按层次搜索并产生相应频繁项集的处理效率，Apriori 算法利用了一个重要性质，该性质能有效缩小频繁项集的搜索空间。

Apriori 性质：一个频繁项集的所有非空子集必须是频繁项集。假如项集 A 不满足最小支持度阈值，即 A 不是频繁的，则如果将项集 B 添加到项集 A 中，那么新项集（AUB）也不可能是频繁的。

Apriori 算法简单来说主要有五个步骤。

1）通过单遍扫描数据集确定每个项的支持度。一旦完成这一步，就可得到所有频繁 1-项集的集合 F1。

2）使用上一次迭代发现的频繁（k-1）-项集，产生新的候选 k-项集。

3）为了对候选项集的支持度计数，再次扫描一遍数据库，使用子集函数确定包含在每一个交易 t 中的所有候选 k-项集。

4）计算候选项集的支持度计数后，算法将删除支持度计数小于支持度阈值的所有候选项集。

5）重复步骤2）~5），当没有新的频繁项集产生时，算法结束。

Apriori 算法是一个逐层算法，它使用“产生—测试”策略来发现频繁项集。在由(k-1)-项集产生 k-项集的过程中，新产生的 k-项集先要确定它所有的（k-1）-项真子集都是频繁的，如果有一个不是频繁的，则可以从当前的候选项集中去掉。

（2）由频繁项集产生关联规则

一旦从事务数据集中找出频繁项集，就可以直接由它们产生强关联规则，即满足最小支持度和最小置信度的规则。计算关联规则的置信度并不需要再次扫描事务数据集，因为这两个项集的支持度计数已经在频繁项集产生时得到。

假设有频繁项集 Y，X 是 Y 的一个子集，那么如果规则 X→Y→X 不满足置信度阈值，则形如 X1→Y1→X1 的规则一定也不满足置信度阈值，其中，X1 是 X 的子集。根据该性质，假设由频繁项集 {a, b, c, d} 产生关联规则，关联规则 {b, c, d} → {a} 具有低置信度，则可以丢弃后件包含 a 的所有关联规则，如 {c, d} → {a, b} 及 {b, d} → {a, c} 等。

（3）算法优缺点

Apriori 算法作为经典的频繁项集产生算法，使用先验性质，大大提高了频繁项集逐层产生的效率，它简单易理解，数据集要求低。但随着应用的深入，它的缺点逐渐暴露出来，主要的性能瓶颈有两点：

1）多次扫描事务数据集，需要很大的 I/O 负载。对于每次 k 循环，对候选集中的每个元素都必须通过扫描数据集一次以验证其是否加入 k-项集。

2）可能产生庞大的候选集。候选项集的数量是呈指数级增长的，如此庞大的候选项集对时间和空间都是一种挑战。

6.3.5.5 FP-Growth 关联分析算法

为了弥补 Apriori 算法在复杂度和效率方面的缺陷，Han Jiawei 等（2000）提出了基于频繁模式树（Frequent Pattern Tree，FP-Tree）的发现频繁模式的 FP-Growth 算法。它的思想是构造一棵 FP-Tree，把数据集中的数据映射到树上，再根据这棵 FP-Tree 找出所有频繁项集。

FP-Growth 算法指，通过两次扫描事务数据集，把每个事务所包含的频繁项目按其支持度降序压缩存储到 FP-Tree 中。在以后发现频繁模式的过程中，不需要再扫描事务数据集，而仅在 FP-Tree 中进行查找即可。通过递归调用 FP-Growth 的方法可直接产生频繁模式，因此在整个发现过程中不需产生候选模式。由于只对数据集扫描两次，因此 FP-Growth 算法克服了 Apriori 算法中存在的问题，在执行效率上明显好于 Apriori 算法。

（1）FP-Tree 的构造

为了减少 I/O 次数，FP-Tree 算法引入了一些数据结构来临时存储数据。这个数据结构包括三个部分：项头表、FP-Tree 和结点链表，如图 6-23 所示。

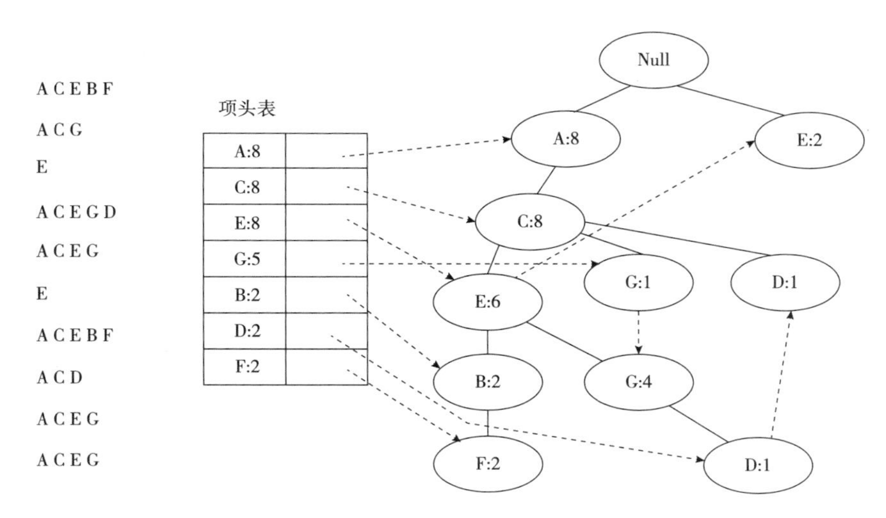

图 6-23　FP-Tree 数据结构

第一部分是一个项头表，记录了所有的频繁 1-项集出现的次数，按照次数降序排列。例如，在图 6-23 中，A 在所有 10 组数据中出现了 8 次，因此排在第一位。

第二部分是 FP-Tree，它将原始数据集映射到了内存中的一棵 FP-Tree 上。

第三部分是结点链表。所有项头表里的频繁 1-项集都是一个结点链表的头，它依次指向 FP-Tree 中该频繁 1-项集出现的位置。这样做主要是方便项头表和 FP-Tree 之间的联系查找及更新。

1）项头表的建立。

建立 FP-Tree 需要首先建立项头表。第一次扫描数据集，得到所有频繁 1-项集的计数，然后删除支持度低于阈值的项，将频繁 1-项集放入项头表，并按照支持度降序排列。第二次扫描数据集，将读到的原始数据剔除非频繁 1-项集，并按照支持度降序排列。

在这个例子中有 10 条数据，第一次扫描数据并对 1-项集计数，发现 F、O、I、L、J、P、M、N 都只出现一次，支持度低于阈值（20%），因此它们不会出现在项头表中。并且，将剩下的 A、C、E、G、B、D、F 按照支持度的大小降序排列，组成了项头表。

第二次扫描数据，对每条数据剔除非频繁 1-项集，并按照支持度降序排列。例如，数据项 A、B、C、E、F、O 中的 O 是非频繁 1-项集，因此被剔除，只剩下了 A、B、C、E、F。按照支持度的顺序排序，它变成了 A、C、E、B、F，其他的数据项以此类推。将原始数据集里的频繁 1-项集进行排序是为了在后面的 FP-Tree 建立时，可以尽可能地共用祖先结点。

经过两次扫描，项头集已经建立，排序后的数据集也已经得到了，如图 6-24 所示。

2）FP-Tree 的建立。

有了项头表和排序后的数据集，就可以开始建立 FP-Tree 了。

开始时 FP-Tree 没有数据，建立 FP-Tree 时要一条条地读入排序后的数据集，并将其插入 FP-Tree。插入时，排序靠前的结点是祖先结点，而靠后的是子孙结点。如果有共用的祖先，则对应的公用祖先结点计数加 1。插入后，如果有新结点出现，则项头表对应的

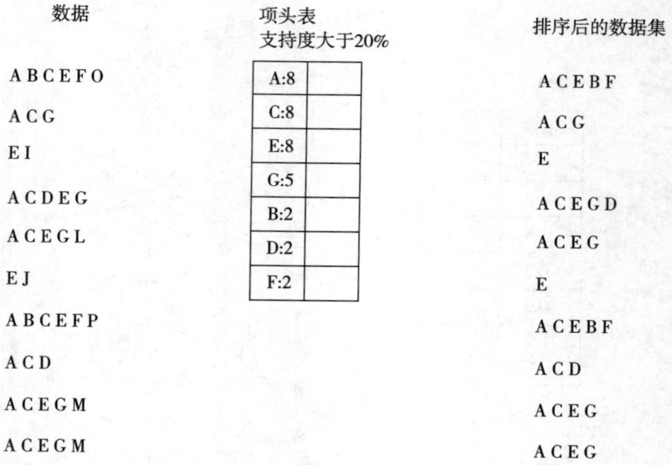

数据	项头表 支持度大于20%	排序后的数据集
A B C E F O	A:8	A C E B F
A C G	C:8	A C G
E I	E:8	E
A C D E G	G:5	A C E G D
A C E G L	B:2	A C E G
E J	D:2	E
A B C E F P	F:2	A C E B F
A C D		A C D
A C E G M		A C E G
A C E G M		A C E G

图 6-24　FP-Tree 项头表示意图

结点会通过结点链表链接上新结点。直到所有的数据都插入 FP-Tree 后，FP-Tree 的建立完成。

下面举例描述 FP-Tree 的建立过程。首先，插入第一条数据 A、C、E、B、F，如图 6-25 所示。此时 FP-Tree 没有结点，因此 A、C、E、B、F 是一个独立的路径，所有结点的计数都为 1，项头表通过结点链表链接上对应的新增结点。

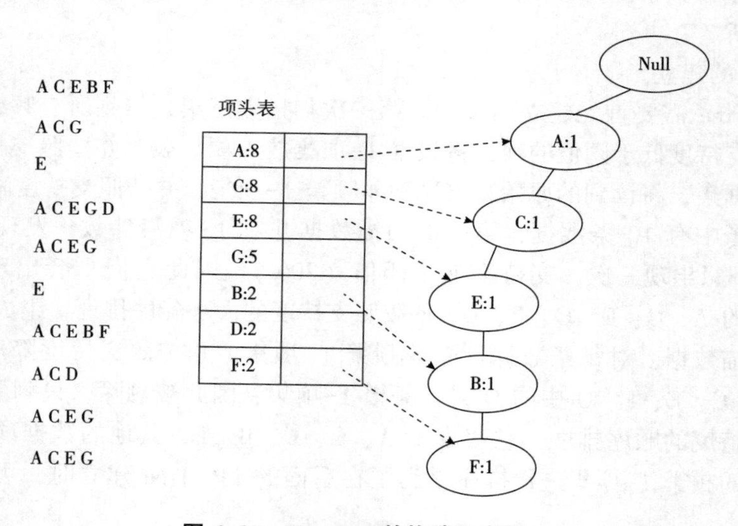

图 6-25　FP-Tree 的构造示意图一

接着插入数据 A、C、G，如图 6-26 所示。由于 A、C、G 和现有的 FP-Tree 可以有共有的祖先结点序列 A、C，因此只需要增加一个新结点 G，将新结点 G 的计数记为 1，同时 A 和 C 的计数加 1 成为 2。当然，对应的 G 结点的结点链表要更新。

用同样的办法可以更新后面 8 条数据，最后构成的 FP-Tree 如图 6-23 所示。由于原理类似，不再逐步描述。

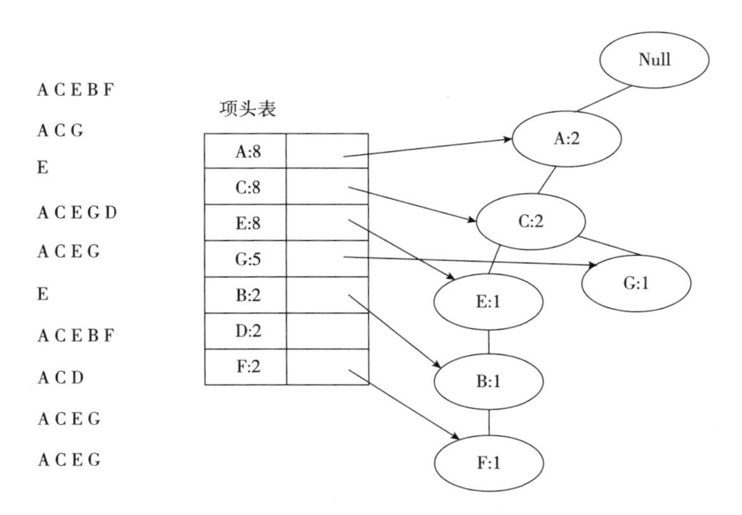

图 6-26　FP-Tree 的构造示意图二

（2）FP-Tree 的挖掘

下面介绍如何从 FP-Tree 挖掘频繁项集。基于 FP-Tree、项头表及结点链表，首先要从项头表的底部项依次向上挖掘。因项头表对应于 FP-Tree 的每一项，要找到它的条件模式基。条件模式基是指以要挖掘的结点作为叶子结点所对应的 FP 子树。得到这个 FP 子树，将子树中每个结点的计数设置为叶子结点的计数，并删除计数低于支持度的结点。基于这个条件模式基，可以递归挖掘得到频繁项集了。

仍以上面的例子进行介绍。先从最底部的 F 结点开始，寻找 F 结点的条件模式基，由于 F 在 FP-Tree 中只有一个结点，因此候选就只有如图 6-27 左边所示的一条路径，对应｛A：8，C：8，E：6，B：2，F：2｝。然后将所有的祖先结点计数设置为叶子结点的计数，即 FP 子树变成｛A：2，C：2，E：2，B：2，F：2｝。

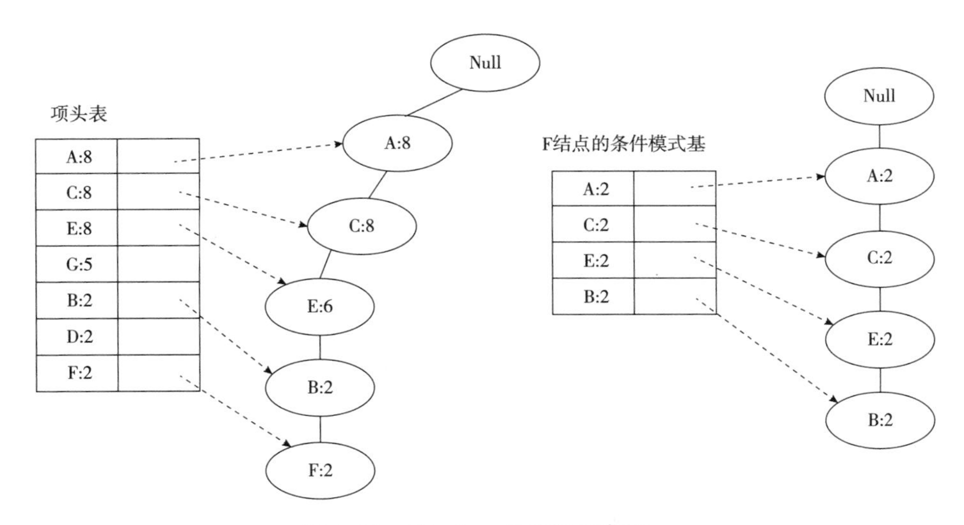

图 6-27　FP-Tree 的挖掘示意图一

条件模式基可以不写叶子结点，因此最终 F 的条件模式基如图 6-27 右边所示。基于条件模式基，很容易得到 F 的频繁 2-项集为｛A：2，F：2｝，｛C：2，F：2｝，｛E：2，F：2｝，｛B：2，F：2｝。递归合并 2-项集，可得到频繁 3-项集为｛A：2，C：2，F：2｝，｛A：2，E：2，F：2｝，｛A：2，B：2，F：2｝，｛C：2，E：2，F：2｝，｛C：2，B：2，F：2｝，｛E：2，B：2，F：2｝。递归合并 3-项集，可得到频繁 4-项集为｛A：2，C：2，E：2，F：2｝，｛A：2，C：2，B：2，F：2｝，｛C：2，E：2，B：2，F：2｝。一直递归下去，得到最大的频繁项集为频繁 5-项集，即｛A：2，C：2，E：2，B：2，F：2｝。

F 结点挖掘完后，可以开始挖掘 D 结点。D 结点比 F 结点复杂一些，因为它有两个叶子结点，因此首先得到的 FP 子树如图 6-28 左边所示。然后将所有的祖先结点计数设置为叶子结点的计数，即变成｛A：2，C：2，E：1，G：1，D：1，D：1｝。此时，E 结点和 G 结点由于在条件模式基里面的支持度低于阈值，因此被删除。最终，去除低支持度结点和叶子结点后 D 结点的条件模式基为｛A：2，C：2｝。通过它，可以很容易得到 D 结点的频繁 2-项集为｛A：2，D：2｝，｛C：2，D：2｝。递归合并 2-项集，可得到频繁 3-项集为｛A：2，C：2，D：2｝。D 结点对应的最大的频繁项集为频繁 3-项集。

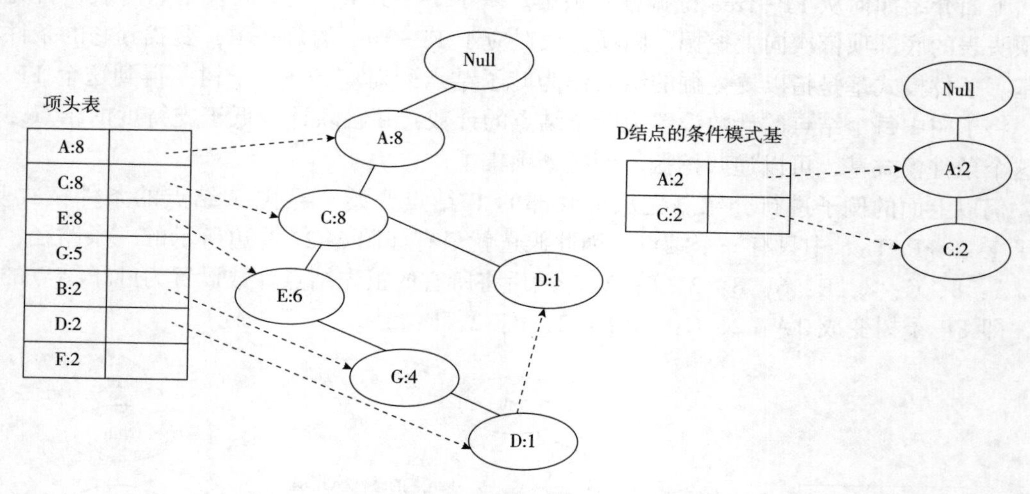

图 6-28　FP-Tree 的挖掘示意图二

用同样的方法可以递归挖掘到 B 的最大频繁项集为频繁 4-项集｛A：2，C：2，E：2，B：2｝。继续挖掘，可以递归挖掘到 G 的最大频繁项集为频繁 4-项集｛A：5，C：5，E：4，G：4｝，E 的最大频繁项集为频繁 3-项集｛A：6，C：6，E：6｝，C 的最大频繁项集为频繁 2-项集｛A：8，C：8｝。由于 A 的条件模式基为空，因此可以不用挖掘了。

至此得到了所有的频繁项集，如果只是要最大的频繁 k-项集，则从上面的分析可以看到，最大的频繁项集为 5-项集，即｛A：2，C：2，E：2，B：2，F：2｝。

总之，在大数据相关技术的支持下，随着数据存储（非关系型 NoSQL 数据库）、分布式数据计算（Hadoop/Spark 等）、数据可视化等技术的发展，数据挖掘对事务的理解能力越来越强，如此多的数据堆积在一起，增加了对算法强度的要求，因此数据挖掘算法要尽可能获取更多、更有价值、更全面的数据，并从这些数据中获取更大的价值。

6.4 数据挖掘常用的工具

在实际中，往往是数据十分丰富，而有价值信息相当贫乏。快速增长的海量数据经过收集，存放在大型数据库中，理解它们已经远远超出人的能力。没有高效的算法和强有力的工具，这些数据也就是"数据坟墓"。因此，要想真正做好数据挖掘，应根据所选择的数据对象和需求选择合适的数据挖掘工具。目前有好多种数据分析与挖掘工具，下面重点对这些工具进行介绍。

6.4.1 Spark MLlib

MLlib 是 Spark 对常用的数据挖掘算法的实现库，旨在简化数据挖掘与机器学习的工程实践工作，并方便扩展到更大规模。MLlib 由一些通用的学习算法和工具组成，包括分类、回归、聚类、协同过滤、降维等，同时包括底层的优化原语和高层的管道 API。

6.4.1.1 Spark MLlib 的构成

Spark 是基于内存计算的，天然适应于数据挖掘的迭代式计算，但对于普通开发者来说，实现分布式的数据挖掘算法仍然具有较大的挑战性。因此，Spark 提供了一个基于海量数据的机器学习库 MLlib，它提供了常用数据挖掘算法的分布式实现功能。开发者只需要有 Spark 基础并且了解数据挖掘算法的原理，以及算法参数的含义，就可以通过调用相应算法的 API 来实现基于海量数据的挖掘过程。

MLlib 由四部分组成：数据类型、数学统计计算库、算法评测和机器学习算法，如表 6-4 所示。

表 6-4　MLlib 组成

名称	说明
数据类型	向量、带类别的向量、矩阵等
数学统计计算库	基本统计量、相关分析、随机数产生器、假设检验等
算法评测	AUC、准确率、召回率、F-Measure 等
机器学习算法	分类算法、回归算法、聚类算法、协同过滤等

具体来讲，分类算法和回归算法包括逻辑回归、SVM、朴素贝叶斯、决策树和随机森

林等算法。聚类算法包括 K-means 和 LDA 算法。协同过滤算法包括交替最小二乘法（ALS）算法。

6.4.1.2 Spark MLlib 的优势

相比基于 Hadoop MapReduce 实现的机器学习算法（如 Hadoop Manhout），Spark MLlib 在机器学习方面具有一些得天独厚的优势。首先，机器学习算法一般都有由多个步骤组成迭代计算的过程，机器学习的计算需要在多次迭代后获得足够小的误差或者足够收敛时才会停止。如果迭代时使用 Hadoop MapReduce 计算框架，则每次计算都要读/写磁盘及完成任务的启动等工作，从而会导致非常大的 I/O 和 CPU 消耗。而 Spark 基于内存的计算模型是针对迭代计算而设计的，多个迭代直接在内存中完成，只有在必要时才会操作磁盘和网络，可以说，Spark MLlib 正是机器学习的理想平台。其次，Spark 具有出色而高效的 Akka 和 Netty 通信系统，通信效率高于 Hadoop MapReduce 计算框架的通信机制。

Spark 官方首页中展示了 Logistic Regression 算法在 Spark 和 Hadoop 中运行的性能比较，可以看出 Spark 比 Hadoop 要快 100 倍以上。

6.4.2 RapidMiner

RapidMiner 是世界领先的数据挖掘解决方案，有着先进的技术，它的特点是，其是图形用户界面的互动原型。

2001 年，RapidMiner 诞生于德国多特蒙德工业大学，始于人工智能部门的 Ingo Mierswa、Ralf Klinkenberg 和 Simon Fischer 共同开发的一个项目，最初被称为 YALE（Yet Another Learning Environment）。这个产品后来发展成了 Rapid-I。

2007 年，软件名由 YALE 更名为 RapidMiner。此后，RapidMiner 的功能不断增强，用户群也不断扩大。截至 2010 年底，RapidMiner 软件平台在全球 50 多个国家达到 50 多万次的下载量。2013 年，RapidMiner 获得融资后继续扩张。

2014 年底，RapidMiner 公司授权中国区总代理 RapidMiner China，正式进入中国预测性分析市场，主要为中国用户提供预测性分析解决方案、技术支持、培训及认证服务。

RapidMiner 支持拖曳建模，自带 1500 多个函数，无须编程，简单易用，同时支持各种常见语言代码编写，以符合程序员个人习惯和实现更多功能。RapidMiner Studio 社区版和基础版免费开源，能连接开源数据库，商业版能连接大多数数据源，功能更强大。它拥有丰富的扩展程序，如文本处理、网络挖掘、WEKA 扩展、R 语言等。

RapidMiner 具有丰富的数据分析、挖掘和算法功能，常用于解决各种商业关键问题，如营销响应率、客户细分、客户忠诚度及终身价值、资产维护、资源规划、预测性维修、质量管理、社交媒体监测和情感分析等。

2014 年底，RapidMiner 购买了 Radoop，更名为 RapidMiner Radoop，RapidMiner Radoop 是一个与 Hadoop 集群相连接的扩展，可以通过拖曳自带的算子执行 Hadoop 技术特定的操作，避免了 Hadoop 集群技术的复杂性，简化和加速了在 Hadoop 上的分析。RapidMiner

Radoop 能够让用户迅速地将高级分析应用到 Hadoop 大数据环境中，无须学习复杂的分布式技术，通过 RapidMiner 易于使用的用户界面，可加速大数据处理，并方便数据科学家和商业人士合作，让用户节约大量时间。

6.4.3　华为 MLS

6.4.3.1　MLS 简介

机器学习服务（Machine Learning Service，MLS）是一项数据挖掘分析平台服务，旨在帮助用户通过数据挖掘技术发现已有数据中的规律，从而创建数据挖掘模型，并基于数据挖掘模型处理新的数据，为业务应用生成预测结果。

机器学习服务可降低机器学习使用门槛，提供可视化的操作界面来编排机器学习模型的训练、评估和预测过程，无缝衔接数据分析和预测应用，降低机器学习模型的生命周期管理难度，为用户的数据挖掘分析业务提供易用、高效、高性能的平台服务。

6.4.3.2　应用场景

机器学习服务应用于海量数据挖掘分析场景。

（1）欺骗检测

保险公司分析投保人的历史行为数据，建立欺骗行为模型，识别出假造事故骗取保险赔偿的投保人。

（2）产品推荐

根据客户本身属性和行为特征等，预测客户是否愿意办理相关业务，为客户提供个性化的业务推荐。

（3）客户分群

通过数据挖掘给客户做科学的分群，依据不同分群的特点制定相应的策略，从而为客户提供适配的产品、制定针对性的营销活动和管理用户，最终提升产品的客户满意度，实现商业价值。

（4）异常检测

在网络设备运行中，用自动化的网络检测系统，根据流量情况实时分析，预测可疑流量或可能发生故障的设备。

（5）预测性维护

为设备创建预测模型并提供预见性维护建议和计划，减少故障时间和发生概率，从而提高效率和降低成本。

（6）驾驶行为分析

通过采集驾驶员不良驾驶习惯（如急加速、急转弯、急减速、超速、疲劳驾驶等），并建模分析驾驶员驾驶习惯优良程度，面向企业车队提供驾驶员评级，以约束不良驾驶习惯，或者面向个人车主提供驾驶习惯优化建议，以降低事故率和降低油耗，而对于保险公司，可以将其用于 UBI（Usage Based Insurance）场景。

6.4.3.3 功能介绍

（1）拖曳式操作

拖曳式操作功能提供可视化的工作流设计和运行调试能力。用户可以在 MLS 实例的工作界面通过拖曳和连接的方式组合不同的节点，创建工作流，进行数据处理、模型训练、评估和预测，并以合适的图表将结果可视化输出。

（2）丰富的功能节点

机器学习服务集成了丰富的功能节点，支持用户完成数据处理、模型训练、评估和预测的工作流设计及调试。

（3）交互式操作

MLS 集成了 Jupyter Notebook 的功能，为用户提供交互式记事本作为机器学习应用的集成开发环境。

第一，支持编写 Python 脚本，使用 Spark MLlib 进行数据分析、模型构建和应用。

第二，为用户提供大量的第三方数据科学计算 Python 包。

（4）丰富的数据科学计算包

机器学习服务集成丰富的第三方计算包（Python），支持用户完成数据处理、模型训练、评估和预测的数据挖掘流程。

本章小结

数据挖掘技术对当今社会的发展有着不可替代的作用，伴随着科学技术的快速发展，数据挖掘的技术质量和效率水平也在逐步提升。本章主要对数据挖掘，特别是各类数据挖掘算法进行了基本介绍，具体内容包括数据挖掘的概念、数据挖掘的对象与价值类型、数据挖掘常用的算法（包括分类和预测、聚类分析、关联分析）、数据挖掘常用的工具（包括 Spark MLlib、RapidMiner、华为 MLS）。通过原理和工具的阐述，可以使我们更好地理解数据挖掘的思想和处理流程。

思考题

1. 简述数据挖掘的概念。
2. 数据挖掘的对象和价值是什么？
3. 数据科学算法的主要类型有哪些？各自的典型算法是什么？
4. 什么是预测？什么是分类？它们有何关系？
5. 什么是决策树？它的主要用途是什么？
6. 什么是回归、线性回归和逻辑回归？

7. 什么是聚类分析？它的主要应用有哪些？
8. 什么是关联分析？关联分析的典型应用场景有哪些？
9. Apriori 关联分析算法的基本思想是什么？它的性质是什么？
10. 什么是 FP-Tree 算法？它主要弥补了 Apriori 算法的哪个缺陷？
11. 数据挖掘有哪些常用的工具？各有何特点？

第7章 数据可视化

数据的功能是非常强大的，但只有真正理解了它的内涵，数据的强大之处才能真正体现出来。通过观察数字和统计数据的转换以获得清晰的结论并不是一件容易的事，必须用一个合乎逻辑的、易于理解的方式来呈现数据。人类的大脑对视觉信息的处理优于对文本的处理，因此使用图表、图形和地图等可视化（Visualization）方法可以帮助人们更好地理解数据。本章从可视化概念、作用、流程以及数据可视化工具等方面做讲解，最后列出典型的数据可视化案例。

7.1 可视化概述

可视化技术最早运用于计算机科学中，是利用计算机图形学和图像处理技术，将数据转换成图形或图像并在屏幕上显示出来，以进行交互处理的理论、方法和技术。

7.1.1 什么是数据可视化

一般意义上的数据可视化定义为：数据可视化是将复杂的、枯燥的大量数据进行提取并分析，借助图形化工具将分析结果以图形方式显示出来。可视化是一种使复杂信息容易和快速被人理解的手段，是一种聚焦于信息重要特征的信息压缩，是可以放大人类感知的图形化表示方法，如图7-1所示。

数据可视化是关于数据的视觉表现形式的研究，这种数据的视觉表现形式被定义为一种以某种概要形式抽提出来的信息，包括相应信息单位的各种属性和变量。

数据可视化需结合美学、统计学、数据分析学等学科，数据可视化不意味着数据图形化以后会变得非常华丽且耀眼，也不意味着可以毫无思维过程地将数据进行图形化，忽略对数据的分析与统计。也就是说，数据被可视化必须是在被统计分割且分析完后，以人类视觉上的友好形式显示出来的。这样的数据可视化才是有意义的。

虽然可视化在数据分析邻域并非最具技术挑战性的部分，但却是整个数据分析流程中最重要的一个环节。

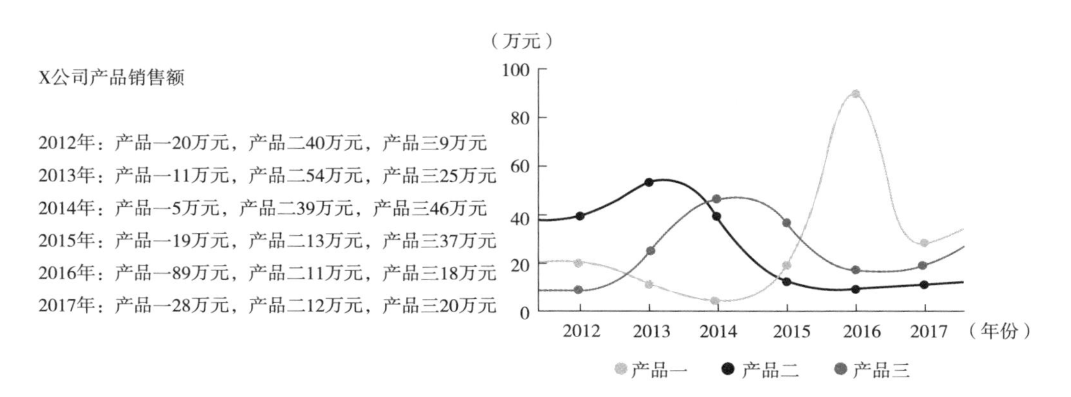

图 7-1　可视化展示

7.1.2　数据可视化的发展历程

数据可视化领域的起源，可以追溯到 20 世纪 50 年代计算机图形学的早期。当时，人们利用计算机创建出了首批图形图表。

7.1.2.1　科学可视化

1987 年，由布鲁斯 · 麦考梅克、托马斯 · 德房蒂和玛克辛 · 布朗所编写的美国国家科学基金会报告 “Visualization in Scientific Computing” （意为 “科学计算之中的可视化” ），对这一领域产生了大幅度的促进和刺激作用。这份报告中强调了新的基于计算机的可视化技术方法的必要性。随着计算机运算能力的迅速提升，人们建立了规模越来越大、复杂程度越来越高的数值模型，从而造就了形形色色、体积庞大的数值型数据集。同时，人们不但利用医学扫描仪和显微镜之类的数据采集设备产生大型的数据集，而且利用可以保存文本、数值和多媒体信息的大型数据库收集数据。因此，需要高级的计算机图形学技术与方法处理和可视化这些规模庞大的数据集。

“Visualization in Scientific Computing” 后来变成了 “Scientific Visualization”，即 “科学可视化”，而前者最初指作为科学计算之组成部分的可视化，也就是科学与工程实践中对于计算机建模和模拟的运用。

7.1.2.2　信息可视化

更近一些的时候，可视化日益关注数据，包括那些来自商业、财务、行政管理、数字媒体等方面的大型异质性数据集合。20 世纪 90 年代初期，人们发起了一个新的、称为 “信息可视化” 的研究领域，旨在为许多应用领域中对于抽象的异质性数据集的分析工作提供支持。信息可视化是以增强人的认知能力为目的的抽象数据和非结构化数据可视表达的研究。与科学可视化相比，信息可视化主要关注抽象数据，不仅包括数值数据，还包括非数值数据，如文本、图像、层次结构等。

7.1.2.3 数据可视化

21世纪，人们正在逐渐接受同时涵盖科学可视化与信息可视化领域的新生术语，即“数据可视化”。数据可视化指技术上较为高级的技术方法，而这些技术方法允许利用图形、图像处理、计算机视觉以及用户界面，通过表达、建模以及对立体、表面、属性和动画的显示，对数据加以可视化解释。

一直以来，数据可视化是处于不断演变之中的概念，其边界不断地扩大。

7.1.3 可视化的重要作用

数据可视化能够可帮助用户更快地识别模式。交互式可视化能够让决策者深入了解细节层次。可视化使得用户可以查看分析背后的事实。可视化对企业做决策和战略调整有重要作用。

7.1.3.1 可视化后的信息理解起来更快

数据可视化可提高用户对数据的理解与把握，让用户乐于接受这种友好的形式，同时能及时快速地把握数据的本质特征。这是因为人脑对视觉信息的处理要比书面信息容易得多。使用图表总结复杂的数据，可以确保用户对关系的理解要比那些混乱的报告或电子表格更快。因此，数据可视化是一种非常清晰的沟通方式，使业务领导者更快地理解和处理他们所需的信息。

7.1.3.2 可增强数据的吸引力

向高级管理人员提交的许多业务报告都是规范化的文档，这些文档经常被静态表格和各种类型图表所夸大。也正是因为它制作得太过于详细了，以至于高管人员没办法记住这些内容，对于他们来说不需要看到太详细信息。

来自大数据可视化工具的报告使我们能够用一些简短的图形体现那些复杂信息，甚至单个图形也能做到。人们可以通过交互元素以及类似于热图、fever charts等新的可视化工具，轻松地解释各种不同的数据源，因而增强了数据的吸引力。丰富且有意义的图形有助于忙碌的主管和业务伙伴了解问题的根源，以便做出决策。

7.1.3.3 便于观察、跟踪数据

大数据可视化的好处是，它允许用户去跟踪运营和整体业务性能之间的连接。在竞争环境中，找到业务功能和市场性能之间的相关性至关重要。

例如，一家软件公司的执行销售总监可能会立即在条形图中看到，他们的旗舰产品在西南地区的销售额下降了8%。然后，主管可以深入了解这些差异发生在哪里，并开始制订计划。通过这种方式，可以让管理人员立即发现问题并采取行动。

7.1.3.4　有利于发现新兴趋势

现在已经收集到的消费者行为数据为适应性强的公司带来许多新的机遇。然而，这需要他们不断地收集和分析这些信息，通过使用大数据可视化来监控关键指标，企业领导者更容易发现各种大数据集的市场变化和趋势。

例如，一家服装连锁店可能会发现，在西南地区，深色西装和领带的销量正在上升。这可能会让他们推销包括这两种服装在内的商品组合，从而远远领先于那些尚未注意到这一潮流的竞争对手。

7.1.3.5　有助于分析数据

大数据可视化的一个优点是，它提供了一种现成的方法能够从数据中讲述事实。热图可以在多个地理区域显示产品性能的发展，使用户更容易看到性能良好或表现不佳的产品。这使得高管们可以深入特定地点，看看哪些地方做得好，哪些做得不好。这些实时性能和市场指标的数据变化图表可以用来集思广益，展开应对与分析，以提高销售额。

7.1.4　数据可视化流程的核心要素

7.1.4.1　数据表示与变换

数据可视化的基础是数据表示与变换。输入数据须从原始状态变换到一种便于计算机处理的、结构化的数据表示形式。通常这些结构存在于数据本身，需要研究有效的数据提炼或简化方法以最大限度地保持信息、知识的内涵和相应的上下文。

7.1.4.2　数据的可视化呈现

数据可视化向用户传播了信息，而同一个数据集可对应多种视觉呈现形式，即视觉编码。数据可视化的核心内容是从巨大的呈现多样性空间中选择最合适的编码形式。判断某个视觉编码是否合适的因素包括感知与认知系统的特性、数据本身的属性和目标任务。

7.1.4.3　用户交互

对数据进行可视化和分析的目的是完成目标任务。通用的目标任务有三类：一是生成假设；二是验证假设；三是视觉呈现。交互是通过可视的手段而辅助分析决策的工具。

从数据变换的角度看，数据可视化流程可理解为四个数据阶段和三种数据转换操作。如图 7-2 所示。

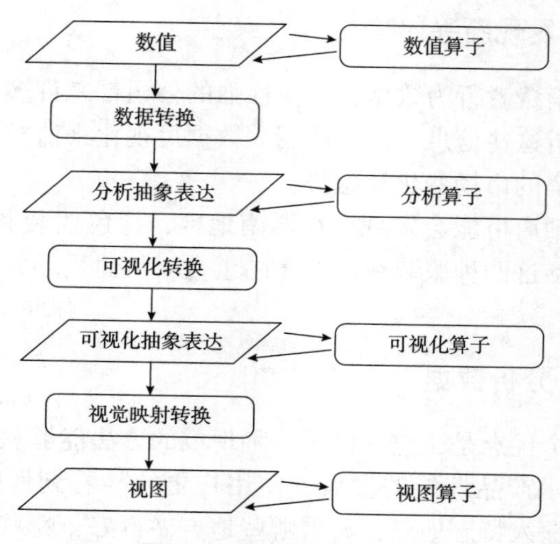

图 7-2　数据可视化流程

7.1.5　可视化即服务

业界已经有人提出将可视化作为一种服务独立出来的可视化即服务（Visualization as a Service，VaaS）的概念，像 ManyEyes、NumberPicture 推出的在线可视化平台其实已经在朝这个方向发展。有了可视化即服务平台，用户不需要构建自己专门的可视化模块，只要把数据上传到云端，就能够得到好的可视化图表展示。同时，可以借助云端网络的社交功能将可视化展示结果在移动终端以及平板计算机等设备上进行分享和应用，还可针对特定的大数据提供定制的可视化解决方案，从而获取更好的可视化展示效果。

可视化即服务是数据可视化的一个非常重要的发展方向。近年来，随着数据分析和数据可视化的发展，可视化即服务的思想在越来越多的移动互联网可视化应用中得到体现。

7.2　数据可视化工具

数据可视化工具须具有五个特性。

第一，实时性。数据可视化工具必须适应大数据时代数据量的爆炸式增长需求，必须快速地收集、分析数据，并对数据信息进行实时更新。

第二，操作简单。数据可视化工具有满足快速开发、易于操作的特性，能满足互联网时代信息多变的特点。

第三，更丰富的展现。数据可视化工具需具有更丰富的展现方式，能充分满足数据展现的高维度要求。

第四，交互性。允许用户选择感兴趣的内容，或者改变数据的展示形式，更好地促进用户与数据之间的互动。

第五，多种数据集成支持方式。数据的来源不仅限于数据库，数据可视化工具能支持团队协作数据库、数据仓库、文本等多种方式，并能够通过互联网进行展现。

7.2.1　入门级工具

数据可视化包含简单图形、动态图表、数据地图和数据动态视频等，可以用很多专业软件制作，但这需要专业知识，要熟悉编程语言，还要购买专用软件并安装，才能实现数据可视化的效果。

Excel 是 Microsoft 公司的办公软件 Office 家族的系列软件之一。Excel 作为一个可视化入门级工具，其直观的界面、出色的计算功能和图表工具，使其成为最流行的个人计算机数据处理软件。用户不需要复杂的学习就可以轻松使用 Excel 提供的各种图标功能，尤其是制作折线图、饼状图、柱状图、散点图等各种统计图标（见图 7-3），Excel 是普通用户的首选工具，但 Excel 在颜色、线条和样式上可选择的范围有限，这意味着用 Excel 很难制作出能符合专业出版物和网站等需要的数据图。

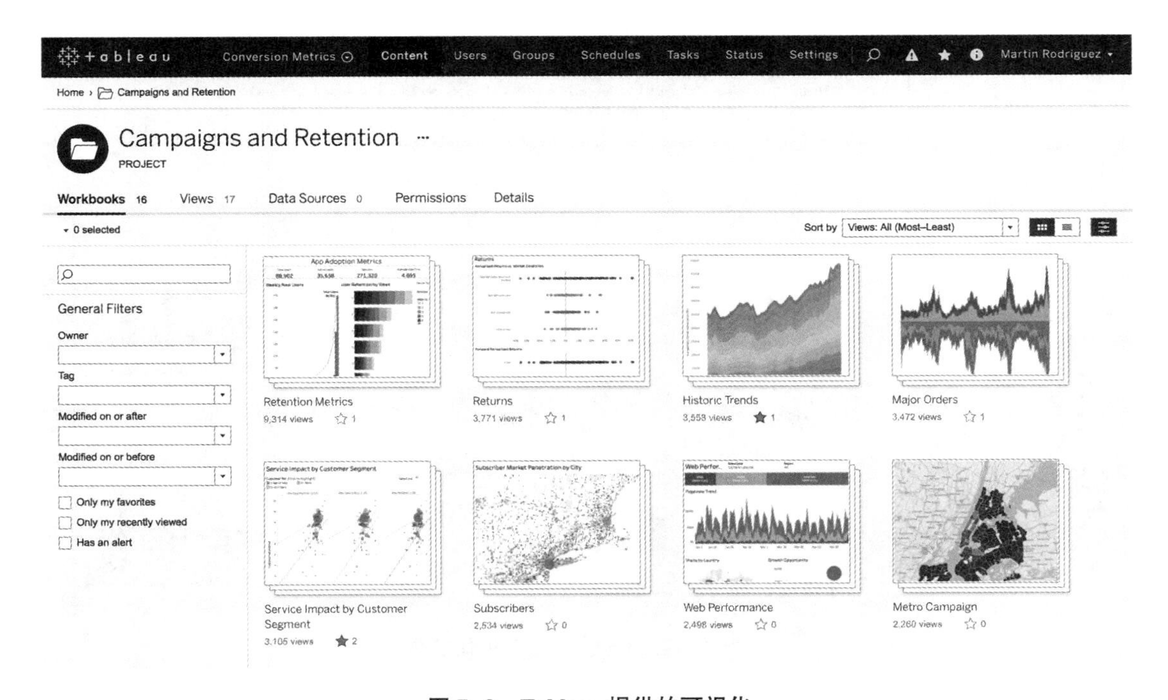

图 7-3　Tableau 提供的可视化

7.2.2　信息图表工具

信息图表是对各种信息进行形象化、可视化加工的一种工具，是信息、数据、知识等的视觉化表达，它利用人脑对于图形信息相对于文字信息更容易理解的特点，更高效、直观、清晰地传递信息，在计算机科学、数学以及统计学领域有着广泛的应用。

7.2.2.1 Tableau

Tableau 是桌面系统中最简单的商业智能工具软件，它可将数据运算与美观的图表完美地嫁接在一起。Tableau 的程序很容易上手，可以用它将大量数据拖曳到数字“画布”上，迅速地创建好各种图表（见图 7-3）。

7.2.2.2 Google Charts

Google Charts 不仅可以帮用户设计信息图表，还可以帮用户展示实时的数据，如图 7-4 所示。作为一款信息图表的设计工具，Google Charts 内置了大量可供用户控制和选择的选项，用来生成足以让用户满意的图表。通过来自 Google 公司的实时数据的支撑，Google Charts 的功能比用户想象的更加强大和全面。

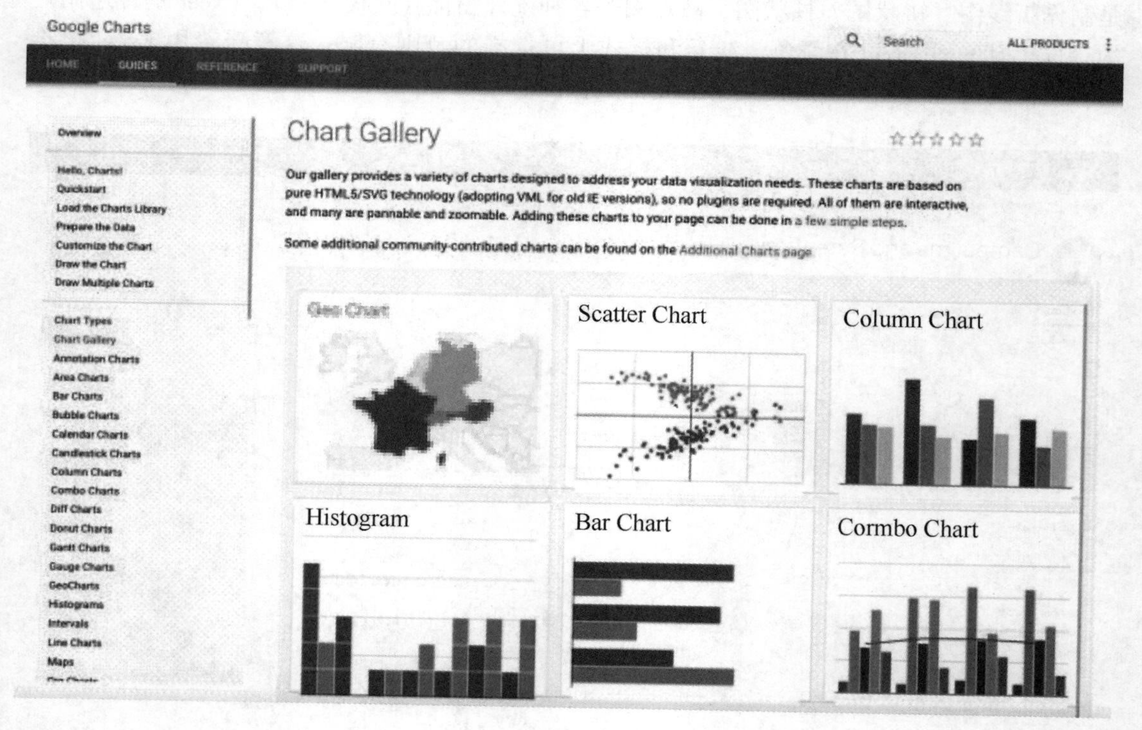

图 7-4　Google Charts 可视化工具

7.2.2.3 Visual.ly

Visual.ly 发布的制作信息化图表的网络工具 Visual.ly Create 可以允许从 Twitter、Facebook 以及 Google Plus 等社交网站采集数据，主要为那些数据可视化图爱好者提供一个分享它们作品并且使之商业化的平台。如果需要制作完整的信息图而不仅仅是数据可视化，Visual.ly 是最流行的一个选择。

7.2.2.4　Canva

Canva 是目前著名的信息图制作工具，它是一款便捷的在线信息图表设计工具，适用于各种设计任务（从制作小册子到制作演示文稿），还为用户提供庞大的图片素材库、图标合集和字体库。

7.2.2.5　D3

D3 的全称是“Data-Driven Documents”，翻译过来就是“被数据驱动的文档”。简言之，是一个主要用来做数据可视化的 JavaScript 的函数库，是流行的可视化库之一，它被很多其他的表格插件所使用。由于它本质上是 JavaScript，因此用 JavaScript 可以实现所有功能的，但它能大大减小用户的工作量，尤其是在数据可视化方面，D3 已经将生成可视化的复杂步骤精简到了几个简单的函数，用户只需要输入几个简单的数据，就能够转换为各种绚丽的图形，如图 7-5 所示。

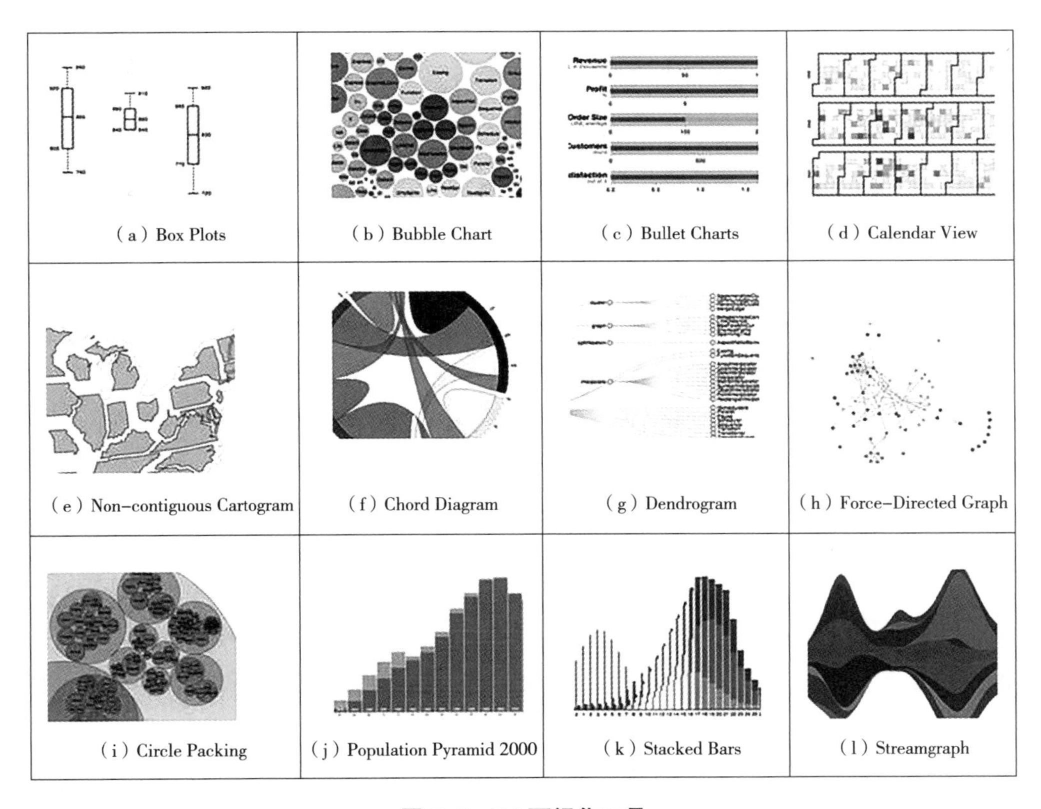

(a) Box Plots　(b) Bubble Chart　(c) Bullet Charts　(d) Calendar View
(e) Non-contiguous Cartogram　(f) Chord Diagram　(g) Dendrogram　(h) Force-Directed Graph
(i) Circle Packing　(j) Population Pyramid 2000　(k) Stacked Bars　(l) Streamgraph

图 7-5　D3 可视化工具

7.2.3　地图工具

地图工具在数据可视化中较为常见，它在展现数据基于空间或地理分布上有很强的表现力，可以直观地展现各分析指标的分布、区域等特征。当指标数据要表达的主题跟地域有关联时，就可以选择以地图作为大背景，从而帮助用户更加直观地了解整体的数据情况，同时可以根据地图位置快速地定位到某一地区而查看详细数据。

7.2.3.1 MapShaper

MapShaper 适用的数据形式不再是一般人都能看懂的表格，而是有特定的格式，包括 shapefiles（文件名一般以 .shp 作为后缀）、geoJSON（一种开源的地理信息代码，用于描述位置和形状）及 topoJSON（geoJSON 的衍生格式，主要用于拓扑形状，比较有趣的应用案例是以人口规模作为面积重新绘制行政区域的形状和大小，这一类图被称为 cartogram）。

对需要自定义地图中各区域边界和形状的制图师，MapShaper 是一个极好的入门级工具，其简便性也有助于地图设计师随时检查数据是否与设计图相吻合，修改后还能够以多种格式输出，进一步用于更复杂的可视化产品。

7.2.3.2 Leaflet

Leaflet 是一个小型化的地图框架，它是一个开源的 JavaScript 库，主要用来开发移动网页友好的交互地图。

7.2.3.3 mapbox

mapbox 是专业制图人士的工具，可以制作独一无二的地图，从马路的颜色到边境线都可以自行定义。它是一个收费的商业产品，Airbnb、Pinterest 等公司都是其客户。

7.2.4 高级分析工具

7.2.4.1 R 语言

由新西兰奥克兰大学 Ross Ihaka 和 Rober Gentleman 开发的 R 语言是一种用于统计学计算和绘画的语言。R 语言最初的使用者主要是统计分析师，用于数据的统计图展示，但后来用户扩充了不少，功能也增强了许多，可展示低维数据和多维数据，它的绘图函数能用短短几行代码便将图形画好，通常一行语句就能做到。R 语言的主要优势是在开源的基础上又做了很多扩展包，目前可以制作包括散点图、直方图、协同图（Coplot）、拼接图（Mosaic Plot）和双标图等各种多类图形。

使用 R 语言绘制的散点图是数据点在直角坐标系平面上的分布图。它用于研究两个连续变量之间的关系，是一种最常见的统计图形，如图 7-6 所示。

使用 R 语言绘制的直方图是一种统计报告图，由一系列高度不等的纵向条纹或线段表示数据分布的情况，一般用横轴表示数据类型，用纵轴表示分布情况，如图 7-7 所示。

7.2.4.2 Python

Python 是一种通用的编程语言，它原本并不是针对图形设计的，但由于其强大的可视

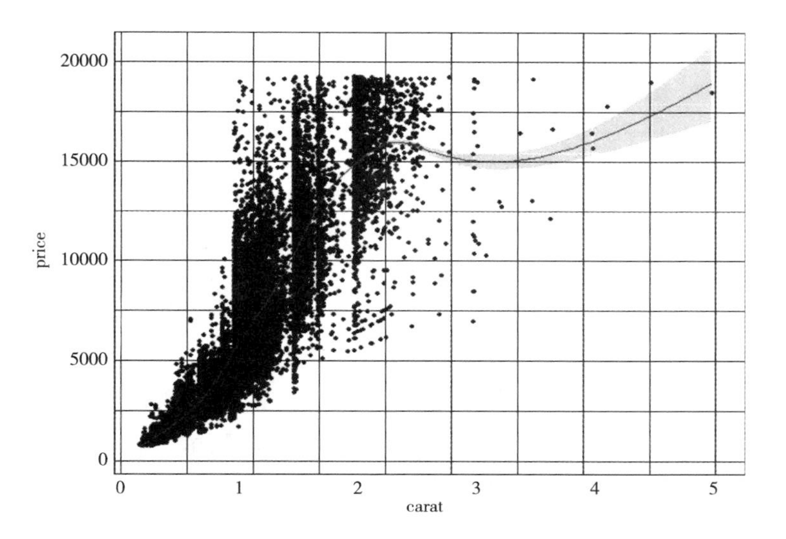

图 7-6　R 语言散点图

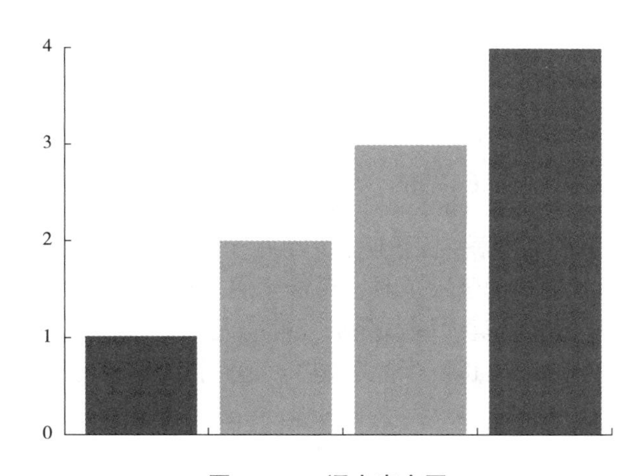

图 7-7　R 语言直方图

化库，还是被广泛地应用于数据可视化处理和 Web 可视化应用。下面介绍 Python 的两个常用的可视化专属库（libraries），即 Matplotlib 和 Seaborn。

基于 Python 的绘图库为 Matplotlib 提供了完整的 2D 图形和有限 3D 图形支持，这对在跨平台互动环境中发布高质量图片很有用。它也可用于动画。

Seaborn 是 Python 中用于创建丰富信息和有吸引力图表的统计图形库。这个库基于 Matplotlib 建立。Seaborn 提供多种功能，如内置主题、调色板、函数和工具等，以实现单因素、双因素、线性回归、数据矩阵、统计时间序列等的可视化，让用户进一步构建复杂的可视化结果。图 7-8 为 python 构建的可视化图表。

直接拿 Python 输出的图片用于印刷可能会比较勉强，尤其是在边缘处给人感觉比较粗糙。实际中可以先输出图片，然后利用其他的图形编辑软件润色或添加信息即可。

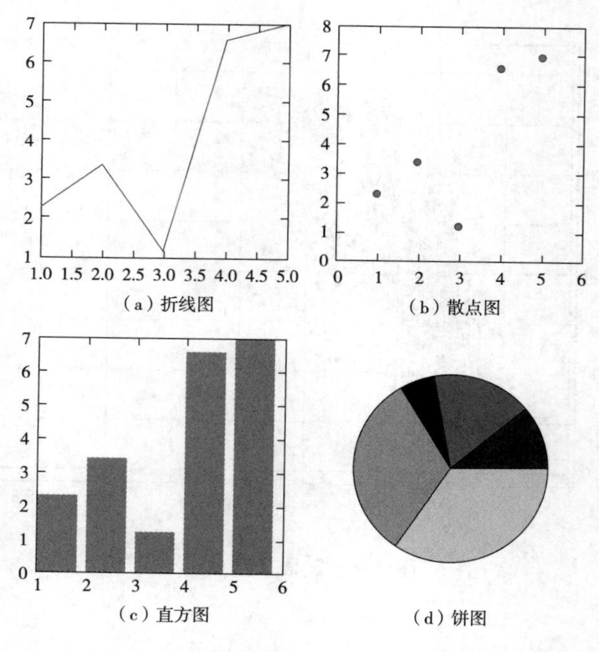

（a）折线图　（b）散点图

（c）直方图　（d）饼图

图 7-8　Python 中的可视化展示

7.2.4.3　WEKA

WEKA（Waikato Environment for Knowledge Analysis）是一款免费的、非商业化的、在 Java 环境下开源的机器学习及数据挖掘软件。它是一个能根据属性分类和集群大量数据的优秀工具，Weka 不但是数据分析的强大工具，还能生成一些简单的图表。它能够快速导入结构化数据，然后对数据属性做分类、聚类分析，帮助人们挖掘数据。Weka 的可视化功能同样不逊色，选择界面中的 visualization 会立刻明白：是它让人们理解了数据，如图 7-9 所示。

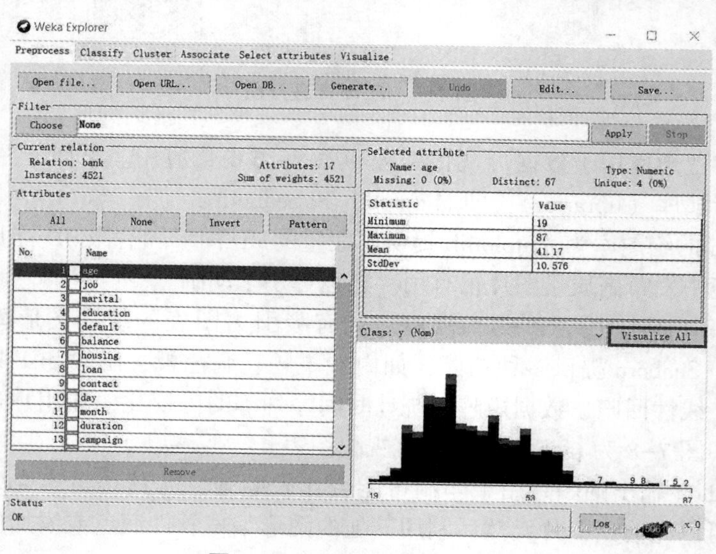

图 7-9　WEKA 中的可视化

7.3　数据可视化典型案例

就数据可视化的运用而言，范围极为广泛，如商业智能、政府决策、公共服务、市场营销、新闻传播、地理信息等领域均有广泛应用。

7.3.1　互联网地图

“互联网地图”（http：//internet-map. net）是由俄罗斯工程师 Ruslan Enikeev 根据 2011 年底的数据，将 196 个国家的 35 万个网站数据整合起来，并根据 200 多万个网站链接关系制作出来的可视化展示结果。通过不同颜色和不同大小的圆将庞大的数据以及数据中蕴含的信息直观、简洁地展示出来。黑色背景的选取与无数色彩绚丽的大小圆点散布，给人以浩瀚宇宙星空的视觉体验。庞大的数据量和繁多的网站类别在 Ruslan Enikeev 的可视化设计下，传达信息的同时呈现出大数据可视化的美感，不失为大数据可视化的一个精彩案例。

互联网地图还提供了放大、缩小和搜索的功能，方便用户对自己关注的网站进行查看。放大中国网站集聚的区域，可以清楚地看到热点网站以及各网站的网址信息展示；输入想要关注的网站进行搜索，如 weibo. com，可以看到附近的网站有开心网、人人网和豆瓣网，这些都是热门的中文社交网站，如图 7-10 所示。

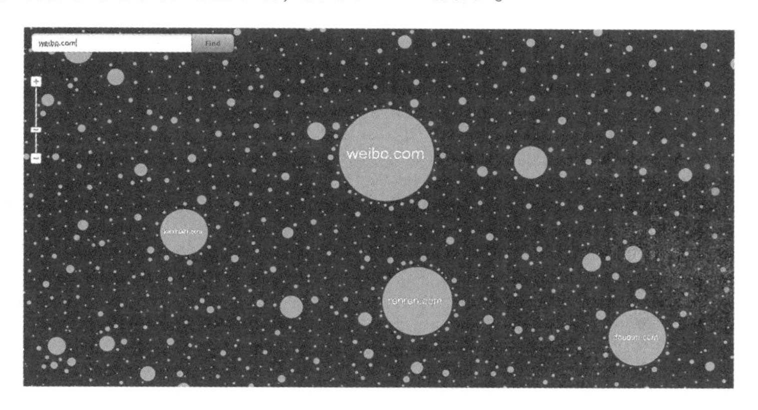

图 7-10　weibo. com 网站搜索结果

7.3.2　实时风场可视化

Wind Map 是一个交互式实时风场可视化作品。数据每小时更新一次，用户可以通过双击放大到更精细的分辨率，看到非常美妙的风场。2012 年，美国受到飓风的强烈攻击时，它不仅仅是对风的艺术表达，更是人们学习、讨论风的一个非常实用的工具。

7.3.3 百度迁徙

百度利用大数据技术，对其拥有的LBS（基于地理位置的服务）大数据进行计算分析，并采用创新的可视化呈现方式，在业界首次实现了全程、动态、即时、直观地展现中国春节前后人口大迁徙的轨迹与特征。

7.3.4 游客热力图

游客热力图可反映出区域内实时的客流聚集情况，以分钟为单位展示不同地区的客流量变化。利用可视化热力图可快速帮助旅游管理部门、景区实时了解区域内游客聚集状况，以便做出精准措施。

7.3.5 交通实时路况展现

实时路况，是针对当今城市交通道路拥堵或畅通情况所提出的一个概念。在欧洲，实时路况已经是一项成熟的车载智能交通导航技术。实时路况能实时可视化反映区域内交通路况，指引出最佳、最快捷的行驶路线，提高道路和车辆的使用效率，减少交通拥堵状况。

本章小结

海量数据的产生远远超出了人类大脑分析处理数据的能力，而对数据的可视化提供了解决这类问题的一种新方法。本章从可视化概念、作用、流程、数据可视化工具及数据可视化典型案例等方面做了讲解，我们可以深刻感受到数据可视化的魅力和重要作用。随着人们对大规模、高维度、非结构化数据处理能力的提升，以及数据挖掘与人机交互技术的不断发展，数据可视化领域的发展研究将大有前途。

思考题

1. 什么是数据可视化？科学可视化、信息可视化和数据可视化的联系与差别是什么？
2. 试述数据可视化的重要作用。
3. 可视化的工具主要包含哪些类型？各自的代表性产品有哪些？
4. 数据可视化工具应该具有哪些特性？
5. 请列举几个数据可视化的典型案例。

第8章 大数据安全

大数据时代来临，各行业数据规模呈爆炸性增长，拥有高价值数据源的企业在大数据产业链中占有至关重要的地位。

在实现大数据集中后，如何确保网络数据的完整性、可用性和保密性，使其不受信息泄露和非法篡改的安全威胁，已成为政府机构、企事业单位信息化健康发展所要考虑的关键问题。本章将从传统数据安全、大数据安全与防护技术等方面重点介绍，并给出大数据安全的典型案例。

8.1 传统数据安全

数据作为一种资源，它的普遍性、共享性、增值性、可处理性和多效用性，使其对于人类具有特别重要的意义。数据安全的实质是保护信息系统或信息网络中的数据资源免受各种类型的威胁、干扰和破坏，即保证信息的安全性。

8.1.1 传统数据安全的含义

通常讲的数据安全或信息安全有两方面的含义：一是数据本身的安全，主要指采用现代密码算法对数据进行主动保护，如数据保密、数据完整性、双向强身份认证等；二是数据防护的安全，主要是采用现代信息存储手段对数据进行主动防护，如通过磁盘阵列、数据备份、异地容灾等手段保证数据的安全。

数据处理的安全指如何有效地防止数据在录入、处理、统计或打印中由于硬件故障、断电、死机、人为的误操作、程序缺陷、病毒或黑客等造成的数据库损坏或数据丢失现象，某些敏感或保密的数据可能被不具备资格的人员或操作员阅读，从而造成数据泄密等后果。

而数据存储的安全指数据库在系统运行之外的可读性。一旦数据库被盗，即使没有原来的系统程序，照样可以另外编写程序对盗取的数据库进行查看或修改。从这个角度说，不加密的数据库是不安全的，容易造成商业泄密，因此便衍生出数据防泄密的概念，这就涉及了计算机网络通信的保密、安全及软件保护等问题。

8.1.2 传统数据安全的特点

8.1.2.1 机密性（Confidentiality）

机密性又称保密性，是指个人或团体的信息不为其他不应获得者获得。在计算机中，许多软件包括邮件软件、网络浏览器等，都有保密性相关的设定，用以维护用户信息的保密性。另外，间谍或黑客也可能会造成有关保密性的问题。

8.1.2.2 完整性（Integrity）

数据完整性是信息安全的三个基本要点之一，指在传输、存储信息或数据的过程中，确保信息或数据不被未授权地篡改或在篡改后能够被迅速发现。在信息安全领域，完整性常常和保密性边界混淆。以普通 RSA 对数值信息加密为例，黑客或恶意用户在没有获得密钥破解密文的情况下，可以通过对密文进行线性运算相应改变数值信息的值。为解决以上问题，通常使用数字签名或散列函数对密文进行保护。

8.1.2.3 可用性（Availability）

数据可用性是一种以使用者为中心的设计概念，可用性设计的重点在于让产品的设计能够符合使用者的习惯与需求。以互联网网站的设计为例，希望让使用者在浏览的过程中不会产生压力或感到受挫，并能让使用者在使用网站功能时，能用最少的努力而发挥最大的效能。基于这个原因，任何有违信息可用性的事件都算是违反信息安全的规定。

8.1.3 传统数据安全的威胁因素

8.1.3.1 计算机病毒

计算机病毒能影响计算机软件、硬件的正常运行，破坏数据的正确与完整，甚至导致系统崩溃等严重后果，特别是一些针对盗取各类数据信息的木马病毒等。目前，杀毒软件普及较广，使计算机病毒造成的数据信息安全隐患有所减少。

8.1.3.2 黑客攻击

计算机入侵、账号泄露、资料丢失、网页被黑等也是企业信息安全管理中经常遇到的问题，其特点是往往具有明确的目标。当黑客要攻击一个目标时，通常首先收集被攻击方的有关信息，分析被攻击方可能存在的漏洞，然后建立模拟环境，进行模拟攻击，测试对方可能的反应，再利用适当的工具进行扫描，最后通过已知的漏洞实施攻击。由此，就可以读取邮件，搜索和盗窃文件，毁坏重要数据，破坏整个系统的信息，造成不堪设想的后果。

8.1.3.3　数据信息存储介质的损坏

在物理介质层次上对存储和传输的信息进行安全保护，是信息安全的基本保障。物理安全隐患大致包括三个方面：一是自然灾害（如地震、火灾、洪水、雷电等）、物理损坏（如硬盘损坏、设备使用到期、外力损坏等）和设备故障（如停电断电、电磁干扰等）；二是电磁辐射、信息泄露、痕迹泄露（如口令密钥等保管不善）；三是操作失误（如删除文件，格式化硬盘、线路拆除）、意外疏漏等。

8.2　大数据安全

传统的数据安全主要是指预防计算机病毒、黑客攻击及数据存储介质的损坏等，重点关注数据作为资料的保密性、完整性和可用性等静态安全。随着大数据时代的到来，数据的动态利用逐渐走向常态化、多元化，数据的共享、交换更加频繁，这使得大数据安全呈现出与传统数据安全不同的特征。

8.2.1　大数据安全的特征

8.2.1.1　海量数据的安全存储问题

在传统的数据安全中，数据存储是非法入侵的最后环节，目前已形成完善的安全防护体系。大数据对存储的需求主要体现在大量数据处理、大规模集群管理、低延迟读写速度和较低的建设及运营成本方面。大数据环境下的数据非常复杂，其数据量也非常惊人，如何保证这些信息数据在有效利用前的安全存储是一个重要课题。在大数据应用的生命周期中，数据存储是一个非常关键的环节，数据停留在此阶段的时间最长。因此，安全性尤为重要。

8.2.1.2　网络数据安全面临高压力

互联网及移动互联网的快速发展不断地改变着人们的工作、生活方式，如以论坛、博客、微博、社交网络，视频网站为代表的新媒体形式快速促成网络化社会的形成，同时带来严重的安全威胁。大规模网络社会主要面临的安全问题包括安全数据规模巨大、安全事件难以发现，安全的整体状况无法描述，安全态势难以感知等。利用智能网络，攻击者的工具和手段呈现平台化、集成化和自动化的特点，具有更强的隐蔽性、更长的攻击与潜伏时间、更加明确和特定的攻击目标。大数据时代的数据快速增长与价值体现，导致来自网络的非法入侵次数增多和规模急剧增长，网络防御形势十分严峻。

8.2.1.3 用户隐私保护成为难题

大数据通常包含了大量的用户身份信息、属性信息、行为信息，在大数据应用的各阶段内，如果不能保护好大数据，极易造成用户隐私泄露。此外，大数据的多源性，使得来自各个渠道的数据可以进行交叉检验。在过去，一些拥有数据的企业经常提供经过简单匿名化的数据作为公开的测试集，而在大数据环境下，多源交叉验证有可能发现匿名信息数据后面的真实用户数据，同样会导致隐私泄露。这是大数据环境下急需解决的问题。

8.2.1.4 大数据易成为网络攻击显著目标

在当今的网络化社会中，信息的价值远远超过基础设施的价值，极容易吸引黑客的攻击。另外，网络化社会中的大数据蕴含着人与人之间的关系与利益，若黑客成功攻击一次就能获得更多数据价值，无形中降低了黑客的进攻成本，增加了攻击收益。近年来，从互联网上发生的用户账号信息失窃等连锁反应可以看出，大数据更容易吸引黑客，而且一旦遭受攻击，造成的损失十分惊人。

8.2.1.5 大数据技术被应用到攻击手段中

大数据技术为企业带来商业价值的同时，大数据技术被滥用或者误用也会带来安全风险，因为大数据本身的安全防护存在漏洞，数据泄露的同时黑客能利用大数据技术收集更多的用户敏感信息。

8.2.2 大数据安全技术体系

8.2.2.1 大数据安全技术分类

（1）大数据安全审计

大数据平台组件行为审计是将主客体的操作行为形成详细日志，包含用户名、IP、操作、资源、访问类型、时间、授权结果，具体涉及新建事件概括、风险事件、报表管理、系统维护、规则管理、日志检索等功能。

（2）大数据脱敏系统

针对大数据存储数据全表或者字段进行敏感信息脱敏、启动数据脱敏不需要读取大数据组件的任何内容，需要配置相应的脱敏策略。

（3）大数据脆弱性检测

大数据平台组件周期性漏洞扫描和基线检测，扫描大数据平台漏洞以及基线配置安全隐患，包含风险展示、脆弱性检测、报表管理和知识库等功能模块。

（4）大数据资产梳理

大数据资产梳理能够自动识别敏感数据，并对敏感数据进行分类，且启用敏感数据发现策略不会更改大数据组件的任何内容。

(5) 大数据应用访问控制

大数据应用访问控制能够对大数据平台账户进行统一的管控和集中授权管理，为大数据平台用户和应用程序提供细粒度级的授权及访问控制。

8.2.2.2　大数据安全整体架构

大数据中心建设将以大数据技术为灵魂、泛在的网络为神经、传感设备为触角，为管理决策单位提供所需的信息，为城市居民提供快捷、方便的生活保障，为城市经济及产业提供发展机会。安全体系建设是大数据中心安全运行的基础，其中大数据安全问题是整个平台的核心问题。大数据安全指需要保障大数据的全生命周期安全，包括数据的产生、采集、传输、使用、存储、销毁及审计等过程中的安全。

整体上，大数据中心的安全保障体系覆盖物理安全、网络安全、主机/云安全、应用安全、数据安全及安全运营管理（见图 8-1）。从技术和管理两方面出发，要重点建设大数据的平台安全能力，依托云计算的现有安全基础，提供更为精准有效的安全防护以确保数据全生命周期的安全，为数据共享服务提供安全且不失便利的支撑。

图 8-1　大数据安全保障体系整体架构

8.2.2.3　物理安全

保证信息系统各种设备的物理安全是保障整个网络系统安全的前提。物理安全是保护计算机网络设备、设施以及其他设备免遭地震、水灾、火灾等环境事故和人为操作失误或错误以及各种计算机犯罪行为导致的破坏。

物理安全设计主要包括环境安全、设备安全、媒体安全三个方面，是对信息系统所在环境、所用设备、所载媒体进行安全保护。

对于新建数据中心，环境安全及机房设计要求符合 GB9361-88 的安全标准（A 类），实行分区管理。对于设备安全，主要是设置安全防盗报警装置和监视系统，采用电源保护、防线路截获、防辐射泄漏、防雷电击、利用噪声干扰等措施来保护设备的物理安全和媒体安全，同时通过板卡、设备冗余保障设备自身的安全性。

8.2.2.4 网络安全

大数据中心云平台将面向全社会公众用户服务。因此，需要结合内部网和互联网信息服务的应用特点及要求，提供相应的网络安全设施配置。

行业内网网络安全覆盖结构安全、访问控制、安全审计、边界完整性检查、入侵防范、恶意代码防范、网络设备防护七个方面。其中，访问控制、安全审计、入侵防范、恶意代码防范、网络设备防护等方面需要相应的安全方案进行防护。结构安全、边界完整性检查要求在网络建设及部署中符合等保安全要求。在互联网出入口应部署防火墙、入侵防御、防 DDoS 攻击、防病毒等安全防护设备，应对互联网的出入口实施流量控制、行为审计、入侵检测等。

整体上，大数据云平台要进行安全域的划分，在原有的业务区、DMZ 区、行业内网接入区、互联网区域、数据库及安全管理区域的基础上，构建独立的大数据区域，用于数据共享服务。

8.2.2.5 主机及云平台安全

通过控制内部虚拟安全域的访问及虚拟机之间的相互访问，能够记录并发现违规访问问题。对虚拟主机和宿主机进行安全加固，主要解决系统漏洞及配置脆弱性问题。部署主机防病毒系统，检测系统病毒；部署漏扫系统或者工具，周期性检测安全漏洞；部署堡垒机系统，用于管理运维人员对主机的访问和审计。

采用安全性较高的网络操作系统并进行必要的安全配置，关闭一些不常用却存在安全隐患的应用及端口，对一些保存有用户信息及其口令的关键文件使用权限进行严格限制；加强口令的使用（增加口令复杂程度，不要使用与用户身份有关的、容易猜测的信息作为口令），并及时给系统打补丁，系统内部的相互调用不对外公开。虚拟机操作系统安全依托于云平台操作系统安全来保障。

操作系统安全是包括服务器、终端/工作站等在内的计算机设备在操作系统层面的安全。终端/工作站是带外设的台式机与笔记本计算机，服务器包括应用程序、网络、Web、文件与通信等服务器。主机系统是构成信息系统的主要部分，其上承载着各种应用。因此，主机系统安全是保护信息系统安全的中坚力量。

8.2.2.6 应用安全

在网络接入区部署应用防火墙，利用应用防火墙的检测引擎进行协议分析、模式识别、URL 过滤技术、统计阈值和流量异常监视等综合技术手段来判断入侵行为，发现并阻断各种网络恶意攻击，从而实现防SQL注入、防跨站攻击的安全防护。

部署针对Web的漏洞扫描产品，对Web系统存在的漏洞进行早期发现和修复。虚拟化平台应用本身应提供对应用业务可用性的保障。通过对虚拟机进行镜像和快照，使得虚拟机出现问题或者崩溃的时候可以快速恢复，保障其中承载的应用业务的可用性。

应用系统安全所要实现的统一身份认证、单点登录、统一权限管理等功能由云平台建设部署的网络信任体系实现，应用漏洞扫描由云平台建设部署的漏扫系统实现。

运行安全包括信息系统安全性监测、信息系统安全监控、安全审计、信息系统边界安全防护、备份与故障恢复、恶意代码防护、信息系统的应急处理以及可信计算和可信连接技术。通过网络、主机系统的安全防护，应用安全成为信息系统整体防御的最后一道防线。在应用层面，运行着信息系统基于网络的应用以及特定业务应用。基于网络的应用是形成其他应用的基础，包括消息发送、Web浏览等，可以说是基本的应用。业务应用采纳基本应用的功能以满足特定业务的要求，如电子商务、电子政务等。由于各种基本应用最终是为业务应用服务的，因此对应用系统的安全保护最终是保护系统各种业务应用程序安全运行。应用安全主要涉及的安全控制点包括身份鉴别、安全标记、访问控制、可信路径、安全审计、剩余信息保护、通信完整性、通信保密性、抗抵赖、软件容错、资源控制这十一个控制点。

8.2.3　大数据的数据安全

8.2.3.1　数据分级

大数据安全保障的核心是对数据进行分级，针对不同级别的数据进行不同的保护。通常对数据分三级进行管理。

(1) 公开的数据

它是指服务于大众、向公众开放的数据，如民用环境数据等。

(2) 个人隐私数据

它是根据相关法律、法规、行业规范（PCI DSS）等明确需保护的个人信息，如居民身份证号码、电话号码、家庭住址等。

(3) 敏感数据

它是指有专有使用场景、不向公众开放的数据，如政府内部业务数据，企业租户业务经营数据、各类用户验证信息等。

8.2.3.2　数据库安全

大数据云平台中的数据库应用是整个大数据中心建设的基础，而数据库的安全问题更是不可忽视的一环。云平台核心业务系统中将存储大量敏感信息，如未对数据库这一环进行有效的保护，将会形成信息泄露的监管漏洞，极大可能导致敏感数据批量泄露。

数据库作为业务系统的最末端，位于最核心的区域，但目前数据库所面临的风险有四个方面：①系统漏洞威胁；②管理方式欠缺；③明文存储威胁；④安全审计不足。这些都增加了数据库在使用过程中的风险。因此，需要相应的技术与手段去针对漏洞威胁、高危误操作、恶意盗取敏感数据等行为进行有效的防范与审计，提供数据库安全技术以进行全面防御。

通过对数据库安全威胁的分析，进行整体设计与规划，从而形成整体防护体系，这覆盖了数据库安全防护的事前加密、事中防御和事后审计。

（1）事前加密：防止数据库中信息泄露

在数据库中加密存储敏感信息以防止被解析为明文，通过独立于数据库的权控体系和引入安全管理员、审计管理员实现三权分立的安全管理手段，防止数据库管理员、第三方外包人员和程序开发人员越权访问敏感信息，结合动态口令卡和SQL级API与应用系统进行绑定以解决绕过应用程序非法访问数据库的问题。

（2）事中防御：阻止对数据库的非法行为

针对数据库的访问需要，防止未授权的访问、误操作、恶意操作、批量泄密操作、账户权限的非法提升以及对敏感数据的非法访问；对于通过数据库漏洞的攻击，提供虚拟补丁、SQL注入防护功能进行安全防护。

（3）事后审计：还原安全事件过程

对数据库的访问要保证可回溯、可还原，当发生安全事件时，要保证能够通过分析日志将安全事件进行完整还原。

8.2.3.3 数据开放安全

大数据作为一种基础性的重要资源，其安全性直接关系到国家的战略安全。大数据环境下利用信息技术从信息空间中获取和利用数据，如“棱镜门”事件的发生给国家信息安全建设带来了深刻的启示。当前，面临的安全风险不仅是网络入侵、病毒攻击、黑客攻击等，还有电子邮件、聊天记录、即时通信、存储文件、传输数据、网络日志、社交网络资料等隐私数据的网络监控和信息泄露，以及从被截获的各类信息数据中进行深度挖掘分析后存在的潜在、巨大的安全风险。

（1）整体规划

从技术层面，大数据平台对基础设施、网络、数据库、软件、系统，以及大数据采集、存储、分析、处理、发布、应用的生命周期全面保护，在采集、传输、存储、使用管理过程中，加强对隐私信息保护、网络安全保障的管理。利用大数据安全技术加强重点领域数据监控、隐私数据保护、存储安全防范、网络安全攻击等，防止数据被损坏、丢失、泄露、被篡改、被窃取，保证数据的机密性、真实性、完整性、一致性；采用数据加密、备份恢复、身份认证、权限访问控制、数据审计等技术加强数据安全，确保大数据完整性、可靠性、可用性、可控性、抗抵赖性等。

对大数据云平台提供以用户为单位的身份认证和授权，对集群数据资源和服务进行访问控制，包括系统用户、应用用户的身份和权限管理以及日志管理等。

（2）详细设计

1）大数据平台主机安全加固。大数据平台支持主流的Linux系统，比如Suse、RedHat等，支持主机安全加固。操作系统加固重点包含两个层面：其一，及时更新包括设备固件、操作系统等在内的安全类补丁，如定期的安全补丁升级、内核升级；其二，对于操作系统进行必要配置修改、用户删禁、权限调整等，提高系统对抗外部恶意检测/入侵的难度，如 SSH 端口修改、动态端口范围调整等。

2）大数据平台网络安全加固。大数据平台集群内所有节点都分布在同一个局域网络中，集群内节点间采用双向互信。

❖ 网络平面隔离。大数据平台核心层交换设备通过使用交换机集群技术，保证对外与防火墙以及对内与接入交换机连接的冗余。接入交换机通过使用交换机堆叠技术，保证对外与核心层交换设备与对内虚拟网络层连接的冗余。服务器通过采用多网卡绑定等技术避免单个网卡故障引发的业务中断。

❖ 网络路径全冗余。大数据平台支持业务平面、管理平面隔离，业务平面和管理平面之间通过设置 VLAN（Virtual Local Area Network）进行通信隔离，所有网络路径全冗余配置。业务系统与管理系统划分为不同的子网，通过应用系统对外交互，避免业务节点直接对外暴露。

❖ 服务器白名单。大数据平台提供服务器的白名单控制，集群外的机器无法接入，避免可能存在的恶意攻击。

❖ 通信安全保护。对于数据的传输安全，主要对通信信道数据保护，支持对数据进行加密传输，防止数据的截取、篡改等网络攻击，从而造成用户的数据丢失和信息泄露。在 HDFS 系统中，采用 SSL 安全协议确保数据的传输安全。SSL 是一种在客户端和服务器端之间建立安全通道的协议，它可以提供 TCP/IP 通信双方之间数据的机密性和完整性，在 HDFS 及其客户端之间的数据传输，HBase 及其客户端之间的数据传输，以及 MapReduce 工作流计算结果反馈过程中的数据传输，该措施对数据进行了机密性和完整性保护，从而保证了数据在传输过程中的安全性。

3）大数据平台数据存储安全。数据的存储安全主要是确保数据在存储过程中，防止数据的窃取、非法访问等恶意行为，从而造成用户数据丢失和信息泄露。

❖ 数据加密存储。大数据平台对 Hive 支持表级和列级的 AES 加解密，支持自定义 Hive 表级和列级的算法加密；对于 HBase 支持用户自定义加密算法，并且可以在界面上配置使用。HDFS 系统通过对数据进行分片存储和备份机制，已经降低了数据丢失、破坏以及信息泄露的风险。通过 HDFS 系统本身的可靠性机制，系统能够提供较高的存储安全保障。除了 HDFS 本身具有安全特点以外，大数据平台在存储节点对数据进行了加密存储，提高了数据的存储安全程度。

❖ 日志审计溯源。大数据平台提供贯穿从用户界面到应用，再到存储整个系统的监控功能。平台可监控所有数据相关事务（包括特权用户的事务），可以确保职责分离。大数据平台对 Yarn/HDFS/HBase/Hive/ZooKeeper/HadoopLoader 等组件的日志进行整理，提供访问审计。

❖ 动态数据脱敏。大数据平台严格按照用户的身份、职责、岗位来过滤相应的敏感数据，并且这一动作是完全透明的，不会对应用程序或数据库中的数据造成任何的改动，如图 8-2 所示。

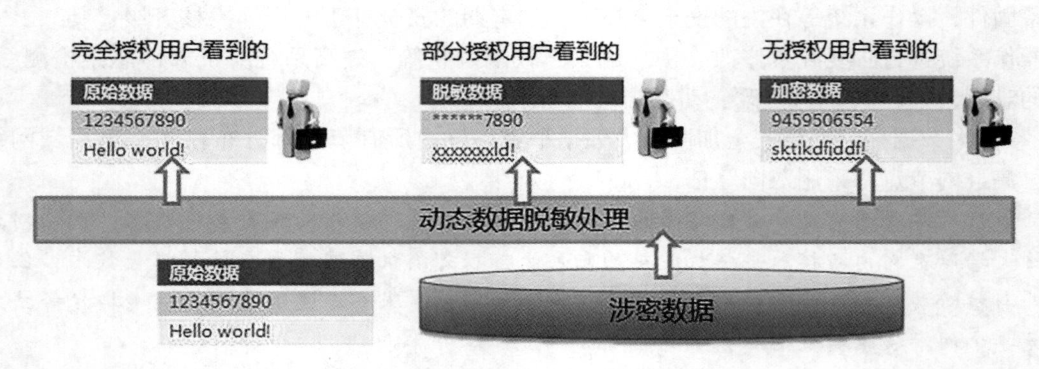

图 8-2 大数据平台支持动态数据脱敏

8.2.4 大数据安全运维体系

8.2.4.1 建立安全运行机制

结合安全管理策略制度体系，建立起整体安全运行机制，包括九个方面：

1）根据系统建设安全相关的管理制度，明确系统定级备案、方案设计、产品采购使用、软件开发、工程实施、验收交付、等级测评、安全服务等内容的相关规程与流程，明确组织、人员角色、具体管理内容和控制方法。

2）环境和资产安全。明确环境（包括主机房、辅机房、办公环境等）安全管理的相关规程与流程，明确相关组织、人员角色、具体管理内容和控制方法。加强对人员出入、来访人员的控制，对有关物理访问、物品进出和环境安全等方面作出规定。对重要区域设置门禁、保安等控制措施。明确资产（包括介质、设备、设施、数据和信息等）安全管理的责任部门或责任人，对资产进行分类、标识，编制与信息系统相关的软件资产、硬件资产等资产清单。

3）设备和介质安全。明确配套设施、软硬件设备管理、维护的责任部门或责任人，对信息系统的各种软硬件设备的采购、发放、领用、维护和维修等过程进行控制，对介质的存放、使用、维护和销毁等方面作出规定，加强对涉外维修、敏感数据销毁等过程的监督管理。

4）日常运行维护。明确网络、系统日常运行维护的责任部门或责任人，对运行管理中的日常操作、账号管理、安全配置、日志管理、补丁升级、口令更新等过程进行控制和管理，制定相应的管理规定和操作规程并落实执行。

5）集中安全管理。按照统一的安全策略、安全管理要求，统一管理数据的安全，进行安全机制的配置与管理，对设备安全配置、恶意代码、补丁升级、安全审计等进行管理，对与安全有关的信息进行汇集与分析，对安全机制进行集中管理。

6）灾难备份。要识别需要定期备份的重要业务信息、系统数据及软件系统等，制定数据的备份策略和恢复策略，建立备份与恢复管理相关的安全管理制度。

7）风险管理。确定风险偏好，明确风险管理的规程、流程和角色。定期进行风险评估，并根据评估结论制订相应风险处置计划。

8）安全监测。对大数据中心安全状态实时监测，实现对物理环境、通信线路、主机、网络设备、用户行为和业务应用等的监测及报警，及时发现设备故障、病毒入侵、黑客攻击、误用和误操作等安全事件，以便及时对安全事件进行响应与处置。

9）事件处置与应急响应。按照国家有关标准规定，确定信息安全事件的等级，再结合信息系统安全保护等级，制定信息安全事件分级应急处置预案，明确应急处置策略，落实应急指挥部门、执行部门和技术支撑部门，建立应急协调机制，落实安全事件报告制度。

8.2.4.2　落实数据信息安全责任制

建立大数据中心岗位和人员管理制度，根据职责分工分别设置安全管理机构和岗位，明确每个岗位的职责与任务，落实安全管理责任制。建立安全教育和培训制度，对信息系统运维人员、管理人员、使用人员等定期进行培训和考核，全面提高相关人员的安全意识和操作水平。

8.3　大数据安全典型案例

近年来，伴随着互联网接入设备的增多，数据量呈爆炸式上涨趋势，大数据安全事件呈不断高发态势。下面是大数据安全方面的典型案例。

8.3.1　“棱镜门”事件

2013 年 6 月，爱德华·斯诺登将美国国家安全局关于“棱镜计划”（PRISM）监听项目的秘密文档披露给了《卫报》和《华盛顿邮报》，引起了世界关注。

棱镜计划是一项由美国国家安全局自 2007 年起开始实施的绝密电子监听计划。该计划的正式名号为“US-984XN”。斯诺登爆料，在该计划中，美国情报机构一直在谷歌、雅虎、微软、苹果、Facebook、美国在线、PalTalk、Skype、YouTube 九大公司中进行数据挖掘工作，从音视频、图片、邮件、文档以及连接信息中分析个人的联系方式与行动。监控的类型有 10 类：信息电邮、即时消息、视频、照片、存储数据、语音聊天、文件传输、视频会议、登录时间、社交网络资料的细节。其中，包括两个秘密监视项目：一是监视、监听民众电话的通话记录；二是监视民众的网络活动。

“棱镜门”事件一时在世界范围内爆发，引起了世界范围的广泛关注。作为事件的主角，美国中央情报局前雇员斯诺登不但让美国政府坐立不安，而且他所透露出的很多信息同样让各国网络信息产业担忧。据斯诺登称，借助“棱镜”项目，美国国家安全局一直通过路由器等设备监控世界各国网络和计算机，因此各国网民在互联网上的隐私，包括政府首脑和高官们的隐私，都在网络上暴露无遗。这就使得网络信息安全受到前所未有的关注，将深刻影响网络时代的国家战略与规划。

8.3.2 Facebook 数据滥用事件

2018 年 3 月中旬，《纽约时报》等媒体揭露称一家服务特朗普竞选团队的数据分析公司 Cambridge Analytica 获得了 Facebook 数千万用户的数据，并进行违规滥用。3 月 19 日，消息称 Facebook 已经聘请外部公司对相关数据公司进行调查。3 月 22 日凌晨，Facebook 创始人马克·扎克伯格发表声明，承认平台曾犯下的错误，随后相关国家和机构开启调查。4 月 5 日，Facebook 首席技术官博客文章称，Facebook 上约有 8700 万用户受影响，随后 Cambridge Analytica 驳斥称受影响用户不超 3000 万。4 月 6 日，欧盟声称 Facebook 确认 270 万欧洲人的数据被不当共享。根据告密者克里斯托夫·维利的指控，Cambridge Analytica 在 2016 年美国总统大选前获得了 5000 万 Facebook 用户的数据。这些数据最初由亚历山大·科根通过一款名为“this is your digital life”的心理测试应用程序收集。通过这款应用，Cambridge Analytica 不仅从接受科根性格测试的用户处收集信息，还获得了他们好友的资料，涉及数千万用户的数据。能参与科根研究的 Facebook 用户必须拥有约 185 名好友，因此覆盖的 Facebook 用户总数达到 5000 万人。

面对这些问题，最重要的解决方案是：尊重数据，尊重安全，尊重隐私。

8.3.3 某网站求职简历遭泄露事件

2017 年 3 月，有媒体报道称某网站用户简历被泄露，打开某购物平台搜索某网站简历数据，一位店主表示：“一次购买 2 万份以上，0.3 元一条；10 万以上，0.2 元一条。要多少有多少，全国同步实时更新。”而其他店主则表示 700 元买一套软件可以自己采集某网站的数据，有效期长达一个月。这种爬虫软件，用卖家提供的账号登录后就能不断采集应聘者的相关信息，并且将所采集信息按照姓名、手机号、求职方向、年龄、期望月薪、工作经验、居住地、学历、用户 ID、更新简历时间等格式自动录入 Excel 表格中。该软件每小时可以采集数千份用户数据。

该网站信息安全部门依据报道内容迅速开展追查，同时采取措施加固信息安全系统，提升防爬虫技术手段，严格区隔个人信息物理存档，并已向警方报案。

目前，招聘行业普遍存在信息泄露风险。一位曾在某知名招聘网站工作的人士透露：“内部对于信息保护并不严格，新来的实习生也可以跟主管要个账号，登录数据库把求职者简历下载到个人电脑上，想下多少都可以，没有限制。”由此看来，企业在用户数据保护方面还存在很大问题，需完善相关法律法规，保护用户数据隐私安全。

8.3.4 手机 App 过度采集个人信息

手机 App 已经成为我们日常生活中不可或缺的应用，每个人的智能手机中都安装了各类 App，这固然使我们的生活更方便、娱乐更丰富、阅读更便捷。然而，如影随形的问题是，手机 App 过度收集用户个人信息，加大了个人信息泄露的风险。中国消费者协会曾对 100 款手机 App 进行检测，发现有 59 款涉嫌过度收集位置信息，28 款涉嫌过度收集通讯录信息，23 款涉嫌过度收集身份信息，22 款涉嫌过度收集手机号码。在隐私政策方面，有 47 款隐私内容不达标。不少手机 App 都存在过度收集用户个人信息的偏好，这早已不是新闻，由这个“潘多拉盒子”释放出来的个人信息买卖、电话短信骚扰、电信诈骗等现象，需要高度重视。

用户个人信息是互联网大数据的重要来源，互联网要发展，尤其是人工智能要进步，适当收集、使用用户个人信息是不可避免的。但问题是，许多手机 App 对用户个人信息的收集，一方面采取“宁可错杀，不可放过”的态度，过度收集；另一方面又存在“牛栏关猫”现象，导致用户个人信息泄露，给用户带来不必要的困扰乃至损失。对此，我们不禁要问，谁来管理手机 App 过度收集个人信息？靠企业自律基本没有可能，用户数据是互联网的核心资源，他们不会轻易放手，更多还应该靠外部治理。

除了行政手段以外，根本还在于立法与司法。诸多手机 App 开发商、提供者之所以过度收集用户个人信息，又不重视保护，部分原因在于法律不够健全、执法不够硬。我国对公民个人信息权利的保护始终依附在隐私、网络安全等领域，尚未形成法定的独立权利，且大多是概括性、原则性的规定，可操作性不强。因此，有必要加快专门立法进程，让个人信息保护步入法治化轨道。司法实践方面，由于手机 App 过度收集用户个人信息的受害者比较分散，且个人维权成本较高，极少出现用户个人提起诉讼。可能的解决之道是考虑由消费者协会出面，替消费者维权，或者引入公益诉讼，解决个人诉讼成本高、维权难等问题。

要让互联网 App 守规矩，仅靠约谈、点名的方式是不够的。任何行为如果不置于严密的法律约束之下，就有跑偏的可能性。因此，要织密法网，让企业不敢挑战法律的威严。企业自律、行政监管、司法保护、用户自觉等多方共建共治，公众才能享手机 App 之利、避过度收集个人信息之害。

本章小结

大数据的诞生是一把“双刃剑”，既可以造福社会、造福人类，又可以被一些人利用而损害社会公共利益和大众利益。当前，对网络的攻击也瞄准了大数据，攻击将会造成大数据丢失、情报泄密和破坏网络安全运行。因此，大数据安全防护任务异常迫切。本章从传统数据安全切入，讨论了大数据安全的特征及与传统数据安全的不同点，大数据安全的技术体系，并列举了大数据安全的典型案例，展现了数据安全问题的严峻性。

本章内容中强调数据信息安全的防护必须严格遵照与大数据相关的法律法规政策及国家关于信息化安全建设的各项规定和指导文件，建立信息安全体系框架，提升数据信息安全防护技术，使大数据安全保障工作有章可循、有标准可依，使信息安全建设有序推进，安全风险控制在最低限度。

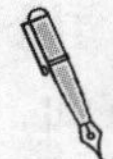

思考题

1. 请说明传统数据安全的主要威胁。
2. 试述大数据安全的主要特征。
3. 大数据安全的技术体系包含哪些内容？
4. 大数据安全如何对数据分级管理？
5. 请说明大数据开放安全的整体规划？
6. 请列举几个大数据安全的典型案例。

第9章 大数据应用

大数据价值创造的关键在于大数据的应用，随着大数据技术飞速发展，大数据应用已经融入各行各业。当今时代每天都在产生海量的数据，如果能够利用好这些数据，不但能够为人们的工作、生活带来便利，而且能促进生产环节更加高效地配置资源，提高效率，促进产业升级。本章主要从大数据的应用价值（包括大数据的政用价值、大数据的商用价值、大数据的民用价值）、大数据功能应用（包括精准营销、个性化推荐系统、大数据预测）、大数据行业应用（包括金融行业、物流行业）以及大数据深度应用等方面介绍大数据对社会的影响及其重要应用价值。

9.1 大数据的应用价值

大数据作为一种新的理念、新的技术、新的生产要素，应用场景不仅是其价值所在，更是其获得发展的源泉。没有应用场景，大数据就是无源之水，其价值和发展也将受到局限。当今，大数据在人们生活生产的方方面面均有广泛的应用价值。

9.1.1 大数据的政用价值

随着信息化技术的飞速发展，国家在政府信息化方面做了大量工作，各国政府、部门在宏观调控、税收监管、商事管理、信用体系建设、公共管理、公共安全等领域积累了大量数据。大数据作为信息化发展的新阶段，已经成为人类认识复杂系统的新思维、新手段。运用大数据技术整合这些数据资源，可以推进政府管理和社会治理模式创新，为数字经济发展、数字政府建设提供基于大数据的实时预测、监测、预警、智能分析，为社会管理提供基于大数据的跨平台动态决策支持，全面提升城市的智慧化运行管理和决策水平，进而推进国家治理变革，实现政府决策科学化、社会治理精准化、公共服务高效化，优化国家治理能力智能化的建设路径。

在我国，党中央和国务院已将大数据作为提升政府治理能力的重要手段，发展大数据已经上升为国家战略。建立“用数据说话、用数据决策、用数据管理、用数据创新”的管理机制，实现基于数据的科学决策，利用大数据提升政府服务水平和监管效率，增强社会治理能力，推动简政放权和政府职能转变，推动商事制度改革，促进政府监管和社会监督有机结合。同时，国家要求打通政府部门、企事业单位之间的数据壁垒，基于数据共享和部门协同，社会治理相关领域的政府数据将逐步、安全、规范地向社会开放，将全面提升各级政府治理和公共服务能力，打造数据驱动的创新政府和服务型政府。政务大数据平台如图 9-1 所示。

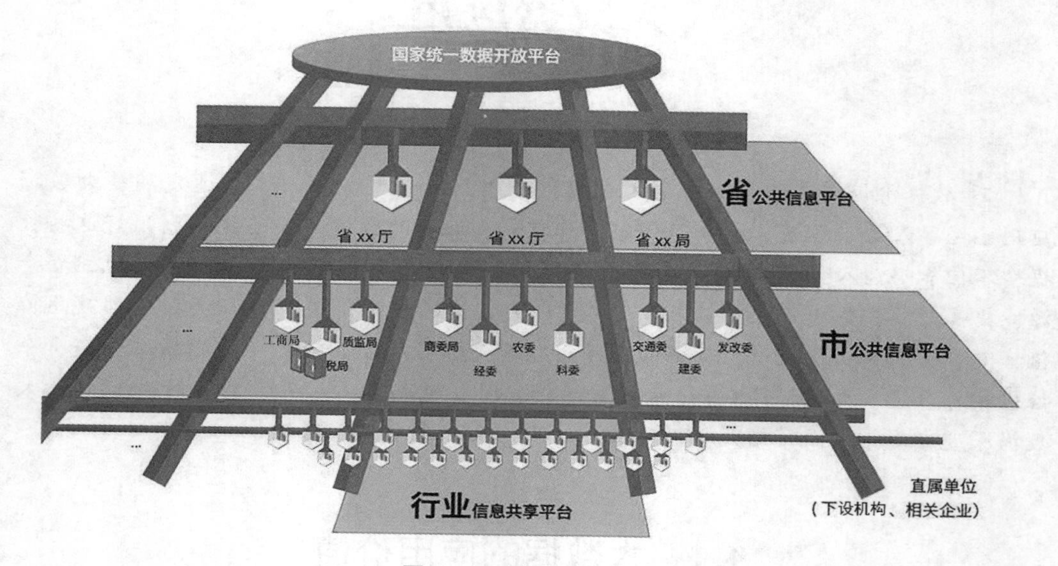

图 9-1　政务大数据平台

对于“互联网+政务服务”，大数据应用起到关键作用，实现了让居民和企业少出行、好办事、少添堵。针对困扰基层群众的“办证多、办事难”等问题，国家提出了以实现“一号一窗一网”为目标的“互联网+政务服务”新模式，以实现“最多跑一次”的政府数字化转型，而“一号一窗一网”取得实效的关键在于政务服务大数据的有效整合、开放共享和深化利用。社会数据资源的 80%来自政务数据，充分利用大数据技术和方法创新政府网络服务模式是实现“一号一窗一网”目标，为政府部门联合审批办公以及为公众提供个性化、精准化便捷服务的有效手段。

在美国，大数据对总统选举有重要影响而一直被人们津津乐道，民主党和共和党的竞选团队都在利用大数据来辅助竞选流程各个环节的关键决策。据《纽约时报》和《英国观察家报》报道，2016 年美国总统大选期间，数据分析公司 Cambridge Analytica 与特朗普竞选团队合作，获取了总计超过 5000 万 Facebook 用户的数据，采用独家的心理统计模型分析用户行为，对用户进行完整画像，帮助特朗普竞选团队定制从政治立场到竞选口号的一切，并精准投放数字广告，预测和影响民意的选择，在一定程度上扭转了特朗普的糟糕形象，帮助他赢得了大选。这可以看出，大数据已成为美国政治舞台角力的关键因素之一。

欧洲国家正致力于市政大数据向公众开放，并设立项目鼓励大数据应用创新，基于政务大数据透明和 Open Data 项目的“大数据城市”正在成为科技创新的新引擎。芬兰、德国等国是欧盟中较早建立数字城市服务体系的国家。它们在基础地理信息数据库的建设、维护和服务方面，建立了基于网络的数据管理和分发服务模式，实现了数据成果的网上发布、浏览和查询服务。全社会应用比较普及，而且政务数据、政务系统的开放性好，普通百姓的参与程度高，用无所不在的数据改善人们的生活。

9.1.2 大数据的商用价值

通过大数据发展和应用构建现代化经济体系。现代化经济体系的关键是构建新时代技术创新体系，推动质量、效率、动力三大变革。数据是国家基础性战略资源，是现代化经济体系构建的关键生产要素，是建设现代产业体系的重要组成部分，是现代经济发展的新动力，应充分发掘大数据价值，让大数据成为建设现代化经济体系的重要基石。

9.1.2.1 大数据在工业领域的应用

发展制造业是振兴实体经济的重中之重，推进大数据、物联网、人工智能等新一代信息技术在工业领域的融合运用，可以打造以智能化生产、网络化协同、个性化定制和服务化延伸为特色的智能制造新模式。

（1）智能化生产

智能化生产是指利用先进的信息技术和制造工具对生产流程进行智能化改造，完成数据在不同部门和不同生产系统之间的流动、采集、分析与优化，进而实现设备性能感知、智能排产、过程优化等智能化生产方式。通过建立智能工厂，深入开发和利用工业大数据，在工控系统、工业云平台、智能感知元器件等核心环节实现突破，可以帮助企业有效实现网络化、数字化和智能化转型，进而构建智能化生产的智能制造新模式。

（2）网络化协同

新一代信息技术的发展给传统的协同制造赋予了新的内涵和应用。实体经济企业借助大数据、互联网和工业云平台，实现了生产、管理、质控和运营等系统的全面互联，构建企业之间众包设计、协同研发、供应链协同的新生产模式，不仅可以有效降低获取资源的成本，还能把资源的利用范围大幅扩展，从而打破传统的封闭生产，以产业协同替代单打独斗，实现高效、便捷、低成本的现代生产方式，显著提升产业的整体竞争力。

（3）个性化定制

近年来，随着算法、柔性化生产等能力的提升与应用，个性化定制蓬勃发展。互联网特别是移动互联网的普及，极大提升了企业与用户的交互深度和广度，从而广泛获取用户需求。在此基础上借助智能工厂和大数据平台，运用大数据分析建立排产模型，能够精准对接用户需求，将用户需求直接转化为生产排单，实现以用户为中心的个性定制与按需生产，有效满足市场多样化需求，解决制造业长期存在的库存和产能问题，实现产销动态平衡。

（4）服务化延伸

通过为产品添加智能模块，产品联网和产品运行数据采集将成为可能，利用大数据技术对产品相关数据进行挖掘分析，可以提供多样化的智能服务，实现由卖产品向卖服务拓展，打造“制造+服务”的新模式，对产品的利润空间扩展和价值链条延伸都有巨大帮助。当前，以服务为中心替代以产品为中心正在逐渐成为制造业的新经营方式，这不仅可以帮助企业减少对资源等要素的巨额投入，还能增加产品附加值，更好地满足用户的品质需求，从而提高综合竞争力。

9.1.2.2 大数据在农业领域的应用

农业领域的大数据融合主要包括生产管理精准化、质量追溯全程化和市场销售网络化三个方向。

(1) 生产管理精准化

通过对技术的融合运用，构建现代农业发展模式，可以实现现代农业生产实时监控、精准管理、远程控制和智能决策。基于遥感监测、地面调查、网络挖掘等技术，构建“天空地人”四位一体的农业大数据可持续采集更新体系，可以实现农业生产数据的关联整合、时空分析与智能决策，并以此为依据优化农业产业布局、调整农业结构，促进农业生产和管理精细化、精准化和智慧化。

(2) 质量追溯全程化

针对农产品长期存在的质量安全问题，可以运用大数据技术实现农产品质量安全可追溯。通过农产品二维码，任何一个农产品都有自己的唯一标识，扫码即可在农业大数据平台上查询该农产品的生产所在地、生产日期、生产单位、产品检测等数据，在此基础上形成生化产有记录、信息可查询、质量有保障、责任可追究的农产品质量安全追溯体系，精准、高效地追溯农产品，降低食品安全风险。

(3) 市场销售网络化

在农产品销售方面，可以利用大数据实现精准营销，而发展农村电商是这一目标得以实现的基础。通过培育农村电商主体，提升其电商应用能力，建立农产品冷链物流、信息流、资金流网络化运营体系，并在此基础上建立数据互联互通、信息开放共享的农村电商公共服务系统，利用大数据精准化、差异化进行农产品推送，从而有效破解“小农户与大市场”对接难题，提高农产品流通效率。

9.1.2.3 大数据在服务业领域的应用

当前，在各国经济发展中，服务业已成为经济增长的主动力。服务业是数据积累最多、数据更新最快、大数据应用场景最丰富、大数据发展前景最广阔的领域。该领域的大数据融合应用主要包括平台型服务业、智慧型服务业和共享型服务业三种。

(1) 平台型服务业

针对旅游、物流、信息咨询、商品交易等领域平台经济，可以融各领域基础网络、综合管控系统、流量监控预警系统、应急指挥调度系统、公共无线网络、视频监控系统、电商平台、微信平台、手机 App 等应用系统为一体，将数据资源整合并转化为新型融合服务产品，提升管理、服务、营销水平。

(2) 智慧型服务业

利用大数据不仅可以培育智慧物流、智慧商贸、智慧科技服务、智慧工业设计等智慧生产性服务业，还可以发展智慧医疗、智慧养老、智慧文化等智慧生活性服务业，推动服务业发展迈向高端化、智能化、网络化。

（3）共享型服务业

通过将大数据与交通出行、房屋住宿、生活服务等领域的共享经济相融合，同时建立与共享经济发展相配套的社会信用体系、技术支撑体系和风险管控体系，可以有效培育共享经济的发展潜力、激发共享经济的发展活力。

9.1.3　大数据的民用价值

运用社会大数据有助于保障和改善民生，新一轮信息技术的创新应用为增进民生福祉创造了更大的技术红利，全面改变了人们的生产生活方式，并深刻影响着人类社会发展进程。随着大数据技术与传统行业的深度融合及创新发展，健康医疗、治安管理、交通等社会场景也越来越多地应用大数据，数字化、网络化、智能化服务无处不在。用好大数据在保障和改善民生方面的作用，能够为地区居民提供基于大数据的衣食住行生活服务，真正实现让百姓少跑腿、数据多跑路，从而不断提升公共服务均等化、普惠化、便捷化水平。

看一组数据：微信每分钟有395833人登录，19444人在进行视频或语音聊天；新浪微博每分钟发出（或转发）64814篇；Facebook用户每天共享的信息超40亿条；Twitter每天处理7TB个人数据；Instagram用户每天共享3600张新照片。

随着互联网技术的高速发展，网民的数量呈指数级上升，社交网络进入了强调用户参与和体验的时代。社交网络是一种在信息网络上由社会个体集合及个体之间的连接关系构成的社会性结构。社交网络的诞生使得人类使用互联网的方式从简单的信息搜索和网页浏览转向网上社会关系的构建与维护，以及基于社会关系的信息创造、交流与共享。它不但丰富了人与人的通信交流方式，还为社会群体的形成与发展方式带来了深刻的变革。民用社交网络已经不断普及并深入人心，用户可以随时随地在网络上分享内容，由此产生了海量的用户数据。面对大数据时代的来临，复杂多变的社交网络其实有很多实用价值。新冠肺炎疫情发生以来，基于大量的社交用户行为数据挖掘，无论是助力抗击疫情，还是在推进复工复产，都功不可没。如何让大数据应用更多地满足人们对美好生活的需要，是一个非常值得思考的问题。

9.2　大数据功能应用

人们规划了许多大数据应用的领域和方向，包括公共部门和产业领域，实际是提出了许多需要大数据解决的问题或期待大数据完成的任务，如何解决这些问题或完成这些任务是我们应特别关注的。大数据只是一种手段，并不能无所不包、无所不用。要搞清楚到底大数据能做什么、不能做什么，我们首先要了解大数据较为常用的功能应用。

9.2.1 基于大数据的精准营销

在大数据时代到来之前，企业营销只能利用传统的营销数据，包括客户关系管理系统中的客户信息、广告效果、展览等一些线下活动的效果。数据的来源仅限于消费者某一方面的有限信息，不能提供充分的提示和线索。互联网时代带来了新类型的数据，包括使用网站的数据、地理位置的数据、邮件数据、社交媒体数据等。

大数据时代的企业营销可以借助大数据技术将新类型的数据与传统数据进行整合，从而更全面地了解消费者的信息，对顾客群体进行细分，然后对每个群体采取符合具体需求的专门行动，也就是进行精准营销。

9.2.1.1 精准营销概述

精准营销是指企业通过定量和定性相结合的方法，对目标市场的不同消费者进行细致分析，并根据他们不同的消费心理和行为特征，采用有针对性的现代技术、方法和指向明确的策略，从而实现对目标市场不同消费者群体强有效性、高投资回报的营销沟通。

精准营销最大的优点在于“精准”，即在市场细分的基础上，对不同消费者进行细致分析，确定目标对象。精准营销的主要特点如下：

1）精准的客户定位是营销策略的基础。

2）精准营销能提供高效、高投资回报的个性化沟通。过去营销活动面对的是大众，目标不够明确，沟通效果不明显。精准营销是在确定目标对象后，划分客户生命周期的各个阶段，抓住消费者的心理，进行细致、有效的沟通。

3）精准营销为客户提供增值服务，为客户细致分析、量身定做，避免了用户对商品的过度挑选，节约了客户的时间成本和精力，同时满足客户的个性化需求，增加了顾客让渡价值。

4）发达的信息技术有益于企业实现精准化营销，大数据和“互联网+”时代的到来，意味着人们可以利用数字中的镜像世界映射出现实世界的个性特征。这些技术的提高，降低了企业进行目标定位的成本，也提高了对目标分析的准确度。

精准营销运用先进的互联网技术与大数据技术等手段，使企业和顾客能够进行长期且个性化的沟通，从而让企业和顾客达成共识，为企业建立稳定忠实的客户群奠定坚实基础。得益于现代高度分散物流的保障方式，企业可以摆脱杂多的中间渠道环节，并且脱离对传统的营销模块式组织机构的依赖，真正实现对客户的个性化关怀。通过可量化的市场定位技术，精准营销打破了传统营销只能做到定性的市场定位的局限，使企业营销达到了可调控和可度量的要求。此外，精准营销改变了传统广告所必需的高成本。

9.2.1.2 大数据精准营销过程

传统的营销理念是根据顾客的基本属性，如顾客的性别、年龄、职业和收入等判断顾客的购买力和产品需求，从而进行市场细分，以及制定相应的产品营销策略，这是一种静态的营销方式。大数据不仅记录了人们的行为轨迹，还记录了人们的情感与生活习惯，能够精准预测顾客的需求，从而实现以客户生命周期为基准的精准化营销，这是一个动态的营销过程。

（1）助力客户信息收集与处理

客户数据收集与处理是一个数据准备的过程，是数据分析和挖掘的基础，是做好精准营销的关键和基础。

精准营销所需要的信息内容主要包括描述信息、行为信息和关联信息三大类。描述信息是顾客的基本属性信息，如年龄、性别、职业、收入和联系方式等基本信息。行为信息是顾客的购买行为特征，通常包括顾客购买产品或服务的类型、消费记录、购买数量、购买频次、退货行为、付款方式、顾客与企业的联络记录以及顾客的消费偏好等。关联信息是顾客行为的内在心理因素，常用的关联信息包括满意度和忠诚度、对产品与服务的偏好或态度、流失倾向及与企业之间的联络倾向等。

（2）客户细分与市场定位

企业要对不同客户群展开有效的管理并采取差异化的营销手段，就需要区分出不同的客户群。在实际操作中，传统的市场细分变量，如人口因素、地理因素、心理因素等由于只能提供较为模糊的客户轮廓，已经难以为精准营销的决策提供可靠的依据。

大数据时代，利用大数据技术能在收集的海量非结构化信息中快速筛选出对公司有价值的信息，对客户行为模式与客户价值进行准确判断与分析，使我们有可能甚至深入了解“每一个人”，而不只是通过目标人群进行客户洞察和提供营销策略。

大数据可以帮助企业在众多用户群中筛选出重点客户，它利用某种规则关联确定企业的目标客户，从而帮助企业将其有限的资源投入少部分的忠诚客户中，即把营销开展的重点放在最重要的如 20% 的客户上，更加关注优质客户，以最小的投入获取最大的收益。

（3）辅助营销决策与营销战略设计

在得到基于现有数据的不同客户群特征后，市场人员需要结合企业战略、企业能力、市场环境等因素，在不同的客户群体中寻找可能的商业机会，最终为每个客户群制定个性化的营销战略，每个营销战略都有特定的目标，如获取相似的客户、交叉销售或提升销售以及采取措施防止客户流失等。

（4）精准的营销服务

动态的数据追踪可以改善用户体验。企业可以追踪了解用户使用产品的状况，做出适时的提醒。例如，食品是否快到保质期；汽车使用磨损情况，是否需要保养维护；净水机是否该换滤芯等。流式数据使产品“活”起来，企业可以随时根据反馈的数据做出方案，精准预测顾客的需求，以此提高顾客生活质量。针对潜在的客户或消费者，企业可以通过各种现代化信息传播工具直接与消费者进行一对一的沟通，也可以通过电子邮件将分析得到的相关信息发送给消费者，并追踪消费者的反应。

（5）营销方案设计

在大数据时代，一个好的营销方案可以聚焦到某个目标客户群，甚至精准地根据每位消费者不同的兴趣与偏好为他们提供专属性的市场营销组合方案，包括针对性的产品组合方案、产品价格方案、渠道设计方案、一对一的沟通促销方案，如 O2O 渠道设计，网络广告的受众购买的方式和实时竞价技术，都是基于位置的促销方式等。

(6) 营销结果反馈

在大数据时代，营销活动结束后，可以对营销活动执行过程中收集到的各种数据进行综合分析，从海量数据中挖掘出最有效的企业市场绩效度量，并与企业传统的市场绩效度量方法展开比较，以确立基于新型数据的度量的优越性和价值，从而对营销活动的执行、渠道、产品和广告的有效性进行评估，为下一阶段的营销活动打下良好基础。

9.2.1.3 大数据精准营销方式

在大数据的背景下，百度等公司掌握了大量的调研对象的数据资源，这些用户的前后行为能够被精准地关联起来。

(1) 实时竞价

简单地讲，实时竞价（Real Time Bidding，RTB）智能投放系统的操作过程是当用户发出浏览网页请求时，该请求信息会在数据库中进行比对，系统通过推测来访者的身份和偏好，将信息发送到后方需求平台，然后由广告商进行竞价，出价最高的企业可以把自己的广告瞬间投放到用户的页面上。RTB 运用 Cookie 技术记录用户的网络浏览痕迹和 IP 地址，并运用大数据技术对海量数据进行甄别分析，得出用户的需求信息，向用户展现相应的推广内容。这种智能投放系统能精准地确定目标客户，显著提高广告接受率，具有巨大的商业价值和广阔的应用前景。

(2) 交叉销售

“啤酒与尿布”是数据挖掘的经典案例。海量数据中含有大量的信息，通过对数据的有效分析，企业可以发现客户的其他需求，为客户制定套餐服务，还可以通过互补型产品的促销为客户提供更多更好的服务，如银行和保险公司的业务合作，通信行业制定手机上网和短信包月的套餐等。

(3) 点告

“点告”就是以“点而告知”取代“广而告知”，改变传统的片面追求广告覆盖面的思路，转向专注于广告受众人群细分以及受众效果。具体来讲，当用户注册为点告网的用户时，如果填写自己的职业和爱好等资料，点告网就可以根据用户信息进行数据挖掘分析，然后将相应的题目推荐给用户，继而根据用户的答题情况对用户进行自动分组，进一步精确地区分目标用户。“点告”以其精准性、趣味性、参与性及深入性影响目标受众，最终达到宣传企业的目的。

(4) 窄告

“窄告”与广告相对立，是一种把商品信息有针对性地投放给企业想要传递到的那些人眼前的广告形式。“窄告”基于精准营销理念，在投放广告时，采用语义分析技术将广告主的关键词及网文进行匹配，从而有针对性地将广告投放到相关文章周围的联盟网站的窄广告位上。“窄告”能够通过地址精确区分目标区域，锁定哪些区域是广告商指定的目标客户所在地，最后成功地精确定位目标受众。

(5) 定向广告推送

社交网络广告商可以对互联网和移动应用中大量的社交媒体个人页面进行搜索，实时查找提到的品牌厂商的信息，并对用户所发布的文字、图片等信息进行判断，帮助广告商投放实时广告，使得投放的广告更加符合消费者的实际需要，因而更加准确有效。

9.2.2　基于大数据的个性化推荐系统

随着互联网时代的发展和大数据时代的到来，人们逐渐从信息匮乏的时代走入了信息过载的时代。为了让用户从海量信息中高效地获取自己所需的信息，推荐系统应运而生。推荐系统的主要任务是联系用户和信息，一方面帮助用户发现对自己有价值的信息，另一方面让信息能够展现在对它感兴趣的用户面前，从而实现信息消费者和信息生产者的双赢。基于大数据的推荐系统通过分析用户的历史记录了解用户的喜好，从而主动为用户推荐其感兴趣的信息，满足用户的个性化推荐需求。

9.2.2.1　推荐系统概述

推荐系统是自动联系用户和物品的一种工具，它通过研究用户的兴趣爱好而进行个性化推荐。以谷歌和百度为代表的搜索引擎可以让用户通过输入关键词精确找到自己需要的相关信息，但搜索引擎需要用户提供能够准确描述自己需求的关键词，否则搜索引擎就无能为力了。

与搜索引擎不同的是，推荐系统不需要用户提供明确的需求，而是通过分析用户的历史行为对用户的兴趣进行建模，从而主动给用户推荐可满足他们兴趣和需求的信息。每个用户所得到的推荐信息都是与自己的行为特征和兴趣有关的，而不是笼统的大众化信息。随着推荐引擎的出现，用户获取信息的方式从简单的、目标明确的数据搜索转换到更高级、更符合人们使用习惯的信息发现。随着推荐技术的不断发展，推荐引擎已经在电子商务（如亚马逊、当当网）和一些基于社会化的站点（包括音乐、电影和图书分享，如豆瓣等）中取得很大成功。

图 9-2 展示了推荐引擎的工作原理，它接收的输入是推荐的数据源，一般情况下，推荐引擎所需要的数据源包括三点：

1）要推荐物品或内容的元数据，如关键字、基因描述等。

2）系统用户的基本信息，如性别、年龄等。

3）用户对物品或者信息的偏好，根据应用本身的不同，可能包括用户对物品的评分、用户查看物品的记录、用户的购买记录等。

用户的偏好信息可以分为显式用户反馈和隐式用户反馈两大类。显式用户反馈是用户在网站上自然浏览或者使用网站以外显式地提供的反馈信息，如用户对物品的评分，或者对物品的评论等。隐式用户反馈是用户在使用网站时产生的数据，隐式地反映了用户对物品的喜好，如用户购买了某物品，用户查看了某物品的信息等。显式用户反馈能准确地反映用户对物品的真实喜好，但需要用户付出额外的劳动，而隐式用户行为，通过一些分析和处理，也能反映用户的喜好，只是数据不很精确，有些行为的分析存在较大的噪声。但只要选择正确的行为特征，隐式用户反馈也能得到很好的效果。例如，在电子商务的网站上，购买行为其实是一个能很好表现用户喜好的隐式用户反馈。

推荐引擎根据不同的推荐机制可能用到数据源中的不同部分，然后根据这些数据，分

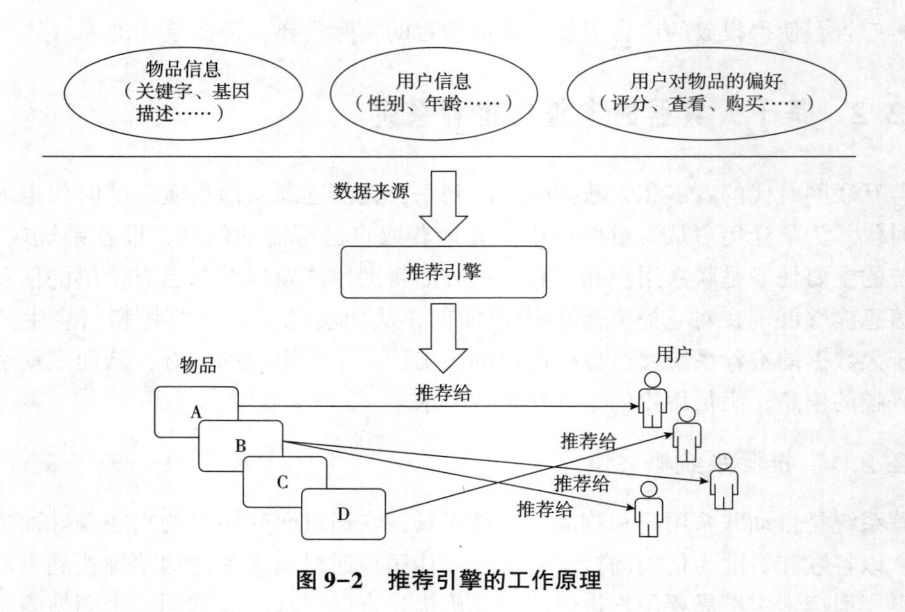

图 9-2　推荐引擎的工作原理

析出一定的规则或者直接对用户对其他物品的喜好进行预测计算。这样，推荐引擎就可以为用户推荐他可能感兴趣的物品。

9.2.2.2　长尾理论

热门推荐是常用的推荐方式，广泛应用于各类网站中，如热门排行榜。但热门推荐的主要缺陷在于推荐的范围有限，所推荐的内容在一定时期内也相对固定，无法为用户提供新颖且有吸引力的推荐结果，难以满足用户的个性化需求，而且无法实现长尾商品的推荐

推荐系统可以创造全新的商业和经济模式，帮助实现长尾商品的销售。“长尾”概念是由美国《连线》杂志主编 Chris Anderson 于 2004 年提出，如图 9-3 所示，用来描述以亚马逊为代表的电子商务网站的商业和经济模式。电子商务网站销售种类繁多，虽然绝大多数商品都不热门，但这些不热门的商品总数量极其庞大，所累计的总销售额将是一个可观的数字，也许会超过热门商品所带来的销售额。热门商品往往代表了用户的普遍需求，而长尾商品则代表了用户的个性化需求。因此，可以通过发掘长尾商品并推荐给感兴趣的用户而提高销售额。这需要通过个性化推荐实现。

个性化推荐可通过推荐系统实现。推荐系统通过发掘用户的行为记录，找到用户的个性化需求，发现用户潜在的消费倾向，帮助用户发现那些他们感兴趣但却很难发现的商品，从而将长尾商品准确地推荐给需要它的用户，进而提升销量，实现用户与商家的双赢。

9.2.2.3　推荐机制

大部分推荐引擎的工作原理是基于物品或者用户的相似集进行推荐，可以对推荐机制进行以下分类：

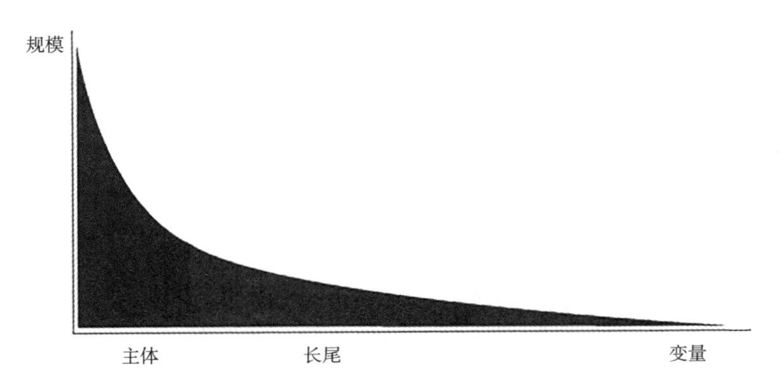

图 9-3　长尾理论

- ❖ 基于人口统计学的推荐，即根据系统用户的基本信息发现用户的相关程度。
- ❖ 基于内容的推荐，即根据推荐物品或内容的元数据，发现物品或者内容的相关性。
- ❖ 基于协同过滤的推荐，即根据用户对物品或者信息的偏好，发现物品或者内容本身的相关性，或者是发现用户的相关性。

（1）基于人口统计学的推荐

基于人口统计学的推荐机制可根据用户的基本信息发现用户的相关程度，然后将相似用户喜爱的其他物品推荐给当前用户，图 9-4 描述了这种推荐机制的基本原理。

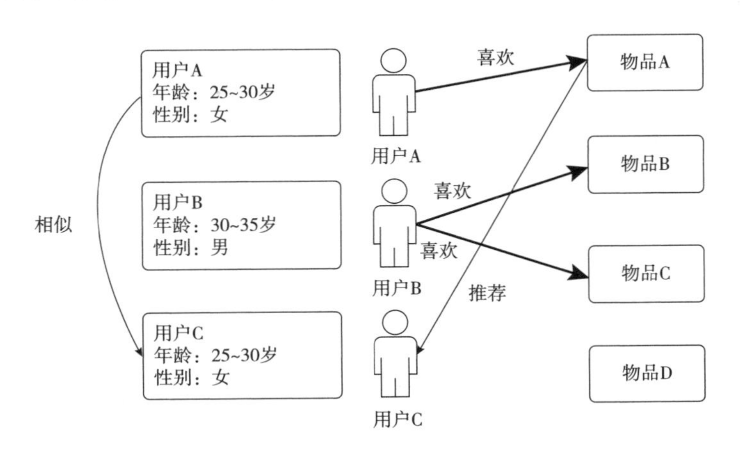

图 9-4　基于人口统计学的推荐机制的基本原理

从图 9-4 中可以很清楚地看出：首先，系统对每个用户都有一个用户基本信息的模型，其中包括用户的年龄、性别等；其次，系统会根据用户的基本信息计算用户的相似度，可以看到用户 A 的基本信息和用户 C 一样，因此系统会认为用户 A 和用户 C 是相似用户，在推荐引擎中可以称他们是“邻居”；最后，基于“邻居”用户群的喜好推荐给当前用户一些物品，图 9-4 显示了用户 A 喜欢的物品 A 推荐给用户 C。

基于人口统计学的推荐机制的主要优势是对于新用户来讲没有“冷启动”的问题，这是因为该机制不使用当前用户对物品喜好的历史数据。该机制的另一个优势是领域独立，不依赖于物品本身的数据，因此可以在不同的物品领域都得到使用。

基于人口统计学的推荐机制的主要问题是，基于用户的基本信息对用户进行分类的方法过于粗糙，尤其是对品位要求较高的领域，如图书、电影和音乐等领域，无法得到很好的推荐效果。另外，该机制可能涉及一些与需要查找的信息本身无关却比较敏感的信息，如用户的年龄等，这些信息涉及用户的隐私。

（2）基于内容的推荐

基于内容的推荐是在推荐引擎出现之初应用最为广泛的推荐机制，它的核心思想是根据推荐物品或内容的元数据发现物品或内容的相关性，然后基于用户以往的喜好记录，推荐给用户相似的物品。图 9-5 描述了基于内容的推荐机制的基本原理。

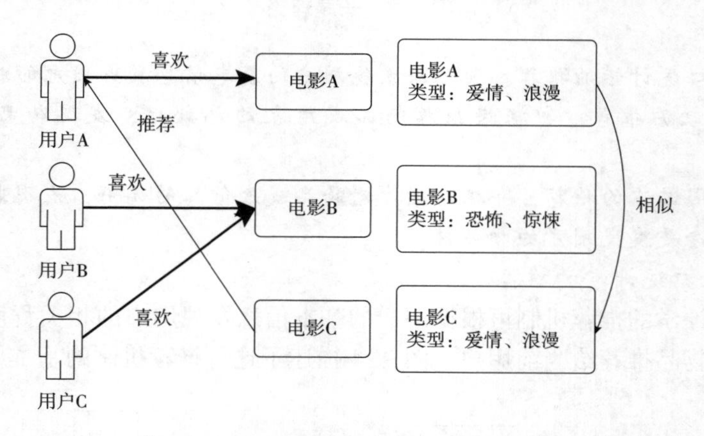

图 9-5　基于内容的推荐机制的基本原理

图 9-5 是基于内容推荐的一个典型的例子，即电影推荐系统。首先，需要对电影的元数据进行建模，这里只简单地描述了电影的类型。其次，通过电影的元数据发现电影间的相似度，由于电影 A 和电影 C 的类型都是“爱情、浪漫”，它们会被认为是相似的电影。最后，实现推荐，由于用户 A 喜欢看电影 A，那么系统就可以给他推荐类似的电影 C。

基于内容的推荐机制的好处在于它能基于用户的口味建模，能提供更加精确的推荐。但它也存在以下问题：

- 需要对物品进行分析和建模，推荐的质量依赖于物品模型的完整和全面程度。
- 物品相似度的分析仅仅依赖于物品本身的特征，而没有考虑人对物品的态度。
- 因为是基于用户以往的历史做出推荐，所以对于新用户有“冷启动”的问题。

虽然基于内容的推荐机制有很多不足和问题，但它还是成功地应用在一些电影、音乐、图书的社交站点。有些站点还请专业人员对物品进行基因编码。例如，在潘多拉（Pandora）的推荐引擎中，每首歌有超过 100 个元数据特征，包括歌曲的风格、年份、演唱者等。

（3）基于协同过滤的推荐

随着互联网时代的发展，Web 站点更加提倡用户参与和用户贡献，因此基于协同过滤的推荐机制应运而生。它的原理是根据用户对物品或者信息的偏好，发现物品或者内容本身的相关性，或者发现用户的相关性，然后基于这些相关性进行推荐。基于协同过滤的推荐常用的有两类：基于用户的协同过滤推荐和基于物品的协同过滤推荐。

1）基于用户的协同过滤推荐。基于用户的协同过滤推荐的基本原理是根据所有用户对物品或者信息的偏好，发现与当前用户口味和偏好相似的“邻居”用户群。一般的应用是采用计算“k-邻居”的算法，然后基于 k 个邻居的历史偏好信息，为当前用户进行推荐。图 9-6 描述了基于用户的协同过滤推荐机制的基本原理。

如图 9-6 所示，假设用户 A 喜欢物品 A 和物品 C，用户 B 喜欢物品 B，用户 C 喜欢物品 A、物品 C 和物品 D。从这些用户的历史喜好信息中可以发现，用户 A 和用户 C 的口味和偏好是比较类似的，同时用户 C 还喜欢物品 D，那么系统可以推断用户 A 很可能也喜欢物品 D，因此可以将物品 D 推荐给用户 A。

基于用户的协同过滤推荐机制和基于人口统计学的推荐机制都是计算用户的相似度，并基于“邻居”用户群计算推荐的，它们的不同之处在于如何计算用户的相似度。基于人口统计学的推荐机制只考虑用户本身的特征，而基于用户的协同过滤推荐机制是在用户的历史偏好的数据上计算用户的相似度，它的基本假设是，喜欢类似物品的用户可能有相同或者相似的口味及偏好。

2）基于物品的协同过滤推荐。基于物品的协同过滤推荐的基本原理是使用所有用户对物品或者信息的偏好，发现物品和物品之间的相似度，然后根据用户的历史偏好信息，将类似的物品推荐给用户，图 9-7 描述了它的基本原理。

如图 9-7 所示，假设用户 A 喜欢物品 A 和物品 C，用户 B 喜欢物品 A、物品 B 和物品 C，用户 C 喜欢物品 A。从这些用户的历史喜好可以分析出，物品 A 和物品 C 是比较类似的，因为喜欢物品 A 的人都喜欢物品 C。基于这个数据可以推断用户 C 很有可能也喜欢物品 C，因此系统会将物品 C 推荐给用户 C。

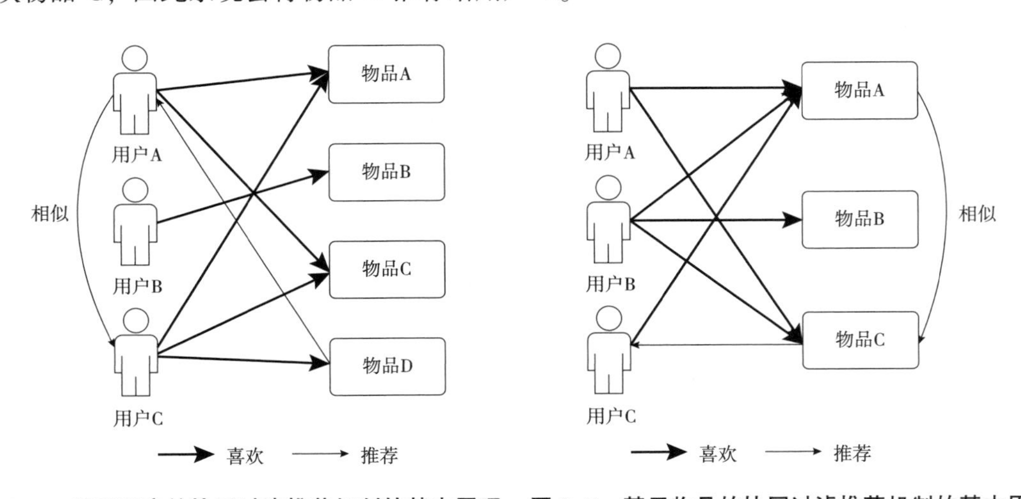

图 9-6　基于用户的协同过滤推荐机制的基本原理　**图 9-7　基于物品的协同过滤推荐机制的基本原理**

基于物品的协同过滤推荐和基于内容的协同过滤推荐其实都是基于物品相似度的预测推荐，只是相似度计算的方法不一样，前者从用户历史的偏好进行推断，而后者基于物品本身的属性特征信息进行推断。

基于协同过滤的推荐机制是目前应用最为广泛的推荐机制，它具有以下优点：

❖ 它不需要对物品或者用户进行严格的建模，而且不要求物品的描述是机器可理解的，因此这种方法与领域无关。

❖ 这种方法计算出来的推荐是开放的，可以共用他人的经验，能够很好地支持用户发现潜在的兴趣偏好。

基于协同过滤的推荐机制也存在以下问题：

❖ 方法的核心是基于历史数据，所以对新物品和新用户都有“冷启动”的问题。

❖ 推荐的效果依赖于用户历史偏好数据的多少和准确性。

❖ 对于一些有特殊品味的用户不能给予很好的推荐。

❖ 由于以历史数据为基础，抓取和建模用户的偏好后，很难修改或者根据用户的使用进行演变，从而导致这个方法不够灵活。

（4）混合推荐机制

在现行的 Web 站点上的推荐往往不是只采用了某一种推荐机制和策略，而是将多个方法混合在一起，从而达到更好的推荐效果。有四种比较流行的组合推荐机制的方法：

❖ 加权的混合。用线性公式将几种不同的推荐按照一定权重组合起来，具体权重的值需要在测试数据集上反复实验，从而达到最好的推荐效果。

❖ 切换的混合。对于不同的情况（如数据量、系统运行状况、用户和物品的数目等），选择最为合适的推荐机制计算推荐。

❖ 分区的混合。采用多种推荐机制，并将不同的推荐结果分不同的区显示给用户。

❖ 分层的混合。采用多种推荐机制，并将一个推荐机制的结果作为另一个的输入，从而综合各个推荐机制的优缺点，得到更加准确的推荐。

9.2.2.4 推荐系统的应用

目前，在电子商务、社交网络、在线音乐和在线视频等各类网站和应用中，推荐系统都起着很重要的作用。亚马逊已经将推荐的思想渗透在应用的各个角落。亚马逊推荐的核心是，通过数据挖掘算法和用户与其他用户的消费偏好的对比，来预测用户可能感兴趣的商品。亚马逊采用的是分区的混合推荐机制，即将不同的推荐结果分不同的区显示给用户。图 9-8 展示了某用户在亚马逊首页上能得到的推荐。

亚马逊利用了可以记录的所有用户在站点上的行为，并根据不同数据的特点对它们进行处理，从而分成不同区为用户推送推荐。

❖ 猜你喜欢。它通常是根据用户近期的历史购买或者查看记录给出的推荐。

❖ 热销商品。它采用了基于内容的推荐机制，将一些热销的商品推荐给用户。

图 9-9 展示了用户在亚马逊浏览物品的页面上能得到的推荐。

当用户浏览物品时，亚马逊会根据当前浏览的物品对所有用户在站点上的行为进行处理，然后在不同区为用户推送推荐。

1）经常一起购买的商品。它采用数据挖掘技术对用户的购买行为进行分析，找到经常被一起或同一个人购买的物品集，然后进行捆绑销售，这是一种典型的基于物品的协同过滤推荐机制。

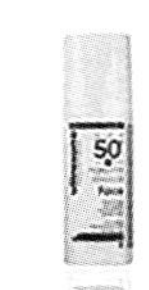

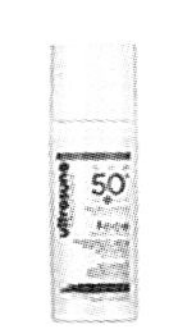

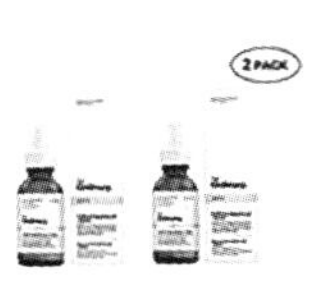

图 9-8　亚马逊推荐机制：首页

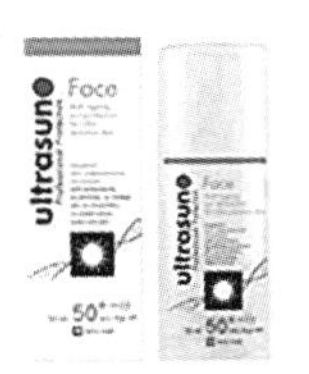

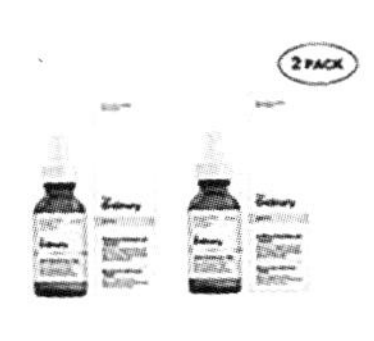

图 9-9　亚马逊推荐机制：浏览物品

2）购买此商品的顾客也同时购买。这也是一个典型的基于物品的协同过滤推荐的应用，用户能更快、更方便地找到自己感兴趣的物品。

9.2.3 大数据预测

大数据预测是大数据核心的应用，大数据预测的优势体现在，它把一个非常困难的预测问题转化为一个相对简单的描述问题，而这是传统小数据集难以企及的。从预测的角度看，大数据预测所得出的结果不仅仅是用于处理现实业务的简单、客观的结论，更是能用于帮助企业经营的决策。

9.2.3.1 预测是大数据的核心价值

大数据的本质是解决问题，大数据的核心价值在于预测，企业经营的核心是基于预测而做出正确判断。在谈论大数据应用时，常见的应用案例是预测股市、预测流感、预测消费者行为等。

大数据预测是基于大数据和预测模型去预测未来某件事情的概率。让分析从“面向已经发生的过去”转向“面向即将发生的未来”是大数据与传统数据分析的最大不同。

大数据预测的逻辑基础是，每一种非常规的变化事前一定有征兆，每一件事情都有迹可循，如果找到了征兆与变化之间的规律，就可以进行预测。大数据预测无法确定某件事情必然会发生，它更多是给出一个事件会发生的概率。

实验的不断反复、大数据的日渐积累让人类不断发现各种规律，从而能够预测未来。利用大数据预测可能的灾难，利用大数据分析癌症可能的引发原因并找出治疗方法，都是未来能够惠及人类的事业。例如，大数据曾被洛杉矶警察局和加利福尼亚大学合作用于预测犯罪的发生；谷歌流感趋势利用搜索关键词预测禽流感的散布；麻省理工学院利用手机定位数据和交通数据进行城市规划；气象局通过整理近期的气象情况和卫星云图，更加精确地判断未来的天气状况。

9.2.3.2 大数据预测的典型应用领域

互联网给大数据预测应用的普及带来了便利条件，结合国内外案例看，以下 11 个领域是最有机会的大数据预测应用领域。

（1）天气预报

天气预报是典型的大数据预测应用领域。天气预报粒度已经从天缩短到小时，有严苛的时效要求。如果基于海量数据通过传统方式进行计算，那么得出结论时明天早已到来，预测并无价值，而大数据技术的发展则提供了高速计算能力，大大提高了天气预报的实效性和准确性。

（2）体育赛事预测

2014 年世界杯期间，谷歌、百度、微软和高盛等公司都推出了比赛结果预测平台。百度的预测结果最为亮眼，全程 64 场比赛的预测准确率为 67%，进入淘汰赛后准确率为 94%。这意味着未来的体育赛事会被大数据预测所掌控。

谷歌的世界杯预测是基于 Opta Sports 的海量赛事数据而构建最终的预测模型。百度是通过搜索过去 5 年内全世界 987 支球队（含国家队和俱乐部队）的 3.7 万场比赛数据，同时与中国彩票网站乐彩网、欧洲必发指数数据供应商 SPdex 进行数据合作，导入博彩市场的预测数据，建立了一个囊括 199972 名球员和 1.12 亿条数据的预测模型，并在此基础上进行结果预测。

从互联网公司的成功经验看，只要有体育赛事历史数据，并且与指数公司进行合作，便可以进行其他赛事的预测，如欧洲冠军联赛、NBA 等赛事。

（3）股票市场预测

英国华威商学院和美国波士顿大学物理系的研究发现，用户通过谷歌搜索的金融关键词或许可以预测金融市场的走向，相应的投资战略收益高达 326%。此前则有专家尝试通过 Twitter 博文情绪来预测股市波动。

（4）市场物价预测

CPI 用于表征已经发生的物价浮动情况，但统计局的数据可能并不权威。大数据可能帮助人们了解未来物价的走向，提前预知通货膨胀或经济危机。

单个商品的价格预测更加容易，尤其是机票这样的标准化产品，去哪儿网提供的“机票日历”就是价格预测，它能告知用户几个月后机票的大概价位。由于商品的生产、渠道成本和大概毛利在充分竞争的市场中是相对稳定的，与价格相关的变量是相对固定的，商品的供需关系在电子商务平台上可实时监控，因此价格可以预测。基于预测结果可提供购买时间建议，或者指导商家进行动态价格调整和营销活动，以实现利益最大化。

（5）用户行为预测

基于用户搜索行为、浏览行为、评论历史和个人资料等数据，互联网业务可以洞察消费者的整体需求，进而进行针对性的产品生产、改进和营销。《纸牌屋》选择演员和剧情，百度基于用户喜好进行精准广告营销，阿里根据天猫用户特征包下生产线定制产品，亚马逊预测用户点击行为而提前发货均是受益于互联网用户行为预测，如图 9-10 所示。

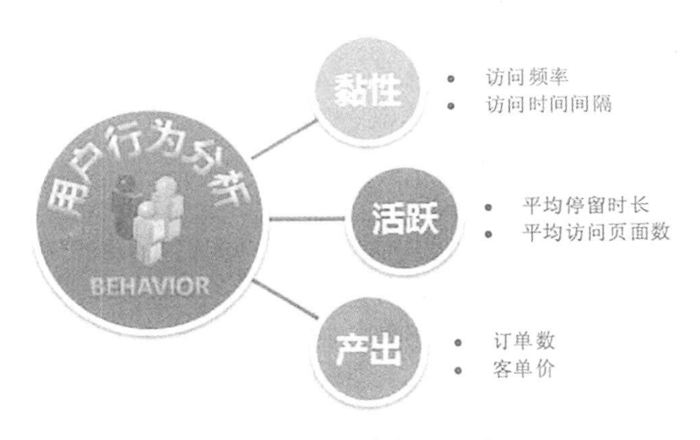

图 9-10　用户行为预测

受益于传感器技术和物联网的发展，线下的用户行为洞察正在酝酿。免费商用 Wi-Fi，iBeacon 技术、摄像头影像监控、室内定位技术、NFC 传感器网络、排队叫号系统等，可以探知用户线下的移动、停留、出行规律等数据，从而进行精准营销或者产品定制。

（6）人体健康预测

中医可以通过望、闻、问、切发现一些人体内隐藏的慢性病，甚至通过看体质便可知晓一个人将来可能会出现什么症状。人体体征变化有一定规律，而慢性病发生前人体已经会有一些持续性异常。理论上说，如果大数据掌握了这样的异常情况，便可以进行慢性病预测。

Nature 新闻与观点报道过 Zeevi 等的一项研究，即一个人的血糖浓度如何受特定的食物影响的复杂问题。该研究根据肠道中的微生物和其他方面的生理状况，提出了一种可以提供个性化的食物建议的预测模型，比目前的标准能更准确地预测血糖反应，如图 9-11 所示。

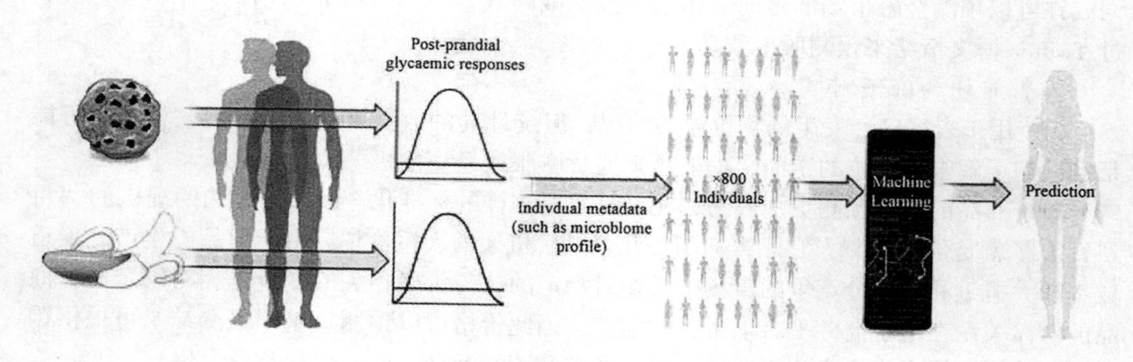

图 9-11　血糖浓度预测模型

智能硬件使慢性病的大数据预测变为可能。可穿戴设备和智能健康设备可利用网络收集人体健康数据，如心率、体重、血脂、血糖、运动量、睡眠量等状况。如果这些数据足够精准、全面，并且可以形成算法的慢性病预测模式，或许未来这些穿戴设备就会提醒用户身体罹患某种慢性病的风险。

（7）疾病疫情预测

疾病疫情预测是指基于人们的搜索情况、购物行为预测大面积疫情暴发的可能性，经典的“流感预测”便属于此类。如果来自某个区域的预防流感的药品搜索需求越来越多，自然可以推测该处有发生流感的趋势。

百度已经推出了疾病预测产品，目前可以就流感、肝炎、肺结核、性病这四种疾病对全国每一个省份以及大多数地级市和区县的活跃度、趋势图等情况，能进行全面的监控。未来，百度疾病预测监控的疾病种类将从目前的 4 种扩展到 30 多种，覆盖更多的常见病和流行病。用户可以根据当地的预测结果进行针对性的预防。

（8）灾害灾难预测

气象预测是最典型的灾难灾害预测。地震、洪涝、高温、暴雨这些自然灾害如果可以利用大数据的能力进行更加提前的预测和告知，便有助于减灾、防灾、救灾、赈灾。与过往不同的是，过去的数据收集方式存在死角、成本高等问题，而在物联网时代，人们可以借助廉价的传感器摄像头和无线通信网络进行实时的数据监控收集，再利用大数据预测分析，能做到更精准的自然灾害预测。

(9) 环境变迁预测

除了进行短时间微观的天气、灾害预测以外，还可以进行更加长期和宏观的环境和生态变迁预测。森林和农田面积缩小，野生动物植物濒危，海岸线上升，温室效应加剧，这些问题是地球面临的“慢性问题”。人类知道越多的地球生态系统以及天气形态变化的数据，就越容易模型化未来环境的变迁，进而阻止不好的转变发生。大数据可帮助人类收集、储存和挖掘更多的地球数据，同时提供预测的工具。

(10) 交通行为预测

交通行为预测是指基于用户和车辆的 LBS 定位数据，分析人车出行的个体和群体特征，进行交通行为的预测。交通部门可通过预测不同时点、不同道路的车流量进行智能的车辆调度，或应用潮汐车道；用户可以根据预测结果选择拥堵概率更低的道路。

百度基于地图应用的 LBS 预测涵盖范围更广。它在春运期间可预测人们的迁徙趋势，用于指导火车线路和航线的设置，在节假日可预测景点的人流量以指导人们的景区选择，平时还有百度热力图告诉用户城市商圈、动物园等地点的人流情况，从而指导用户出行选择和商家的选点选址。

(11) 能源消耗预测

加利福尼亚州电网系统运营中心管理着加利福尼亚州超过 80% 的电网，向 3500 万用户每年输送 2. 89 亿兆瓦电力，电力线长度超过 40000 千米。该中心采用了 Space-Time Insight 的软件进行智能管理，综合分析来自天气、传感器、计量设备等各种数据源的海量数据，预测各地的能源需求变化，进行智能电能调度，平衡全网的电力供应和需求，并对潜在危机做出快速响应。中国智能电网业已在尝试类似的大数据预测应用。

除上面列举的 11 个领域以外，大数据预测还可应用在房地产预测、就业情况预测、高考分数线预测、选举结果预测、奥斯卡大奖预测、保险投保者风险评估、金融借贷者还款能力评估等领域，让人类具备可量化、有说服力、可验证的洞察未来的能力，大数据预测的魅力正在逐步释放。

9. 3　大数据行业应用

经过近几年的发展，大数据技术已经慢慢地渗透到各个行业。不同行业的大数据应用进程及速度，与行业的信息化水平、行业与消费者的距离、行业的数据拥有程度有着密切的关系。下面介绍部分典型的大数据行业应用。

9. 3. 1　大数据在金融行业的应用

金融行业是典型的数据驱动行业，每天都会产生大量的数据，包括交易、报价、业绩报告、消费者研究报告、各类统计数据、各种指数等。因此，金融行业拥有丰富的数据，数据维度比较广泛，数据质量也很高，利用自身的数据就可以开发出很多应用场景。

如果能够引入外部数据，可以进一步加快数据价值的变现。外部数据中有社交数据、电商交易数据、移动大数据、运营商数据、工商司法数据、公安数据、教育数据和银联交易数据等。

大数据在金融行业的应用范围较广，典型的案例包括：花旗银行利用 IBM 沃森电脑为财富管理客户推荐产品，并预测未来计算机推荐理财的市场将超过银行专业理财师；摩根大通银行利用决策树技术，降低了不良贷款率，转化了提前还款客户，一年为摩根大通银行增加了 6 亿美元的利润。

从中国金融行业大数据应用投资结构看，银行将会成为重要的部分，证券和保险分别列第二和第三位，如图 9-12 所示。下面分别介绍银行、证券和保险行业的大数据应用情况。

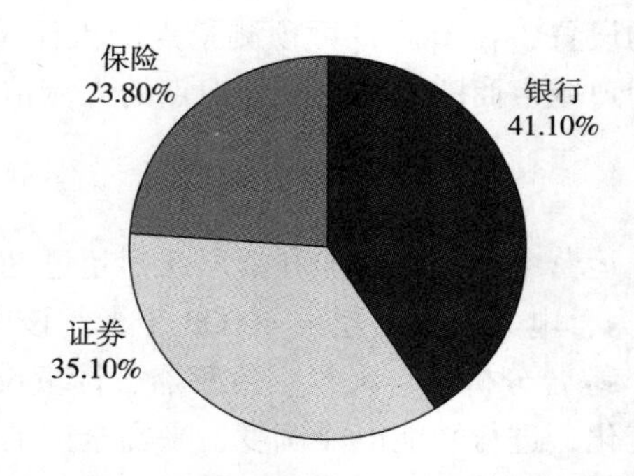

图 9-12　中国金融行业大数据应用投资结构

9.3.1.1　银行大数据应用场景

比较典型的银行的大数据应用场景集中在数据库营销、用户经营、数据风控、产品设计和决策支持等。目前来讲，大数据在银行的商业应用是以其自身的交易数据和客户数据为主、外部数据为辅，以描述性数据分析为主、预测性数据建模为辅，以经营客户为主、经营产品为辅。

银行的数据按类型可以分为交易数据、客户数据、信用数据、资产数据四大类。银行数据大部分是结构化数据，具有很强的金融属性，都存储在传统关系型数据库和数据仓库中，通过数据挖掘可分析出其中的一些具有商业价值的、隐藏在交易数据之中的知识。

国内不少银行已经开始尝试通过大数据来驱动业务运营，如中信银行信用卡中心使用大数据技术实现了实时营销，光大银行建立了社交网络信息数据库，招商银行利用大数据发展小微贷款。如图 9-13 所示，银行大数据应用可以分为四大方面：客户画像、精准营销、风险管控、运营优化。

(1) 客户画像

客户画像应用主要分为个人客户画像和企业客户画像。个人客户画像包括人口统计学特征、消费能力、兴趣、风险偏好等数据；企业客户画像包括企业的生产、流通、运营、财务、销售和客户数据，以及相关产业链的上下游等数据。

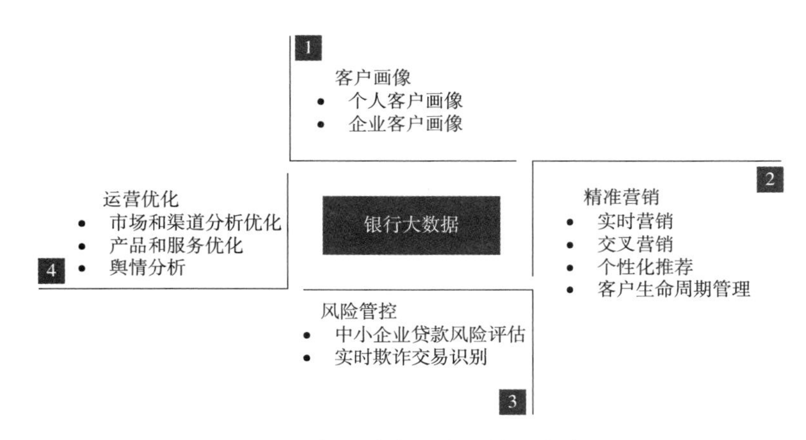

图 9-13　银行大数据应用的四大方面

需要指出的是，银行拥有的客户信息并不全面，基于银行自身拥有的数据有时候难以得出理想的结果，甚至可能得出错误的结论。例如，如果某位信用卡客户月均刷卡 8 次，平均每次刷卡金额 800 元，平均每年打 4 次客服电话，从未有过投诉，如果按照传统的数据分析，该客户是一位满意度较高，流失风险较低的客户。但如果看该客户的微博，得到的真实情况是，工资卡和信用卡不在同一家银行，还款不方便，多次打客服电话没接通，客户多次在微博上抱怨，因而该客户的流失风险较高。因此，银行不仅仅要考虑银行自身业务所采集到的数据，更应整合外部更多的数据，以扩展对客户的了解。

1）客户在社交媒体上的行为数据。通过打通银行内部数据和外部社会化的数据，可以获得更为完整的客户画像，从而进行更为精准的营销和管理。例如，光大银行建立了社交网络信息数据库。

2）客户在电商网站的交易数据。通过客户在电商网站上的交易数据可以了解客户的购买能力和购买习惯，从而帮助银行评判客户的信贷能力。例如，中国建设银行将自己的电子商务平台和信贷业务结合起来，阿里金融根据用户过去的信用即可为阿里巴巴用户提供无抵押贷款等。

3）企业客户的产业链上下游数据。如果银行掌握了企业所在的产业链上下游的数据，则可以更好地掌握企业的外部环境发展情况，从而预测企业未来的状况。

4）其他有利于扩展银行对客户兴趣爱好了解的数据。银行还应关注其他有利于扩展银行对客户兴趣爱好了解的数据，如网络广告界目前正在兴起的 DMP 数据平台的互联网用户行为数据。

（2）精准营销

在客户画像的基础上，银行可以有效地开展精准营销。

1）实时营销。实时营销是根据客户的实时状态进行营销的。例如，根据客户当时的所在地、客户最近一次消费等信息有针对性地进行营销。当某客户用信用卡采购孕妇用品时，可以通过建模推测怀孕的概率，并推荐孕妇类喜欢的业务。也可以将客户改变生活状态的事件（换工作、改变婚姻状况、置居等）视为营销机会。

2）交叉营销。交叉营销是进行不同业务或产品的交叉推荐。例如，招商银行可以根据客户交易记录进行分析，有效地识别小微企业客户，然后用远程银行实施交叉销售。

3）个性化推荐。银行可以根据客户的喜好进行服务或者个性化推荐银行的产品。例如，根据客户的年龄、资产规模、理财偏好等，对客户群进行精准定位，分析出其潜在的金融服务需求，进而有针对性地进行营销推广。

4）客户生命周期管理。客户生命周期管理包括新客户获取、客户防流失和客户赢回等。例如，招商银行通过构建客户流失预警模型，对流失率等级前 20% 的客户发售高收益理财产品予以挽留，使得金卡和金葵花卡客户流失率分别降低了 15 个百分点和 7 个百分点。

现代化的商业银行正在从经营产品转向经营客户，因此目标客户的寻找已经成为银行数据商业应用的主要方向。通过数据挖掘和分析发现高端财富管理及理财客户，成为吸收存款和理财产品销售的主要应用领域。

❖ 利用数据库营销，挖掘高端财富客户。利用数据库营销是一种挖掘高端财富客户的有效方法。银行可以从物业费代缴服务中寻找高端理财客户。通过帮助一些物业公司，特别是包含较多高档楼盘的物业公司，进行物业费的代扣代缴，银行可以依据物业费的多少来识别高档住宅的业主。例如，银行可以从数据库中发现物业费代扣金额超过 4000 元的客户，然后结合其在本行的资产余额，进行针对性的分析，从而可以帮助银行找到一些主要资产不在本行的高端用户，为这些用户提供理财服务和资产管理服务。某家股份制商业银行曾经利用该营销方法，在两个月内吸引到 10 多亿元的存款。

❖ 利用刷卡记录来寻找财富管理人群。高端财富人群是所有银行财富管理重点发展的人群。中国具有上百万的高端财富人群，他们平均可支配的金融资产在 1000 万元。高端财富人群具有典型的高端消费习惯，覆盖奢侈品、游艇、豪车、手表、高尔夫、古玩、字画等消费场景。银行可以参考 POS 机的消费记录，结合移动设备等的数据识别出高端财富管理人群，为其提供定制的财富管理方案，吸收其成为财富管理客户，增加存款和理财产品销售。

❖ 利用外部数据找到白金卡用户。白金信用卡主要面对高端消费人群，是信用卡公司希望获得的高价值用户。尽管这些人群很难通过线下的方式进行接触，但银行可以通过参考客户乘坐头等舱的次数、出境游消费金额、境外数据漫游费用等发现这些潜在的白金卡客户。通过与其他行业的消费信息进行关联分析发现潜在客户是典型的大数据关联应用消费场景。

（3）风险管控

利用大数据技术可以评估中小企业贷款风险和识别欺诈交易，从而帮助银行降低风险。

1）中小企业贷款风险评估。信贷风险一直是金融机构需要努力化解的一个重要问题。为数众多的中小企业是金融机构不可忽视的客户群体，市场潜力巨大。然而，中小企业贷款偿还能力差，财务制度普遍不健全，难以有效评估其真实经营状况，生存能力相对比较低，信用度低。据测算，对中小企业贷款的平均管理成本是大型企业的 5 倍左右，风险成本也高很多。这种成本、收益和风险的不对称导致金融机构不愿意向中小企业全面敞开大门。

现在通过使用大数据分析技术，银行可通过将企业的生产、流通、销售、财务等相关信息与大数据挖掘方法相结合的方式进行贷款风险分析，从而量化企业的信用额度，更有效地开展中小企业贷款。例如，“阿里小贷”依据会员在阿里巴巴平台上的网络活跃度、交易量、网上信用评价等，结合企业自身经营的财务健康状况做出有关贷款方面的决定。

首先，通过阿里巴巴B2B、淘宝、天猫、支付宝等电子商务平台，收集客户积累的信用数据，包括客户评价数据、货运数据、口碑评价等，同时引入海关、税务、电力等外部数据加以匹配，建立数据模型。其次，通过交叉检验技术辅以第三方验证确认客户的真实性，将客户在电子商务平台上的行为数据映射为企业和个人的信用评价，并通过评分卡体系、微贷通用规则决策引擎、风险定量化分析等技术，对地区客户进行评级分层。最后，在风险监管方面，开发了网络人际爬虫系统，可获取和整合相关人际关系信息，并通过设计规则及其关联性分析得到风险评估结论，再通过与贷前评级系统的交叉验证，构成风险控制的双保险。

2）欺诈交易识别。银行可以利用持卡人基本信息、卡基本信息、交易历史、客户历史行为模式、正在发生行为模式等，结合智能规则引擎进行实时的交易反欺诈分析。例如，IBM金融犯罪管理解决方案帮助银行利用大数据有效地预防与管理金融犯罪；摩根大通银行利用大数据技术追踪盗取客户账号或侵入自动柜员机（ATM）系统的罪犯。

（4）运营优化

大数据分析方法可以改善经营决策，为管理层提供可靠的数据支撑，使经营决策更加高效、敏捷，精确性更高。

1）市场和渠道分析优化。通过大数据，银行可以监控不同市场推广渠道尤其是网络渠道推广的质量，从而进行合作渠道的调整和优化，同时银行也可以分析哪些渠道更适合推广哪类银行产品或者服务，从而进行渠道推广策略的优化。

2）产品和服务优化。银行可以将客户行为转化为信息流，并从中分析客户的个性特征和风险偏好，更深层次地理解客户的习惯，智能化分析和预测客户需求，从而进行产品创新和服务优化。例如，兴业银行通过对还款数据的挖掘来比较区分优质客户，根据客户还款数额的差别提供差异化的金融产品和服务方式。

3）舆情分析。银行可以通过爬虫技术，抓取社区、论坛和微博等的关于银行以及银行产品和服务的相关信息，并通过自然语言处理技术进行正负面判断，尤其是及时掌握银行以及银行产品和服务的负面信息，及时发现和处理问题，而对于正面信息，可以加以总结并继续强化。同时，银行也可以抓取同行业的正负面信息，及时了解同行做得好的方面，以作为自身业务优化的借鉴。

9.3.1.2 证券大数据应用场景

证券行业的主要收入来源于经纪业务、资产管理、投融资服务和自由资金投资等。外部数据的分析，特别是行业数据的分析，有助于其投融资服务和投资业务发展。

证券行业拥有的数据类型有个人属性信息（如用户名称、手机号码、家庭地址、邮件地址等）、交易用户的资产和交易记录、用户收益数据。证券公司可以利用这些数据和外部数据建立业务场景，筛选目标客户，为用户提供适合的产品，提高单个客户收入。证券行业需要通过数据挖掘和分析找到高频交易客户、资产较高的客户和理财客户。借助于数据分析的结果，证券公司可以根据客户的特点进行精准营销，推荐针对性服务。如果客户平均年收益低于 5%，交易频率很低，就可以建议其购买证券公司提供的理财产品。如果客户交易比较频繁，收益也比较高，可以主动推送融资服务。如果客户交易不频繁，但资金量较大，就可以为客户提供投资咨询服务，激活客户的交易兴趣。客户交易的频率、客户的资产规模和客户交易量都会影响证券公司的主要收入，通过对客户交易习惯和行为的分析，可以帮助证券公司获得更多的收益。

除利用企业财务数据判断企业经营情况以外，证券公司还可以利用外部数据分析企业的经营情况，为投融资以及自身投资业务提供有力支持。例如，利用移动 App 的活跃和覆盖率判断移动互联网企业的经营情况，电商、手游、旅游等行业的 App 活跃情况完全可以说明企业的运营情况。另外，海关数据、物流数据、电力数据、交通数据、社交舆情、邮件服务器容量等数据也可以说明企业经营情况，为投资提供重要参考。

目前，国内外证券行业的大数据应用大致有三个方向：股价预测，客户关系管理和投资景气指数预测。

(1) 股价预测

2011 年 5 月，英国对冲基金 Derwent Capital Markets 建立了规模为 4000 美元的对冲基金。该基金是基于社交网络的对冲基金，通过分析 Twitter 的数据内容感知市场情绪，从而指导投资，并在首月的交易中实现盈利，其以 1.85% 的收益率让平均数只有 0.76% 的其他对冲基金相形见绌。

麻省理工学院的学者根据情绪词将 Twitter 内容标定为正面或负面情绪。结果发现，无论是如“希望”的正面情绪，还是如“害怕”“担心”的负面情绪，其占总 Twitter 内容数的比例，都与道琼斯指数、标准普尔 500 指数、纳斯达克指数的涨跌关联。

美国佩斯大学的一位博士则采用了另外一种思路，他追踪了星巴克、可口可乐和耐克三家公司在社交媒体上的受欢迎程度，同时比较它们的股价。他发现，Facebook 上的粉丝数、Twitter 上的听众数和 YouTube 上的观看人数都和股价密切相关。另外，根据品牌的受欢迎程度，还能预测股价在 10 天、30 天之后的上涨情况。

(2) 客户关系管理

1) 客户细分。客户细分是指通过分析客户的账户状态（类型、生命周期、投资时间)、账户价值（资产峰值、资产均值、交易量、佣金贡献和成本等)、交易习惯（周转率、市场关注度、仓位、平均持股市值、平均持股时间、单笔交易均值和日均成交量等)、投资偏好（偏好品种、下单渠道和是否申购）及投资收益（本期相对和收益、今年相对和收益和投资能力等)，进行客户聚类和细分，从而发现客户交易模式类型，找出最有价值和盈利潜力的客户群，以及他们最需要的服务，更好地配置资源和政策、改进服务、抓住最有价值的客户。

2) 流失客户预测。券商可根据客户历史交易行为和流失情况建模，从而预测客户流失的概率。例如，2012 年海通证券自主开发的基于数据挖掘算法的证券客户行为特征分析技术主要应用在客户深度画像及基于画像的用户流失概率预测中。通过对海通 100 多万样本客户半年交易记录的海量信息分析，建立了客户分类、客户偏好、客户流失概率的模型。该项技术通过客户行为的量化分析来测算客户将来可能流失的概率。

（3）投资景气指数预测

2012 年，国泰君安推出了“个人投资者投资景气指数”（简称“31 指数”），其通过一个独特的视角传递个人投资者对市场的预期、当期的风险偏好等信息。国泰君安研究所通过对海量个人投资者样本进行持续性跟踪监测，对账本投资收益率、持仓率、资金流动情况等一系列指标进行统计、加权汇总后，得到了综合性投资景气指数。

“31 指数”通过对海量个人投资者真实投资交易信息的深入挖掘分析，以了解交易个人投资者交易行为的变化、投资信心的状态与发展趋势、对市场的预期及当前的风险偏好等信息。在样本选择上，国泰君安研究所选择了资金在 100 万元以下、投资年限在 5 年以上的中小投资者，样本规模高达 10 万，覆盖全国不同地区，因此这个指数较为有代表性；在参数方面，主要根据中小投资者持仓率的高低、是否追加资金、是否盈利三个指标看投资者对市场是乐观还是悲观。“31 指数”每月发布一次，以 100 为中间值，100~120 属于正常区间，120 以上表示趋热，100 以下则是趋冷。从实验数据看，2007 年至今，“31 指数”的涨跌波动与上证指数走势的拟合度相当高。

9.3.1.3　保险大数据应用场景

保险行业主要通过保险代理人与保险客户进行连接，对客户的基本信息和需求掌握很少，因此极端依赖外部保险代理人和渠道（银行）。在竞争不激烈的情况下，这种连接客户的方式是可行的。但随着互联网保险的兴起，用户会被分流到互联网渠道，特别是年轻人会更加喜欢通过互联网满足自己的需求。未来线上客户将成为保险公司客户的重要来源。

保险行业的产品是长周期性产品，保险客户再次购买保险产品的转化率很高，因此经营好老客户是保险公司的一项重要任务。保险公司内部的交易系统不多，交易方式比较简单，数据主要集中在产品系统和交易系统中。保险公司的主要数据有人口属性信息、信用信息、产品销售信息和客户家人信息等，但缺少客户兴趣爱好、消费特征、社交等信息。

保险行业的数据业务场景是围绕保险产品和保险客户进行的，典型的数据应用包括：利用用户行为数据来制定车险价格，利用客户外部行为数据来了解客户需求，向目标用户推荐产品等。例如，依据个人属性和外部养车 App 的活跃情况，为保险公司找到车险客户；依据个人属性和移动设备位置信息，为保险企业找到商旅人群，推销意外险和保障险等；依据家人数据和人生阶段信息，为用户推荐理财保险、寿险、保障保险、养老险、教育险等；依据自身数据和外部数据，为高端人士提供财产险和寿险等；利用外部数据，提升保险产品的精算水平，提高利润水平和投资收益。

保险公司也需要同外部渠道进行合作，以开发出适合不同业务场景的保险产品，如航班延误险、旅游天气险、手机被盗险等新的险种，目的不仅仅是靠这些险种盈利，还要找到潜在客户，为客户提供其他保险产品。另外，保险公司应借助于移动互联网连接客户，利用数据分析而了解客户，降低对外部渠道的依赖，降低保险营销费用，提高直销渠道投入和直销销售比。

总而言之，保险行业的大数据应用可分为三大方面，即客户细分及精细化营销、欺诈行为分析和精细化运营，如图 9-14 所示。

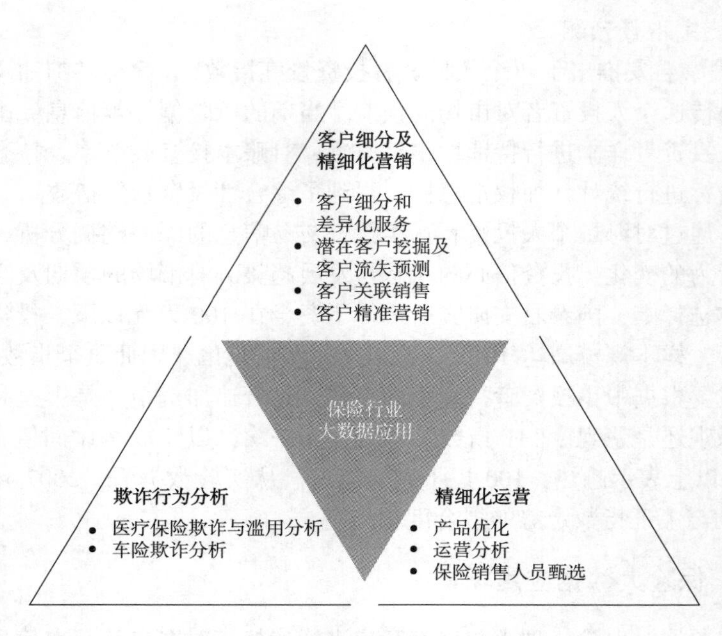

图 9–14　保险行业的大数据应用

(1) 客户细分和精细化营销

1）客户细分和差异化服务。风险偏好是确定保险需求的关键，风险喜好者、风险中立者和风险厌恶者对于保险需求有不同的态度。一般来讲，风险厌恶者有更大的保险需求。在进行客户细分时，除利用风险偏好数据以外，还要结合客户职业、爱好、习惯、家庭结构、消费方式偏好数据，利用机器学习算法对客户进行分类，并针对分类后的客户提供不同的产品和服务策略。

2）潜在客户挖掘及流失用户预测。保险公司可通过大数据整合客户线上和线下的相关行为，通过数据挖掘手段对潜在客户进行分类，细化销售重点。保险公司在对大数据进行挖掘时，可综合考虑客户的信息、险种信息、既往出险情况、销售人员信息等，筛选出影响客户退保或续期的关键因素，并通过这些因素和建立的模型对客户的退保概率或续期概率进行估计，找出高风险流失客户，及时预警，制定挽留策略，提高保单续保率。

3）客户关联销售。保险公司可以通过关联规则找出较佳的险种销售组合，利用时序规则找出顾客生命周期中购买保险的时间顺序，从而把握保户提高保额的时机，建立既有保户再销售清单与规则，促进保单的销售。借助大数据，保险业还可以直接锁定客户需求。以某购物平台的运费退货险为例，据统计，该平台用户运费险索赔率在50%以上，该产品给保险公司带来的利润只有5%左右。但客户购买运费险后，保险公司可以获得该客户的个人基本信息，包括手机号和银行账户信息等，并能够了解该客户购买的产品信息，从而实现精准推送。假设某客户购买并退货的是婴儿奶粉，我们就可以估计该客户家里有小孩，可以向其推荐儿童疾病险、教育险等利润率更高的产品。

4）客户精准营销。在网络营销领域，保险公司可以通过收集互联网用户的各类数据，如地域分布等属性数据，搜索关键词等即时数据，购物行为、浏览行为等行为数据，以及兴趣爱好、人脉关系等社交数据，在广告推送中以地域定向、需求定向、偏好定向、关系定向等定向方式，实现精准营销。

(2) 欺诈行为分析

欺诈行为分析是指基于企业内外部交易和历史数据，实时或准实时预测和分析欺诈等非法行为，包括医疗保险欺诈与滥用分析，以及车险欺诈分析等。

1) 医疗保险欺诈与滥用分析。医疗保险欺诈与滥用通常分为两种：一种是非法骗取保险金，即保险欺诈；另一种是在保额限度内重复就医、浮报理赔金额等，即医疗保险滥用。保险公司能够利用过去数据，寻找影响保险欺诈的更为显著的因素及这些因素的取值区间，建立预测模型，并通过自动化计分功能，快速将理赔案件依照滥用欺诈可能性进行分类处理。

2) 车险欺诈分析。保险公司能够利用过去的欺诈事件建立预测模型，将理赔申请分级处理，可以很大程度上解决车险欺诈问题，包括车险理赔申请欺诈侦测、业务员及修车厂勾结欺诈侦测等。

(3) 精细化运营

1) 产品优化。过去保险公司把很多人都放在同一风险水平之上，客户的保单并没有完全解决客户的各种风险问题。使用精细化的数据分析，保险公司可以通过自有数据及客户在社交网络的数据，解决现有的风险控制问题，为客户制定个性化的保单，获得更准确及更高利润率的保单模型，给每一位顾客提供个性化的解决方案。

2) 运营分析。运营分析是指基于企业内外部运营、管理和交互数据分析，借助大数据平台，全方位统计和预测企业经营及管理绩效，基于保险保单和客户交互数据进行建模，借助大数据平台快速分析和预测再次发生的或新的市场风险、操作风险等。

3) 保险销售人员甄选。保险销售人员甄选是指根据保险销售人员业绩数据、性别、年龄、入司前工作年限、其他保险公司经验和代理人员思维性向测试等，找出销售业绩相对较好的销售人员的特征，优选高潜力销售人员。

9.3.2　大数据在物流行业的应用

物流大数据就是通过海量的物流数据，即运输、仓储、搬运装卸、包装及流通加工等物流环节中涉及的数据、信息等，挖掘出新的增值价值，通过大数据分析可以提高运输与配送效率，减少物流成本，更有效地满足客户服务要求。

9.3.2.1　物流大数据的作用

(1) 提高物流的智能化水平

通过对物流数据的跟踪和分析，物流大数据应用可以根据情况为物流企业做出智能化的决策和建议。在物流决策中，大数据技术应用涉及竞争环境分析、物流供给与需求匹配、物流资源优化与配置等。

在竞争环境分析中，为了达到利益最大化，需要对竞争对手进行全面分析，预测其行为和动向，从而了解在某个区域或是在某个特殊时期应该选择的合作伙伴。在物流供给与需求匹配方面，需要分析特定时期、特定区域的物流供给与需求情况，从而进行合理的配送管理。在物流资源优化与配置方面，主要涉及运输资源、存储资源等。物流市场有很强的动态性和随机性，需要实时分析市场变化情况，从海量的数据中提取当前的物流需求信息，同时对已配置和将要配置的资源进行优化，从而实现对物流资源的合理利用。

（2）降低物流成本

由于交通运输、仓储设施、货物包装、流通加工和搬运等环节对信息的交互和共享要求比较高，因此可以利用大数据技术优化配送路线、合理选择物流中心地址、优化仓库储位，从而大大降低物流成本，提高物流效率。

（3）提高用户服务水平

随着网购人群的急剧膨胀，客户越来越重视物流服务的体验。通过对数据的挖掘和分析，以及合理地运用这些分析成果，物流企业可以为客户提供最好的服务，提供物流业务运作过程中商品配送的所有信息，进一步巩固和客户之间的关系，增加客户的信赖，培养客户的黏性，避免客户流失。

9.3.2.2 物流大数据应用案例

针对物流行业的特性，大数据应用主要体现在车货匹配、运输路线优化、库存预测、设备修理预测、供应链协同管理等方面。

（1）车货匹配

通过对运力池进行大数据分析，公共运力的标准化和专业运力的个性化需求之间可以产生良好的匹配，同时结合企业的信息系统也会全面整合与优化。通过对货主、司机和任务的精准画像，可实现智能化定价、为司机智能推荐任务和根据任务要求指派配送司机等。从客户方面讲，大数据应用会根据任务要求，如车型、配送公里数、配送预计时长、附加服务等，自动计算运力价格并匹配最符合要求的司机，司机接到任务后会按照客户的要求提供高质量的服务。在司机方面，大数据应用可以根据司机的个人情况、服务质量、空闲时间为其自动匹配合适的任务，并进行智能化定价。基于大数据实现车货高效匹配，不仅能减少空驶带来的损耗，还能减少污染。

（2）运输路线优化

通过运用大数据，物流运输效率将得到大幅提高，大数据为物流企业间搭建起沟通的桥梁，物流车辆行车路径也将被最短化、最优化定制。美国 UPS 公司使用大数据优化送货路线，配送人员不需要自己思考配送路径是否最优。UPS 采用大数据系统可实时分析 20 万种可能路线，3 秒找出最佳路径。UPS 通过大数据分析，规定卡车不能左转，因此 UPS 的司机会宁愿绕个圈也不往左转。根据往年的数据显示，因为执行尽量避免左转的政策，UPS 货车在行驶消耗减少 2.04 亿元的前提下，多送出了 350000 件包裹。

（3）库存预测

互联网技术和商业模式的改变带来了从生产者直接到顾客的供应渠道的改变。这样的改变，从时间和空间两个维度为物流业创造新价值奠定了很好的基础。大数据技术可优化库存结构和降低库存存储成本。运用大数据分析商品品类，系统会自动分解用来促销和引流的商品；系统会自动根据以往的销售数据进行建模和分析，以此判断当前商品的安全库存，并及时给出预警，而不再是根据往年的销售情况来预测当前的库存状况。总之，使用大数据技术可以降低库存存货，从而提高资金利用率。

（4）设备修理预测

美国 UPS 公司从 2000 年开始使用预测性分析来检测全美 60000 辆车规模的车队，这样能及时地进行防御性的修理。如果车在路上抛锚，损失会非常大，因为那样就需要再派一辆车，会造成延误和再装载的负担，并消耗大量的人力、物力。以前，UPS 每两三年就会对车辆的零件进行定时更换，但这种方法不太有效，因为有的零件并没有什么毛病就被换掉了。通过监测车辆的各个部位，UPS 如今只需要更换需要更换的零件，从而平均每年节省了数百万美元。

（5）供应链协同管理

随着供应链变得越来越复杂，使用大数据技术可以迅速高效地发挥数据的最大价值，集成企业所有的计划和决策业务，包括需求预测、库存计划、资源配置、设备管理、渠道优化、生产作业计划、物料需求与采购计划等，这将彻底变革企业市场边界、业务组合、商业模式和运作模式等。良好的供应商关系是消灭供应商与制造商间不信任成本的关键。双方库存与需求信息的交互，将降低由于缺货造成的生产损失。通过将资源数据、交易数据、供应商数据、质量数据等存储起来，用于跟踪和分析供应链在执行过程中的效率、成本，能够控制产品质量；通过数学模型、优化和模拟技术综合平衡订单、产能、调度、库存和成本间的关系，找到优化解决方案，能够保证生产过程的有序与匀速，最终实现最佳的物料供应分解和生产订单拆分。

9.3.2.3　亚马逊物流大数据应用

亚马逊是全球商品品种众多的网上零售商，坚持自建物流，其将集成物流与大数据紧紧相连，从而在营销方面实现了更大的价值。由于亚马逊有完善、优化的物流系统作为保障，它才能将物流作为促销的手段，并有能力严格地控制物流成本和有效地进行物流过程的组织运作。

亚马逊在业内率先使用了大数据、人工智能和云技术进行仓储物流的管理，创新地推出预测性调拨、跨区域配送、跨国境配送等服务。

（1）订单与客户服务中的大数据应用

亚马逊有完整的端到端的五大类服务：浏览、购物、仓配、送货和客户服务。

1）浏览。亚马逊基于大数据分析技术来精准分析客户的需求。通过系统记录的客户浏览历史，后台会随之把顾客感兴趣的库存放在离他们最近的运营中心，这样方便客户下单。

2）购物。不管客户在哪个角落，亚马逊都可以帮助客户快速下单，也可以很快知道他们喜欢的商品种类。

3）仓配。亚马逊运营中心最快可以在 30 分钟内完成整个订单的处理。大数据驱动的仓储订单运营非常高效，订单处理、快速拣选、快速包装、分拣等一切过程都由大数据驱动，且全程可视化。

4）送货。亚马逊的物流体系会根据客户的具体需求时间进行科学配载，调整配送计划，实现用户定义的时间范围内的精准送达。亚马逊还可以根据大数据的预测提前发货，赢得绝对的竞争力。

5）客户服务。亚马逊利用大数据驱动客户服务创建了技术系统来识别和预测客户需求。根据用户的浏览记录、订单信息、来电问题，定制化地向用户推送不同的自助服务工具，可以保证客户能随时随地电话联系到对应的客户服务团队。

（2）智能入库管理技术

在亚马逊全球的运营中心，从入库时刻就开始使用大数据技术。

1）入库。亚马逊采用独特的采购入库监控策略，基于自己过去的经验和所有历史数据的收集来了解什么样的品类容易坏，坏在哪里，然后对其进行预包装。这都是在收货环节提供的增值服务。

2）商品测量。亚马逊的 Cubi Scan 仪器会对新入库的中小体积商品进行长宽高和体积的测量，并根据这些商品信息优化入库。这给供应商提供了很大方便，客户不需要自己测量新品，这样能够大大提升新品上线速度。亚马逊数据库存储的这些数据，在全国范围内共享，这样其他库房可以直接利用这些后台数据进行后续的优化、设计和区域规划。

（3）智能拣货和智能算法

亚马逊使用大数据分析实现了智能拣货，主要应用在七个方面。

1）智能算法驱动物流作业，保障最优路径。亚马逊的大数据物流平台的数据算法会给每个员工随机地优化他的拣货路径。系统会告诉员工应该去哪个货位拣货，并且可以确保全部拣选完的路径最短。通过这种智能的计算和智能的推荐，可以把传统作业模式的拣货行走路径减少至少 60%。

2）图书仓的复杂的作业方法。图书仓采用的是加强版监控，会限制那些相似品尽量不要放在同一个货位。批量图书的进货量很大，亚马逊通过对数据的分析发现，穿插摆放可以保证每个员工出去拣货的任务比较平均。

3）畅销品的运营策略。亚马逊根据后台的大数据，可以知道哪些物品的需求量比较高，然后会把它们放在离发货区比较近的地方，有些是放在货架上，有些是放在托拍位上，这样可以减少员工的负重行走路程。

（4）智能随机存储

随机存储是亚马逊运营的重要技术，但随机存储不是随便存储，而是有一定的原则性。随机存储要考虑畅销商品与非畅销商品，还要考虑先进先出的原则，同时随机存储还与最佳路径有重要关系。

随机上架是亚马逊运营中心的一大特色，实现的是见缝插针的最佳存储方式。看似杂乱，实则乱中有序。乱是指可以打破品类和品类之间的界限，可以把它们放在一起。有序是指库位的标签就是它的 GPS，这个货位里面所有的商品其实在系统里面都是各就其位，非常精准地被记录在其所在的区域。

（5）智能分仓和智能调拨

亚马逊智能分仓和智能调拨拥有独特的技术优势，对亚马逊中国的 10 多个平行仓的调拨完全是在精准的供应链计划驱动下进行的，它实现了智能分仓、就近备货和预测式调拨。全国各省区市包括各大运营中心之间有干线的运输调配，以确保库存已经提前调拨到离客户最近的运营中心。整个智能化全国调拨运输网络很好地支持了平行仓的概念，全国范围内只要有货用户就可以下单购买，这是大数据体系支持全国运输调拨网络的充分表现。

（6）精准库存预测

亚马逊的智能仓储管理技术能够实现连续动态盘点，对库存预测的精准率可达99.99%。在业务高峰期，亚马逊通过大数据分析可以做到对库存需求的精准预测，在配货规划、运力调配以及末端配送等方面做好准备，从而平衡了订单运营能力，大大降低了爆仓的风险。

（7）可视化订单作业，包裹追踪

亚马逊实现了全球可视化的供应链管理，在中国就能看到来自大洋彼岸的库存。亚马逊平台可以让国内消费者、合作商和亚马逊的工作人员全程监控货物、包裹位置和订单状态。从前端的预约，到收货，到内部存储管理、库存调拨、拣货、包装，再到配送发货、送到客户手中，整个过程环环相扣，每个流程都有数据的支持，并通过系统实现对其的可视化管理。

9.3.2.4　中国智能物流骨干网——菜鸟

（1）菜鸟简介

2013年5月，在阿里巴巴集团总部，携手银泰百货集团，复星集团，富春集团，顺丰速运，上海申通、圆通、中通、韵达快递成立新公司，经过系列闭门会议，达成战略共识。这次会议的核心目的是希望通过8~10年的建设，为中国物流行业打造出一个前所未有的中国智能物流骨干网络（China Smart Logistic Network，CSN），又名“菜鸟”，在阿里集团内部被称为“地网”，使之能够支持日均300亿元（年度约10万亿元）网络零售额的智能骨干网络，让全国任何一个地区做到24小时内送货必达。

中国智能物流骨干网将在继续完善物流信息系统的同时，依托城镇化的推进，在全国范围内建设物流仓储基地网络，并向所有的制造商、网商、快递物流公司、第三方服务公司开放，与产业链中的各个参与环节共同发展。

中国智能物流骨干网由两部分组成：一是在国内打造24小时货运必达的网络，实现物流成本占GDP的比重降到5%以下；二是沿“一带一路”在全球范围内实现72小时到达。菜鸟国家智能物流骨干网首批在全球布局了六大eHub节点，分别位于杭州、吉隆坡、迪拜、莫斯科、列日和香港。

（2）菜鸟中的大数据应用

在阿里巴巴内部，把定位于数据化分析、追踪的物流宝称作“天网”，而涉足实体仓储投资的菜鸟网络是“地网”。地网形成了基于大数据技术的大物流服务平台，菜鸟建立的不仅是简单的物流系统，也是基于前端大数据的科学供应链计划，还是订单驱动的大物流可视化运营。菜鸟物流旨在建立一个覆盖全国的智能物流网络和开创高效协同的电商物流模式，而数据化的物流运营超越了现有的电商物流管理技术，因为大量的电商零售业务、快递公司之间业务的配合、帮助商家精准预测、巨量信息的共享和处理都不是传统电商网络技术能实现的，菜鸟使用的大数据技术保证了资源信息快速共享，协同运转。

菜鸟的三大支撑力量分别为：电商、物流和金融。阿里巴巴形成了一种新的物流模式：以干线运输为主，专线和对接零单为辅。与此同时，还设计了空运、落地配、仓储及冷链多种物流方式。菜鸟把物流重点放在物流数据的采集与整合上，利用大数据将物流信息制作成一个无形的电子地图，实现了智能物流。菜鸟网络可通过多种渠道整合收集数据：第一，可以在淘宝、天猫上收集；第二，可以在微信和一些提供查询服务的 App 中收集数据。当今社会电子移动设备使用广泛，获取的数据更加准确，菜鸟还可以把自己的营销信息、最近的 VIP 活动等推送给 App 使用者，以此扩大菜鸟网络的整体实力和影响力。菜鸟网络利用云计算和大数据精准地构成了一个天网和地网，并且使其规范化与专业化，最终构建了一个所有电商物流都必须依赖的完整物流平台。先进的物流数据雷达系统的广泛使用，不仅可以监控每个中转站的运行，还可以对中国每个角落的菜鸟物流服务站点进行实时监督，通过这些数据，电商平台和快递公司可以更加客观地做出正确的决策，有利于“最后一公里”物流的发展。通过精准地应用数据雷达系统，电商也可以更加准确地掌握货物的揽件情况，物流运输情况和签收情况等。这样不仅提高了物流质量和客户的满意程度，还提高了电商企业的信誉和行业竞争力。可以说，菜鸟物流是利用大数据进行物流活动的成功案例。

比如在每年的“双 11”期间，为保障智能物流的高效运行，菜鸟网络除了进行销售数据预测以外，还投入 1 亿元帮助物流公司搭建大数据支撑平台，激励快递公司提升配送效率，有效地保障了物流快递的智慧化运行，做到了“买家没有下单，货就已经在路上”。

（3）菜鸟的愿景

中国智能物流骨干网不仅是电子商务的基础设施，还是中国未来商业的基础设施。中国智能骨干网将应用大数据、物联网、云计算等信息技术，为各类 B2B、B2C 和 C2C 企业提供开放的服务平台，并联合网上信用体系、网上支付体系共同打造中国未来商业的三大基础设施。菜鸟网络不会从事物流，而是希望充分利用自身优势支持国内物流企业的发展，为物流行业提供更优质、高效和智能化的服务。

中国智能骨干网应在物流的基础上搭建一套开放、共享、社会化的基础设施平台。中国智能骨干网体系，将通过自建、共建、合作、改造等多种模式，在全中国范围内形成一套开放的社会化仓储设施网络。同时，利用先进的互联网技术，建立开放、透明、共享的大数据应用平台，为电子商务企业、物流公司、仓储企业、第三方物流服务商、供应链服务商等各类企业提供优质服务，支持物流行业向高附加值领域发展和升级，最终促使建立社会化资源高效协同机制，提升中国社会化物流服务品质，打造中国未来商业基础设施。

菜鸟的使命是，未来智慧物流将实现国内 24 小时必达、国际 72 小时必达。

9.4 大数据深度应用

数据除了具有第一次使用时提供的价值以外，还具有无穷无尽的“剩余价值”可以利用，这一点通过具体的应用模式和场景能得到集中体现。

9.4.1 疫情下大数据的应用

2020年初新冠肺炎疫情突如其来，赶上春节假期窗口，给各地政府管理、社会治理、民生服务、产业发展、企业生产经营等各方面带来了巨大的挑战和困难。

新冠肺炎疫情的发生、传播及防控过程，让人们回忆起2003年的SARS病毒，对比两次疫情的防控体系能力，发现大数据在新冠肺炎疫情防控中起到了巨大的作用。

9.4.1.1 电信大数据发挥广泛应用和重要价值

疫情发生后，工业和信息化部第一时间成立电信大数据支撑服务疫情防控领导小组，统筹协调部门之间、部省之间的联动共享。通过电信大数据用户位置轨迹数据多元场景分析，能够统计全国的人员流动情况，分析预测确诊、疑似患者及密切接触人员等重点人群的流动情况，支撑服务疫情态势研判、疫情防控部署以及对流动人员的监测统计。

9.4.1.2 电力、自来水、燃气等大数据应用，助力社区精准排查

新冠肺炎疫情发生后，国家电网浙江杭州供电公司研发了全国首个“电力大数据+社区网格化”算法，实现了收集、研判电力数据功能，对滨江157476户居民、超过1000万条电力数据进行了收集和分析。为了精准判断细微的用电数据差别，在算法中开发了居民短暂和长期外出、举家返回、隔离人员异动3个场景6套算法模型。通过3轮150余万条次电力大数据巡航，精准判断出区域内人员日流动量和分布，还可以实时监测居家隔离人员、独居老人等特殊群体347户。这让社区人员得以根据电量波动判断业主状况，做好跟踪服务。

9.4.1.3 医疗影像大数据人工智能效率大大提升

新冠肺炎疫情早期，由于确诊案例样本量少，医疗机构缺少高质量临床诊断数据，核酸检测作为病原学证据被公认为新冠感染诊断的主要参考标准。随着临床诊断数据的积累，新冠感染的影像学大数据特征逐渐清晰，CT影像诊断结果变得越发重要。根据国家卫生健康委员会公布的诊疗方案，临床诊断无须依赖核酸检测结果，CT影像临床诊断结果可作为新冠感染病例判断的标准。一位新冠感染病人的CT影像大概在300幅，这给医生临床诊断带来巨大压力，医生对一个病例的CT影像肉眼分析耗时为5~15分钟。

阿里巴巴达摩院联合阿里云等机构，基于5000多个病例的CT影像样本数据，学习训练样本的病灶纹理，针对新冠感染临床诊断研发了一套全新AI诊断技术，AI可以在20秒内准确地对新冠疑似案例CT影像做出判读，分析结果准确率达到96%，大幅提升诊断效率。河南省郑州市的“小汤山医院”已经引入该算法辅助临床诊断。

9.4.1.4 大数据助力加快药物研制

全球健康药物研发中心（GHDDI）会同清华大学药学院上线人工智能药物研发平台和大数据分享平台，免费将药物研发资源开放给科研人员，共同加速新型冠状病毒药物研发，同时涵盖了既往冠状病毒相关研究中涉及的900多个小分子在不同阶段的相关实验信息，再结合“老药新用”的思路，可以帮助科学家高效筛选出经过临床一期试验的安全性已知的化合物，有效缩短针对此次疫情的药物研发时间。

9.4.1.5 公安大数据技术与疫情防控

新冠肺炎疫情防控期间，重庆市公安局九龙坡区分局合成作战中心，紧盯重点人员数据筛查、确诊病例轨迹回溯、涉疫案件打击等关键环节，充分运用各类资源手段加强研判，真正让数据“跑”起来、让信息“活”起来，编织起了一张牢固的数字化疫情防控网。黑龙江黑河市公安局研究部署运用公安大数据服务支撑疫情防控工作，实现各警种数据共享、资源汇集、手段集成，运用大数据筛查疫情风险，发挥公安大数据疫情监测系统的优势，会同相关部门运用相关系统，深入排查与确诊病例、疑似病例有过“同时空”的潜在密切接触者，最大限度将受感染风险人员排查出来，及时救治患者，严防疫情扩散。各省市公安大数据资源丰富，在疫情防控中同样起到了重要作用。

9.4.1.6 大数据模型为政府决策复工复产提供科学参考

深圳大学发布《新冠肺炎疫情防控时空分析研究报告》，依据大数据对全市复工与错峰管控、疫情传播状况的模拟。基于深圳公交系统出行数据、手机数据，考虑深圳市人口密度、人群流动、新冠情况等数据参数，以SEIR/SIR传染病模型为基础，模拟新型冠状病毒传播路径，测算出复工比例为60%时，疫情传播风险率相对较低，为政府安排复工复产提供了决策支持。

大数据在疫情的其他领域也发挥了重要作用，取得了重要成果，经受住了疫情防控的检验，也为后续的大数据发展坚定了思路和信心。未来大数据将发挥更大的价值，大数据管理和应用将是国家治理体系和治理能力现代化建设的基础支撑能力。

9.4.2 大数据深度挖掘的应用

有人把数据比喻为蕴藏能量的煤矿。煤炭按照性质有焦煤、无烟煤、肥煤、贫煤等分类，而露天煤矿与深山煤矿的挖掘成本不一样。与此类似，大数据并不在“大”，而在于“有用”。价值含量与挖掘成本比尤为重要。对于很多应用模式和场景而言，如何深度挖掘好这些数据是赢得竞争的关键。

9.4.2.1 大数据帮助企业挖掘市场机会，探寻细分市场

大数据能够帮助企业分析大量数据，从而进一步挖掘市场机会和细分市场，然后对每个群体量体裁衣般地采取独特的行动。获得好的产品概念和创意，关键在于如何去收集消

费者相关的信息，如何获得趋势，如何挖掘出人们头脑中未来可能会消费的产品概念。用创新的方法解构消费者的生活方式，剖析消费者的生活密码，才能让吻合消费者未来生活方式的产品研发不再成为问题。企业了解了消费者的生活密码，就会知道潜藏在其背后的真正需求。大数据分析是发现新客户群体、确定最优供应商、创新产品、理解销售季节性等问题的最好方法。

9.4.2.2　大数据提高决策能力

当前，企业管理者更多依赖个人经验和直觉做决策，而不是基于数据。在信息有限、获取成本高昂而且没有数字化的时代，这是可以理解的，但大数据时代，就必须要让数据“说话”。

大数据从诞生开始就站在决策的角度出发，大数据能够有效地帮助各个行业的用户做出更为准确的商业决策，从而实现更大的商业价值。虽然不同行业的业务不同，所产生的数据及其所支撑的管理形态也千差万别，但从数据的获取、数据的整合、数据的加工、数据的综合应用、数据的服务和推广、数据处理的生命线流程分析，所有行业的模式是一致的。

在宏观层面，大数据使经济决策部门可以更敏锐地把握经济走向，制定并实施科学的经济政策；在微观层面，大数据可以提高企业经营决策水平和效率，推动创新，给企业、行业领域带来价值。

9.4.2.3　大数据创新企业管理模式，挖掘管理潜力

在购物、教育、医疗都已经要求在大数据、移动网络支持下实现个性化的时代，创新已经成为企业的生命之源，企业不应该继续遵循工业时代的规则，强调命令式集中管理、封闭的层级体系和决策体制。个体的人现在可以通过佩戴各种传感器收集来自身体的各种信号来判断健康状态，那么企业也同样需要配备这样的传感系统来实时判断其健康状态的变化情况。

大数据技术与企业管理的核心因素高度契合。管理核心的因素之一是信息收集与传递，而大数据的内涵和实质在于大数据内部信息的关联、挖掘，由此发现新知识、创造新价值。两者在这一特征上具有高度契合性，甚至可以说大数据是企业管理的又一种工具。对于企业来说，信息即财富，从企业战略着眼，大数据技术可以充分发挥其辅助决策的潜力，更好地服务企业发展战略。

9.4.2.4　大数据变革商业模式，催生产品和服务的创新

在大数据时代，以利用数据价值为核心的新型商业模式不断涌现。企业需要把握市场机遇，迅速实现大数据商业模式的创新。

大数据让企业能够创造新产品和服务，改善现有产品和服务，以及发明全新的业务模式。回顾 IT 历史，似乎每一轮 IT 概念和技术的变革，都伴随着新商业模式的产生。例如，在个人电脑时代，微软凭借操作系统获取了巨大财富；在互联网时代，谷歌抓住了互联网广告的机遇；在移动互联网时代，苹果通过终端产品的销售和应用商店获取了高额利润。

大数据技术还可以有效地帮助企业整合、挖掘、分析其所掌握的庞大数据信息，构建系统化的数据体系，从而完善企业自身的结构和管理机制。同时，伴随着消费者个性化需求的增长，大数据在各个领域的深度应用逐步显现，已经开始并正在改变着大多数企业的发展途径及商业模式。例如，大数据可以完善基于柔性制造技术的个性化定制生产路径，推动制造业企业的升级改造；依托大数据技术可以建立现代物流体系，其效率远超传统智能物流企业；利用大数据技术可多维度评价企业信用，提高金融业资金使用率，改变传统金融企业的运营模式等。

本章小结

现在的社会是一个高速发展的社会，科技发达，信息流通，人们之间的交流越来越密切，生活也越来越方便，大数据是这个高科技时代的产物。未来的时代将不再是IT时代，而是DT的数据科技时代，本章从大数据的应用价值（大数据的政用价值、大数据的商用价值、大数据的民用价值）、大数据功能应用（包括精准营销、个性化推荐系统、大数据预测）、大数据行业应用（包括金融行业、物流行业）以及大数据深度挖掘后的应用等维度对大数据在DT时代的应用情况做了全面阐述，从中我们可以深刻地感受到大数据对社会的影响及其重要应用价值。

思考题

1. 请说明大数据的功能应用有哪些？各有何特点？
2. 什么是精准营销？什么是长尾理论？
3. 什么是大数据预测？它的典型应用有哪些？
4. 请阐述大数据在金融领域的典型应用。
5. 请阐述大数据在物流领域的典型应用。